高等学校电子信息类"十二五"规划教材

计算机图形学

张宁蓉　编著

西安电子科技大学出版社

内 容 简 介

本书讲述了计算机图形学的基础理论、图形程序设计方法及 AutoCAD 绘图系统。考虑到所讲内容的独立性和系统性,本书可分为两篇。第 1 篇为计算机图形学的基础理论,共 6章,内容包括绪论、计算机图形系统、基本图形的生成、图形变换、曲线与曲面、真实感图形;第 2 篇为计算机图形学的应用,共 4 章,内容包括 VC++图形程序设计、OpenGL 图形程序设计、AutoCAD 绘图系统、AutoCAD 系统的二次开发。

本书结构严谨、条理清晰、内容丰富、实用性强,注重将实验原理与编程案例相结合,有利于读者迅速掌握计算机图形学的基本原理、算法和程序实现。同时,本书所介绍的 Auto-CAD 绘图系统的应用和二次开发,以及所提供的典型零件的计算机辅助制图和实体建模实例,也有利于读者掌握计算机辅助设计方面的基础知识。

本书可作为高等院校通信、电子、计算机及机电类专业"计算机图形学与 CAD"课程的教学用书,也可作为相关专业的培训教材,还可作为广大工程技术人员从事 CG/CAD 工作的参考书。

图书在版编目(CIP)数据

计算机图形学/张宁蓉编著. —西安:西安电子科技大学出版社,2011.10
高等学校电子信息类"十二五"规划教材
ISBN 978 - 7 - 5606 - 2597 - 3

Ⅰ. ① 计… Ⅱ. ① 张… Ⅲ. ① 计算机图形学—高等学校—教材
Ⅳ. ① TP391.41

中国版本图书馆 CIP 数据核字(2011)第 098667 号

策　　划	毛红兵
责任编辑	任倍萱　毛红兵
出版发行	西安电子科技大学出版社(西安市太白南路 2 号)
电　　话	(029)88242885　88201467　　　邮　　编　710071
网　　址	www. xduph. com　　　　电子邮箱　xdupfxb001@163. com
经　　销	新华书店
印刷单位	陕西华沐印刷科技有限责任公司
版　　次	2011 年 10 月第 1 版　2011 年 10 月第 1 次印刷
开　　本	787 毫米×1092 毫米　1/16　印张 18
字　　数	423 千字
印　　数	1~3000 册
定　　价	30.00 元

ISBN 978 - 7 - 5606 - 2597 - 3/TP · 1283

XDUP 2889001—1

＊＊＊如有印装问题可调换＊＊＊

目　　录

第 1 篇　计算机图形学的基础理论

第 2 篇　计算机图形学的应用

第 1 篇 计算机图形学的基础理论

第 1 章 绪 论

计算机图形学是建立在传统的图形学理论、应用数学及计算机科学基础上的一门综合性学科，始于 20 世纪 50 年代。随着计算机软、硬件的不断发展，计算机图形学也迅速发展成为计算机科学与技术中最为活跃的学科分支之一，并在机械、建筑、电子、船舶、汽车、航空航天、广告业、娱乐业、政府部门、军事、医学、艺术、教育和培训等众多领域得到了广泛应用。在计算机中，图形界面已经取代了文本界面，成为人机交互的标准手段。在商业、科学、工程和教育等许多领域中，计算机图形技术已经成为一项交流思想、数据和趋势的关键技术。

本章概述了计算机图形学的研究内容、发展历史、应用领域以及研究方向，使读者对计算机图形学有一个粗略的了解。

1.1 计算机图形学概述

计算机图形学(Computer Graphics，CG)是研究使用计算机输入、表示、处理和显示图形的原理、方法及硬件设备的一门学科。

国际标准化组织(ISO)把它定义为：计算机图形学是研究通过计算机将数据转换为图形，并在专门显示设备上显示的原理、方法和技术的学科。

美国电气和电子工程协会(IEEE)把它定义为：计算机图形学是借助计算机产生图形图像的艺术和科学。

美国的 James Foley 把它定义为：计算机图形学运用计算机产生、存储、处理物体的物理模型和它们的画面。

德国的 Wolfgang K Giloi 把它定义为：计算机图形学＝数据结构＋图形算法＋语言。

另外，按照不同的使用设备和系统，还有所谓的交互式计算机图形学和光栅图形学的概念。前者是指利用键盘、鼠标、光笔等人机交互设备，对计算机产生的图形的内容、形式、大小、颜色等进行动态控制；后者是指所显示的图像是由按行和列排列的像素阵列组成的。

容易与计算机图形学的概念混淆的是图像处理。随着学科的发展，图形和图像已经没有明确的界限了。计算机图形学的主要目的是由数学模型生成真实感图形，其结果本身就是数字图像。当然，图形有别于对实物拍摄或捡取的照片。图形是运算形成的抽象产物，而图像是直接量化的原始信号形式。它们的定义及区别如下：

图形(graphics)：计算机中由场景的几何模型和景物的物理属性表示的图形，它强调场景的几何表示，记录图形的形状参数与属性参数。它的显示形式是基于线条信息的矢量图和基于明暗处理后的图像图。

图像(image)：计算机中以具有颜色信息的点阵所表示的图形，它强调图形由哪些点组成，记录点及其灰度或色彩。

计算机图形学的基本含义是使用计算机通过算法和程序在显示设备上构造出图形。也就是说，图形是人们通过计算机设计和构造出来的，不是通过摄像机或扫描仪等设备输入的图像。计算机所设计和构造的图形可以是现实世界中已经存在的物体的图形，也可以是完全虚构的物体。因此，计算机图形学是真实物体或虚构物体的图形综合技术。

长期以来，计算机图形学、图像处理、模式识别和计算几何四个技术领域密切相关。图1-1概括了它们之间的关系。

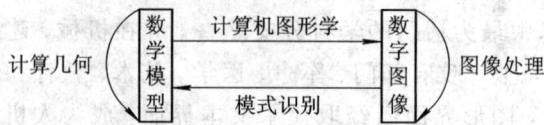

图 1-1　计算机图形学、图像处理、模式识别和计算几何之间的关系

图像处理：对图像进行分析、加工和处理，使其满足视觉、心理以及其他要求的技术。图像处理中，输入的是质量低的图像，输出的是质量改善后的图像。常用的图像处理方法有图像变换、图像增强、图像复原、图像编码压缩等。

模式识别：对所输入的图像进行分析和识别，找出其中蕴涵的内在联系或抽象模型的技术，如邮政分检设备、地形地貌识别等。

计算几何：研究几何模型和数据处理的学科，是讨论几何形体的计算机表示、分析和综合的技术。例如，如何方便灵活、有效地建立几何形体的数学模型，如何提高算法效率，如何在计算机内更好地存储和管理几何模型，以及曲线、曲面的表示、生成、拼接、数据拟合，等等。

计算机图形学的研究内容涉及用计算机处理图形信息的硬件和软件两方面的技术，主要是围绕着生成的图形图像的准确性、可靠性、高效性、真实性和实时性的基础算法，大致可以分为以下4类。

(1) 图形的输入：研究如何输入图形或图形数据到计算机中。

(2) 图形的表示：研究如何在计算机内存和外存中表达和存储图形。

(3) 图形的处理：研究如何将某种形式表达的图形转换成另一种表达形式。

(4) 图形的显示与输出：研究如何将计算机中以某种形式表达的图形生成可见的图像。

图形的底层结构是点、线、面的基本形态要素及其组合。由于点是表示图形的基本元素，因此图形算法就是说明如何把点有机地组织起来。图形数据包括形体几何元素（点、线、面）之间的连接关系以及各种属性信息。图形处理的数据和图形显示的数据不同，通常图形显示的数据只是整个图形处理数据的某些部分、视图或画面。图形处理包括对图形数据进行旋转、平移、缩放等几何变换，以及各种投影变换。在生成最终图形之前，往往还需要消除隐藏线和隐藏面，以及进行明暗、阴影、透明、纹理或色彩等处理。综上所述，我们把从几何模型和数据转变为图形的过程概括为：建立物体模型→存储该模型→产生物体图像→对该图像进行操作、修改、完善。

1.2 计算机图形学的发展史

20 世纪 50 年代，计算机图形学处于萌芽阶段。1950 年，第一台图形显示器作为美国麻省理工学院（MIT）旋风Ⅰ号（WhirlwindⅠ）计算机的附件诞生了，该显示器用一个类似于示波器的阴极射线管（CRT）来显示一些简单的图形。1958 年，美国 Calcomp 公司将联机的数字记录仪发展成滚筒式绘图仪，GerBer 公司把数控机床发展成为平板式绘图仪。在整个 50 年代，电子管计算机仅用机器语言编程，并主要应用于科学计算，而为这些计算机配置的图形设备仅具有输出功能。到 50 年代末期，MIT 林肯实验室在"旋风"计算机上开发了 SAGE 空中防御体系，第一次使用了具有指挥和控制功能的 CRT 显示器，操作者可以用笔在屏幕上指出被确定的目标。与此同时，类似的技术在设计和生产过程中也陆续得到了应用，这预示着交互式计算机图形学的诞生。

20 世纪 60 年代，计算机图形学处于发展阶段。1962 年，MIT 林肯实验室的 I. E. 萨瑟兰德（I. E. Sutherland）在他的博士论文中提出了一个名为"Sketchpad"的人机交互式图形系统，该系统能够在屏幕上进行图形设计和修改。他在论文中首次使用了"计算机图形学"这个术语，证明了交互式计算机图形学是一个可行的、有用的研究领域，从而确定了计算机图形学作为一个崭新的科学分支的独立地位。他在论文中所提出的分层存储符号和图素的数据结构等基本概念和技术至今还被广泛应用。1964 年，MIT 的 Steven A. Coons 教授提出了被后人称为超限插值的新思想，通过插值四条任意的边界曲线来构造曲面。同在 60 年代早期，法国雷诺汽车公司的工程师 Pierre Bézier 发展了一套被后人称为 Bézier 曲线、曲面的理论，被成功地用于几何外形设计，并开发了用于汽车外形设计的 UNISURF 系统。Coons 方法和 Bézier 方法是计算机辅助几何设计最早的开创性工作，Coons 和 Bézier 并列被称为现代计算机辅助几何设计技术的奠基人。60 年代，美国通用汽车公司、贝尔电话公司和洛克希德飞机制造公司等开展了计算机图形学和计算机辅助设计的大规模研究，分别推出了 DAC－1 系统、Graphic－1 系统和 CADAM 系统，使计算机图形学进入了迅速发展的新时期。这一时期使用的图形显示器是随机扫描的显示器，它具有较高的分辨率和对比度，具有良好的动态性能。为了避免图形闪烁，它通常需要以 30 次/s 左右的频率不断刷新屏幕上的图形。为此，不仅需要一个刷新缓冲存储器来存放计算机产生的显示图形的数据和指令，还要有一个高速的处理器。由于这一时期使用的计算机图形硬件（大型计算机和图形显示器）是相当昂贵的，只有上述大公司才能投入大量资金研制开发出只供本公司产品设计使用的实验性系统，因而交互式图形生成技术没有得到进一步普及。

20 世纪 70 年代，计算机图形学处于推广应用阶段。由于集成电路技术的发展，计算机随着硬件性能的不断提高、体积缩小、价格降低，特别是光栅显示器的产生，使 60 年代萌芽的光栅图形学算法迅速发展起来，也使得区域填充、裁剪、消隐等基本图形概念及其相应算法纷纷诞生，至此，图形学进入了第一个兴盛时期，并开始出现实用的 CAD 图形系统。又因为通用的、与设备无关的图形软件的发展，图形软件功能的标准化问题被提了出来。1974 年，美国国家标准化局（ANSI）提出了制定有关标准的基本规则；此后，ACM 专门成立了一个图形标准化委员会，并在 1977 年和 1979 年先后制定和修改了"核心图形系统（Core Graphics System，CGS）"。ISO 随后又发布了计算机图形接口 CGI（Computer Graphics Interface）、计算机图形元文件标准 CGM（Computer Graphics Metafile）、计算机图形核心系统 GKS（Graphics Kernel System）、面向程序员的层次交互图形标准 PHIGS（Programmer's Hierarchical Interactive Graphics Standard）等。这些标准的制定，为计算机图形学的推广、应用、资源信息共享起到了重要作用。70 年代，计算机图形学另外两个重要进展是真实感图形学和实体造型技术的产生。1970 年，Bouknight 提出了第一个光反射模型；1971 年，Gourand 提出的"漫反射模型＋插值"思想，被称为 Gourand 明暗处理；1975 年，Phong 提出了著名的简单光照模型，即 Phong 模型。以上这些可以说是真实感图形学最早的开创性工作。另外，从 1973 年开始，相继出现了英国剑桥大学 CAD 小组的 Build 系统、美国罗彻斯特大学的 PADL－1 系统等实体造型系统。

20 世纪 80 年代，计算机图形学处于系统实用化阶段。大规模和超大规模集成电路、工作站和精简指令集计算机（RISC）等的出现，为图形学的飞速发展奠定了物质基础。计算机运算能力的提高、图形处理速度的加快，使得图形学的各个研究方向得到充分发展。与此同时，图形软件更趋于成熟，二维/三维图形处理技术，真实感图形技术以及有限元分析、优化、模拟仿真、动态景观、科学计算可视化等方面都已进入实用阶段。图形学已广泛应用于动画、科学计算可视化、CAD/CAM、影视娱乐等各个领域。

20 世纪 90 年代以来，计算机图形学进入标准化、集成化、智能化阶段。虚拟现实、科学计算可视化等应用要求促使计算机图形学向着更高阶段发展，它的许多技术也已成为发展迅速的多媒体技术的重要组成部分。随着计算机图形学理论、方法的不断完善，软、硬件技术的不断发展，其应用领域也必将越来越广。

1.3　计算机图形学的应用

随着计算机硬件功能的不断增强、系统软件的不断完善和图形软件功能的不断扩充，计算机图形学得到了广泛的应用。目前，计算机图形学主要应用于以下几方面。

1. 计算机辅助设计与制造（CAD/CAM）

由于设计周期短、成本低、质量高，CAD/CAM 是计算机图形学的一个最广泛、最活跃的应用领域，如飞机、汽车、船舶、宇宙飞船、计算机、大规模集成电路、民用建筑、服装等设计。使用人机交互的计算机辅助设计系统，不仅可以对产品和零部件进行外形设计，还可以对它们的机械性能、电性能或受力分布情况等进行分析计算，并且可以使用设计数据控制加工制造工具来完成部件和系统制作。

随着计算机网络的发展，在网络环境下进行异地异构系统的协同设计，已经成为 CAD 领域最热门的课题之一。现代产品设计已不再是一个设计领域内孤立的技术问题，而是综合了产品各个相关领域、相关过程、相关技术资源和相关组织形式的系统化工程。它要求设计团队在合理的组织下，采用群体工作方式来协调和综合设计者的专长，并且从设计一开始就考虑产品生命周期的全部因素，从而达到快速响应市场需求的目的。协同设计的出现使企业生产的时空观发生了根本的变化，异地设计、异地制造、异地装配成为了可能，从而为企业在市场竞争中赢得了宝贵的时间。

CAD 另一个非常重要的研究领域是基于工程图纸的三维形体重建。三维形体重建就是从二维信息中提取三维信息，通过对这些信息进行分类、综合等一系列处理，在三维空间中重新构造出二维信息所对应的三维形体，恢复形体的点、线、面及其拓扑关系，从而实现形体的重建。二维图纸设计在工程界中仍占有主导地位，工程上有大量的旧的透视图和投影图片可以利用、借鉴，许多新的设计凭借原有的设计基础做修改即可完成。同时，三维几何造型系统因为可以做装配件的干涉检查，以及有限元分析、仿真、加工等后续操作，所以也代表了 CAD 技术的发展方向。目前主要的三维形体重建算法是针对多面体和对主轴方向有严格限制的二次曲面体的。任意曲面体的三维形体重建，至今仍是一个未解决的世界难题。

2. 科学计算可视化

科学计算可视化是指运用计算机图形学和图像处理技术，将科学计算过程中产生的数据及计算结果转换为图形或图像在屏幕上显示出来，并进行交互处理的理论、方法和技术。国际上关于科学计算可视化的研究始于 20 世纪 80 年代末，它使往日冗繁、枯燥的数据变成了生动、直观的图形或图像。目前，科学计算可视化已成为计算机图形学的一个重要研究方向，并在医学图像处理、地质勘探、气象预报、天体物理、分子生物学、计算流体力学、有限元分析、核科学等很多方面得到了成功的应用。

3. 虚拟现实

虚拟现实也称虚拟实境，是一种可以创建和体验虚拟世界的计算机系统，它利用计算机技术生成一个逼真的，具有视、听、触等多种感知功能的虚拟环境。用户通过使用各种交互设备，同虚拟环境中的实体相互作用，使用户产生身临其境感的交互式视景仿真和信息交流，它也是一种先进的数字化人机接口技术。自从虚拟现实技术诞生以来，已经在军事模拟、先进制造、城市规划/地理信息系统、医学生物等领域中显示出其巨大的经济、军事和社会效益。

4. 计算机艺术

现在的美术人员，尤其是商业艺术设计人员都热衷于用计算机软件从事艺术创作。可用于美术创作的软件很多，如二维平面的画笔程序(CorelDraw、PhotoShop、PaintShop)、专门的图表绘制软件(Visio)、三维建模和渲染软件包(3DMAX、Maya)，以及一些专门生成动画的软件(Alias、Softimage)等，可以说是数不胜数。这些软件不但提供了多种风格的画笔、画刷，而且提供了多种多样的纹理贴图，甚至能对图像进行雾化、变形等操作，其中的好多功能是一个传统的艺术家无法实现、也不可想象的。图形学工作者们在真实感图形学如火如荼发展的同时，也在逐渐发展着模拟艺术效果的非真实感绘制。例如就计算机模拟钢笔素描这一技术而言，华盛顿大学的 Georges Winkenbach、Michael P. Salisbury，德国 Magdeburg 大学的 Oliver Deussen 等人都在 Siggraph 会议上发表了高水平的论文。

与此同时，计算机动画艺术更是逐步步入辉煌。Disney 公司每年都要制作出一部制作精美的卡通动画片，好莱坞的大片也屡屡大量运用计算机生成各种各样精彩绝伦的特技效果。计算机动画还应用于游戏开发、电视动画制作、广告创作、生产过程及科研的模拟，等等。

5. 用户接口

用户接口是人们使用计算机的第一观感。一个友好的图形化的用户界面能够大大提高软件的易用性。在 DOS 时代，计算机的易用性很差，编写一个图形化的界面要花费大量的时间和精力，过去的软件中有 60% 的程序是用来处理与用户接口有关的问题和功能的。进入 20 世纪 80 年代后，随着 X Window 标准的面世、苹果公司图形化操作系统的推出，特别是微软公司 Windows 操作系统的普及，标志着图形学已经融入计算机的方方面面。如今在任何一台普通计算机上都可以看到图形学在用户接口方面的应用。操作系统和应用软件中的图形、动画更是比比皆是，程序也更直观易用。很多软件几乎可以不看任何说明书，根据它的图形或动画界面的指示就能进行操作。

目前几个大的软件公司都在研究下一代用户界面，开发面向主流应用的自然、高效多通道的用户界面。研究多通道语义模型、多通道整合算法及其软件结构和界面范式，是当前用户界面和接口方面研究的主流方向，而图形学在其中起着主导作用。

1.4　计算机图形学的研究方向

计算机图形学的理论和技术在教育、工农业生产和日常生活等各个领域的广泛应用，推动了这门学科的不断发展，而对应用中提出的各类新课题的不断解决，又进一步充实和丰富了这门学科的内容。近几十年来，这门学科及其相关学科的国际、国内学术会议在不间断地召开，会议论文的学术水平也都较高，引领了计算机图形学的主流发展方向。下面几方面是当前计算机图形学的研究热点。

1. 计算机辅助设计与制造

随着网络技术、人工智能、多媒体、虚拟现实等技术的进一步发展，使得人们对产品设计过程有了更深的认识，对设计思维的模拟达到新的境界。计算机辅助设计将朝着多元化、优化、一体化的方向发展，人机交互方式更加自然，创新设计的手段更为先进、有效。

从整个产品设计与制造的发展趋势看，并行设计、协同设计、智能设计、虚拟设计、敏捷设计、全生命周期设计等设计方法代表了现代产品设计模式的发展方向。随着技术的进一步发展，产品设计模式在信息化的基础上，必然朝着数字化、集成化、网络化、智能化的方向发展。计算机辅助设计的发展趋势则必然与上述发展趋势相一致，最终建立统一的设计支撑模型。

2. 虚拟现实

虚拟现实技术是一项发展中的高度集成的技术，涵盖了计算机软/硬件、传感器技术、立体显示技术等，其研究内容大体上可分为技术本身的研究和技术应用的研究两大类。根据虚拟现实技术所倾向的特征的不同，目前虚拟现实系统主要划分为四个层次，即桌面式、增强式、沉浸式及网络分布式。虚拟现实技术的实质是构建一种人能够与之进行自由交互的"世界"，在这个"世界"中，参与者可以实时地探索或移动其中的对象。桌面式虚拟现实系统被称为"窗口仿真"，尽管有一定的局限性，但由于其成本低廉仍得到了广泛应用。沉浸式虚拟现实是最理想的追求目标，实现的方式主要是戴上特制的头盔显示器、数据手套以及身体部位跟踪器，通过听觉、触觉和视觉在虚拟场景中进行体验。增强式虚拟现实系统主要用来为一群戴上立体眼镜的人观察虚拟环境，性能介于以上两者之间，也成为开发的热点之一。总体上看，纵观多年来的发展历程，虚拟现实技术的未来研究仍将遵循"低成本、高性能"这一原则，从软、硬件的发展上展开，其主要研究方向有：

（1）动态环境建模技术。动态环境建模技术的目的是获取实际环境的三维数据，并根据需要建立相应的虚拟环境模型。

（2）实时三维图形生成和显示技术。该技术的关键是如何"实时生成"，即在不降低图形的质量和复杂程度的前提下，如何提高刷新频率。此外，虚拟现实技术还依赖于立体显示和传感器技术的发展，现有的虚拟设备还不能满足系统的需要，有必要开发新的三维图形生成和显示技术。

（3）新型交互设备的研制。虚拟现实能够让人自由地与虚拟世界中的对象进行交互，犹如身临其境，它借助的输入/输出设备主要有头盔显示器、数据手套、数据衣服、三维位置传感器和三维声音产生器等。因此，新型、便宜、鲁棒性优良的数据手套和数据服将成为未来研究的重要方向。

（4）大型网络分布式虚拟现实的应用。网络分布式虚拟现实（Distributed Virtual Reality，DVR）将分散的虚拟现实系统或仿真器通过网络联结起来，采用协调一致的结构、标准、协议和数据库，形成一个在时间和空间上互相耦合的虚拟、合成环境，使参与者可自由地进行交互作用。目前，分布式虚拟交互仿真已成为国际上的研究热点，相继推出了 DIS、mA 等相关标准。网络分布式虚拟现实技术在航天中极具应用价值，例如，国际空间站的参与国分布在世界不同区域，分布式虚拟现实训练环境不需要在各国重建仿真系统，这样不仅减少了研制费用、设备费用，也减少了人员出差的费用和异地生活的不适。

3. 计算机动画

计算机动画是计算机图形学和艺术相结合的产物，是伴随着计算机硬件和图形算法高速发展起来的一门高新技术，它综合利用计算机科学、艺术、数学、物理学和其他相关学科的知识，用计算机生成绚丽多彩的连续的虚拟真实画面，给人们提供了一个充分展示个人想象力和艺术才能的新天地。推动计算机动画发展的一个重要原因是电影电视特技等娱乐行业的需求。目前，计算机动画已经形成了一个巨大的产业，并有进一步壮大的趋势。

在过去的几十年里，计算机动画一直是图形学中的研究热点。在全球图形学的盛会——Siggraph 上，几乎每年都有计算机动画的专题，其研究方向主要有：

（1）动画自动生成技术。动画自动生成技术研究着重于基于人工智能的动画技术，主要包括自然语言指令驱动的动画、知识驱动的行为仿真、文本到计算机动画的翻译、交互式故事系统、动态实时摄像机自动控制等。

（2）可视化与虚拟现实进展。可视化与虚拟现实进展研究包括基于参数化表示的建模和动画，实时图形生成新技术，国画效果等风格化动画和卡通动画，游戏中的空间定位和交互技术等。

4. 科学计算可视化

科学计算可视化虽然是近年来才发展起来的，但它的研究进展很快，已取得了一些研究成果，其研究方向主要有：

（1）可视化变量的研究。传统上有位置、形状、方向、色彩、纹理、灰度等级与尺寸等七种可视化变量，但为了表示不确定性与时间维信息，一些学者将可视化变量延伸到十种，如把色彩分成色相、亮度和饱和度。这些变量的不同组合还可以构成其他的表现形式。同时，可视化变量在表示空间信息的属性方面是不一样的。可视化变量的选取是否妥当，将直接影响到信息表示的质量，因此十分重要。

（2）可视化时空模型的研究。该研究提出了规范化的时空数据模型，该模型可以全面描述图形、图像、地表规则网格单元数字表示、属性等不同类型的多维、海量信息，实现对多类型、多尺度、多时态海量信息进行统一组织、存储、更新维护、连续快速调度等。

（3）符号系统的研究。在可视化过程中，信息是通过一系列的符号进行表达和传输的。为了更好地揭示信息的本质和规律，便于人类认识并利用可视化信息，空间信息的表达和传输必须借助一些规则，直观、形象、系统的符号或视觉化形式，这些符号或形式不仅易于人类辨别、记忆、分析，也能被计算机所识别、存储、转换和输出。因此，符号系统作为认知科学的理论基础，是目前研究方向之一。

（4）心理学和认知科学的研究。据有关研究，人的大脑有一半以上的神经元与视觉有关，而人从外界所获得的信息中，60％以上的是通过眼睛获得的，因此，人类对客观环境的认知行为体现在感知、识别、分析、思考等方面。人类具有高效的、大容量的图形和图像信息通道，人的知觉系统对图像信息的感知、把握能力远胜于对简单的文字符号处理，只是由于技术水平的限制，这一潜能还远未充分发挥。并且，人类所获得视觉信息以怎样的方式进入人的大脑及人脑对它们作出怎样的反映，其机制如何等一系列问题，尚待进一步研究。

（5）非空间数据可视化处理的研究。目前，在可视化过程中，大量的不同时间、不同类型、不同介质的数据被及时地判读、理解和抽取日益显得重要。因此，可视化对于借助图形图像来进行的信息表达、存储和传递以及对浏览或检索操作过程进行可视化引导，并对信息流向、元数据、使用频率、访问权限、运行状态进行可视化监控与一致性检查等方面将面临巨大的挑战。

1.5 习　　题

1. 阐述计算机图形学、图像处理、模式识别和计算几何这四门学科之间的关系。
2. 计算机图形学的研究内容是什么？
3. 简述计算机图形学的发展过程和发展趋势。
4. 举例说明计算机图形学的应用。

第 2 章　计算机图形系统

　　图形系统用来生成、处理和显示图形。图形系统的选择和应用是学习和掌握计算机图形学的前提，图形系统的设计和研制是计算机科学和工程领域中的重要内容。只有通过图形系统，我们才能探讨和应用计算机图形学。

　　本章介绍常用的图形设备、图形软件和图形标准，使读者了解计算机图形系统的框架及其涉及的软、硬件技术。

2.1　计算机图形系统的组成、功能及分类

1. 图形系统的组成

　　计算机图形系统应由硬件设备及相应的程序系统(即软件)两部分组成。

　　严格说来，用户也是系统的组成部分。因为交互系统是人与计算机及图形设备协调运行的系统，并且人始终处于主导地位。

2. 图形系统的功能

　　作为一个图形系统，至少应具有计算、存储、输入、输出、对话等五方面的基本功能，各功能的关系如图 2-1 所示。

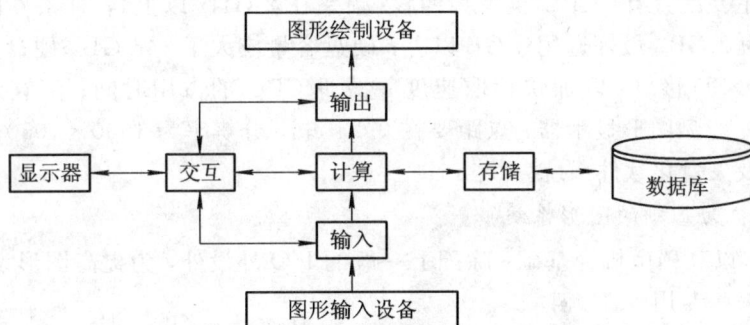

图 2-1　图形系统基本功能框图

　　图形系统的各功能介绍如下：

　　(1) 计算功能：包括图形的描述、分析和设计；图形的平移、旋转、投影、透视等几何变换；曲线、曲面的生成；图形之间相互关系的检测等。

　　(2) 存储功能：图形数据库可以存放各种图形的几何数据及图形之间的相互关系，并能快速、方便地实现对图形的删除、增加、修改等操作。

　　(3) 输入功能：通过图形输入设备可将基本的图形数据(如点、线等)和各种绘图命令输入到计算机中，从而构造更复杂的几何图形。

　　(4) 输出功能：图形数据经过计算后可在显示器上显示当前的状态以及经过图形编辑后的结果，同时还能通过绘图仪、打印机等设备实现硬拷贝输出，以便长期保存。

（5）对话功能：用户可通过图形显示器及其他人机交互设备直接进行人机通信，可以通过显示器观察设计结果和图形，用选择拾取设备对不满意部分作出修改。系统还可追溯以前的工作步骤，对用户操作执行的错误给予必要的提示和跟踪。

以上五种功能是一个图形系统所具备的最基本功能，至于每一种功能中具有哪些能力，则因不同的系统而异。

在选择一个图形系统时，用户除了要对软、硬件的组成作出合理的选择，以使系统具备预期的功能以外；还要考虑系统如何与其他工作过程更好地配合，经济因素，系统的安装、运行、维护、管理所需的条件，系统与用户资源采用何种形式使得资源利用率最高（用户接口）等事宜。

3. 图形系统的分类

计算机图形系统根据其功能的强弱，也即所配置的硬件规模、软件丰富程度及价格的高低，大体可分为四类。

1）以大型机为基础的图形系统

该系统以大型机为主机，具有容量庞大的存储器和极强的计算机功能。系统配有若干台功能较强的高分辨率图形显示器，高速度、高精度、大幅面的绘图机，大幅面的数字化仪及硬拷贝机。该系统所用软件往往是自行开发的（尚无通用的）且仅限内部使用。

2）以中型机或超级小型机为基础的图形系统（20世纪70年代后期）

该系统主要是以32位超级小型机作为系统核心，配有大容量（硬盘）内存和外存，高分辨率显示器、一台大幅面绘图仪和大幅面数字化仪。

3）以图形工程工作站为基础的图形系统

该系统的主要配置有：CPU至少为四核（频率在2 GHz以上），有条件的可配多处理器；内存至少为2 GB，最好选用4 GB以上；硬盘容量应大于146 GB，硬盘的控制接口最好采用SAS或SSD接口，以加快存取速度并减少CPU的占用时间；配有专业图形加速卡；24寸以上专业型图形显示器，点距要在0.24 cm，分辨率为1600×1050以上；工程图扫描输入设备及矢量化软件系统。

4）以微型机为基础的图形系统

该系统中，以高档微机为基础，除配上一般的I/O外设外，为提高图形设计计算速度，往往还应配置一些专用硬件。

2.2 图形设备

图形设备包括图形输入设备和图形输出设备，它们增加了固化的图形处理功能，可接受更高级的绘图命令，实现图形的缓冲，以及完成大部分图形函数的功能，从而大大减轻了CPU的负担。

常用的图形输入设备有键盘和鼠标，另外，还有数字化仪、光笔、图形扫描仪、触摸屏、数据手套、跟踪器和空间球等。图形输出设备包括图形显示设备和图形绘制设备：前者用于在屏幕上输出图形；后者用于把图形画在纸上，也称硬拷贝设备。

2.2.1　图形输入设备

1. 键盘

键盘是计算机中使用最普遍的输入设备，它一般由按键、导电塑胶、编码器以及接口电路等组成。

键盘上通常有上百个按键，每个按键负责一个功能，当用户按下其中一个键时，键盘中的编码器能够迅速将此按键所对应的编码通过接口电路输送到计算机的键盘缓冲器中，由 CPU 进行识别处理。当用户按下某个键时，它会通过导电塑胶将线路板上的这个按键排线接通以产生信号，产生的信号会迅速通过键盘接口传送到 CPU 中。

计算机键盘的功能就是及时发现被按下的键，并将该按键的信息送入计算机。键盘中有发现下按键位置的键扫描电路，产生被按下键代码的编码电路，将产生代码送入计算机的接口电路，这些电路统称为键盘控制电路。

依据键盘工作原理，可以把计算机键盘分为编码键盘和非编码键盘。

编码键盘的键盘控制电路的功能完全依靠硬件自动完成，能够自动将按下键的编码信息送入计算机，响应速度快，但它以复杂的硬件结构为代价，而且其复杂性会随着按键功能的增加而增加。

非编码键盘的键盘控制电路的功能要依靠硬件和软件共同完成，它的响应速度不如编码键盘快，但它可通过软件为键盘的某些按键重新定义，为扩充键盘功能提供了极大的方便，因此，得到了广泛的使用。与编码键盘不同，非编码键盘并不直接提供按键的编码信息，而是用较为简单的硬件和一套专用程序来识别按键的位置。

2. 鼠标器

鼠标器是一种移动光标、定位和做选择操作的计算机输入设备。除键盘外，它是目前使用最广泛的计算机输入装置。

鼠标器的基本工作原理是：当移动鼠标器时，鼠标器中的译码器把移动的距离和方向信息变成脉冲信号送入计算机。计算机再把脉冲信号换算成鼠标器的坐标数据，从而达到指示位置的目的。

市场上的鼠标有光电与机械、有线和无线、普通与人体工程学之分。按鼠标工作原理，可将其分为机械式鼠标、光电式鼠标、无线遥控式鼠标等；按照按键的数目，可分为两键鼠标、三键鼠标及滚轮鼠标等；按照接口类型，可分为 PS/2 接口、串行接口、USB 接口的鼠标。

鼠标的主要性能指标有：

① 分辨率。该值越大，鼠标越灵敏，定位也越精确。

② 使用寿命。一般说来，光电式鼠标比机械式鼠标寿命长。

③ 响应速度。鼠标响应速度越快，意味着在快速移动鼠标时，屏幕上的光标能做出及时的反应。

④ 抗震性。要选择外壳材料比较厚实、内部元件质量较好的鼠标。

3. 数字化仪

数字化仪是一种图形输入设备，由电磁感应板、游标和相应的电子电路组成，其基本工作原理是采用电磁感应技术。当使用者在电磁感应板上移动游标到指定位置，并将十字叉丝的交点对准数字化的点位时，按动定位器的按钮，数字化仪则将此时对应的命令符号和该点的位置坐标值排列成有序的一组信息，然后通过接口（多用串行接口）传送到主计算机。再说得简单一些，数字化仪就是一块超大面积的手写板，用户可以通过用专门的电磁感应压感笔或光笔在上面绘制图形，绘好后再传输给计算机系统。不过在软件的支持上，数字化仪和手写板有很大的不同，硬件的设计上也各有偏重。

在许多专业应用领域中，用户需要绘制大面积的图纸，仅靠 CAD 系统无法完全完成图纸的绘制，在精度上也会有较大的偏差，因此必须通过数字化仪来满足用户的要求。高精度的数字化仪适用于地质、测绘、国土等行业，普通的数字化仪适用于工程、机械、服装设计等行业。

数字化仪的主要技术指标有：

① 有效面积，是数字化仪上电磁感应板的面积，即用户可以在多大的面积上用光笔（或其他输入笔）进行绘图。有效面积越大，绘图的扩展余地也就越大，当然由于使用的电磁感应板的面积扩大，价格自然也就随之上升了。

② 精度，是光笔在数字化仪的电磁感应板上可以表现出的最小的精确度。精度越高，绘制出的图形也就越精准。不过目前由于计量单位不同，因此有的产品是用英寸来标识的，有的是以毫米作为标识的，选购时应该注意一下。

③ 分辨率，是指数字化仪可以将被绘制对象每英寸上可以被表示成的点数，点数值越大，绘制出的效果也就越好。目前数字化仪的分辨率都已经达到了 2000 线以上，如果小于这个值的话则是淘汰的产品。

④ 重复精度，也称为最大精度，是指数字化仪在同一区域内，重复的绘制输入的精确度。这个指标同样使用英寸或毫米来标识。一般来说，目前数字化仪的重复精度在 0.5 英寸（或 12.7 mm）左右。

⑤ 波特率，是网络中经常使用的一个技术指标，在这里则是指数字化仪和计算机系统交换、传输的速度。它是指每秒钟设备或网络之间能够传输的二进制信息位数。

⑥ 数据传输速率，虽然波特率表示了数字化仪的传输速度，但是设备之间数据的交换往往是成组传输的，因此在波特率提高的情况下，每秒钟数据能够传输的组数也就成为影响数据传输的主要因素。

⑦ 输出格式，对于数字化仪来说，在应用中可能会遇到各种各样的软硬件系统，因此支持的输出格式越多越好，如果太少，则可能会造成操作中的局限性。

4. 光笔

光笔是一种铅笔状的光检出器，亦称"光枪"，具有选图和跟踪两种基本功能。选图（又称标定或指点）是对显示器上已显示的图形或字符进行加工处理；跟踪是用光笔拖动光标实现定位，可用于图形编辑。

光笔的形状和普通钢笔相似光笔，它由透镜组、光导纤维、光电元件、放大整形电路和接触开关组成，如图 2-2 所示。

光笔的工作过程是：将光笔对准阴极射线管的显示屏，在光笔指点处的光点被光笔感受后，将光信号转换成电信号，经放大传入计算机；通过程序翻译，便可使计算机迅速知道光笔指点处所显示的数据，以及如何对它进行处理。

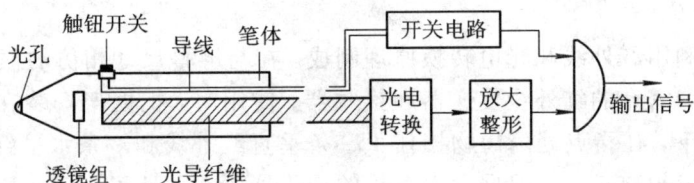

图 2-2　光笔的结构组成示意图

5. 图形扫描仪

图形扫描仪是直接把图形(如工程图纸)和图像(如照片、广告画等)扫描并输入到计算机中，以像素信息进行存储表示的设备。

扫描仪的工作过程是：将光线照射在扫描的材料上，光线反射回来后由电荷耦合器件(CCD)等光敏元件接收并实现光电转换，转换成为用 1 和 0 的组合表示的数字信息，之后控制扫描仪操作的扫描仪软件读入这些数据，并重组为计算机图像文件。

扫描仪的技术指标有：

① 分辨率：表示扫描仪对图像细节上的表现能力，即决定了扫描仪所记录图像的细致度，其单位为 dpi(dots per inch)。通常用每英寸长度上扫描图像所含有像素点的个数来表示。目前大多数扫描的分辨率在 300～2400 dpi 之间。dpi 数值越大，扫描的分辨率越高，扫描图像的品质越好，但这是有限度的。当分辨率大于某一特定值时，只会使图像文件增大且不易处理，并不能对图像质量产生显著的改善。如对于丝网印刷应用而言，扫描到 6000 dpi 就已经足够了。

② 灰度级：表示图像的亮度层次范围。级数越多，扫描仪图像亮度范围越大、层次越丰富，目前多数扫描仪的灰度为 256 级。256 级灰阶中以真实呈现出比肉眼所能辨识出来的层次还多的灰阶层次。

③ 色彩数：表示彩色扫描仪所能产生颜色的范围，通常用比特位(bit)表示。bit 是计算机中最小的存储单位，以 0 或 1 来表示比特位的值，越多的比特位数可以表现越复杂的图像信息。例如常说的真彩色图像指的是每个像素点由三个 8 bit 的彩色通道所组成即 24 位二进制数表示，将红、绿、蓝通道结合，可以产生 $2^{24}=16.67$ M(兆)种颜色的组合，色彩数越多，扫描图像越鲜艳真实。

④ 扫描速度：它与分辨率、内存容量、软盘存取速度以及显示时间、图像大小有关，有多种表示方法，通常用指定的分辨率和图像尺寸下的扫描时间来表示。

⑤ 扫描幅面：表示扫描图稿尺寸的大小，常见的有 A4、A3、A0 幅面等。

6. 触摸屏

触摸屏是一种定位设备，它通过手指触摸屏幕显示的物体或位置来实现选择的操作。根据采用的技术不同，触摸屏分为电子式、光学式和声学式触摸屏。

1) 电子触摸屏

电子触摸屏是将一个两层导电和高透明度的物质做的薄膜涂层涂在玻璃或塑料表面上，再装到屏幕上；或直接将涂层涂到屏幕上。两个透明涂层之间约有 0.0025 mm 的距离，当手指触到屏幕时，在接触点产生一个电接触，使该点处的电阻发生变化。通过测得电阻的改变量就能确定触摸的位置。

2）光学触摸屏

光学触摸屏利用红外线和光电转换原理制成。在与屏幕尺寸相仿的框架的水平和垂直边框上各安装均匀密布的红外线发送器和接收器。使用时，把框架安装在屏幕四周，用手指在屏幕上点一下，在指点处障碍物挡住了一条垂直红外线和一条水平红外线，相应的两个红外线接收器发出电信号，根据发出信号的接收器所在位置可知障碍物所在点坐标，将坐标值送入计算机进行处理。

3）声学触摸屏

声学触摸屏由发射器、反射器和触摸屏等组成，其中发射器和反射器一起工作。声源发射器沿玻璃板的水平和垂直方向交替地发射高频声波脉冲，当用手指触摸屏幕时，有一部分声波被反射回声源处，通过计算声波脉冲从发射到反射回声源发射器的时间间隔，来确定手指的位置。

7. 数据手套、跟踪定位器和空间球

数据手套是一种多模式的虚拟设备。通过软件编程，可进行虚拟场景中物体的抓取、移动、旋转等动作，也可以利用它的多模式性，用作一种控制场景漫游的工具。在虚拟装配和医疗手术模拟中，数据手套是不可缺少的一个组成部分。

跟踪定位器是虚拟现实系统中用于空间跟踪定位的装置，一般与其他虚拟现实设备结合使用，如数据头盔、立体眼镜、数据手套等，使参与者在空间上能够自由移动、旋转，不局限于固定的空间位置，使操作更加灵活、自如、随意。定位器有六个自由度和三个自由度之分。

空间球是虚拟现实应用中的另一重要的交互设备。它用于六个自由度虚拟现实场景的模拟交互，可从不同的角度和方位对三维物体观察、浏览、操纵；也可作为三维鼠标来使用；并可与数据手套或立体眼镜结合使用，作为跟踪定位器；还可单独用于 CAD/CAM。

2.2.2　图形显示设备

图形显示设备是计算机图形学中的关键设备，经历了多个发展阶段，先后出现了随机扫描显示器、存储管式显示器、光栅扫描显示器、平板显示器等。

20 世纪 60 年代中期采用的是随机扫描显示器。它将图形定义并存储为一组画线指令、显示字符指令或方式指令，利用显示控制器控制电子束的偏转，轰击荧光屏上的荧光材料，从而呈现出一条发亮的图形轨迹。电子束可以在荧光屏的任意方向上连续扫描，没有固定扫描线和规定扫描顺序。这种显示器只能画线，价格昂贵。

20 世纪 60 年代后期采用了存储管式显示器。它的内置金属网受到电子束轰击之后形成靶像，可以持续发出电子，在荧光屏上产生静态图像。存储管式显示器的优点是无需刷新，无闪烁现象，而且价格较低，但它没有动态修改图形的能力。若要消除图形的一部分，必须擦除整个屏幕，然后重画修改后的图形。对复杂图形来讲，擦除和重画的过程可能要几秒钟。

20 世纪 80 年代出现了光栅扫描显示器，它性能高、价格低，很快成为主流的显示器，而上述的两种显示器已经基本消失。

1. 光栅扫描显示器

光栅扫描显示器是基于阴极射线管(Cathode Ray Tube，CRT)设计的。CRT 是一种真空器件，由电子枪、聚焦系统、加速电极、偏转系统和荧光屏组成，其原理是将电磁场产生

的高速且经过聚集的电子束，偏转到屏幕的不同位置，轰击屏幕表面的荧光材料，从而产生可见图形。图 2-3 给出了阴极射线管的原理示意图。

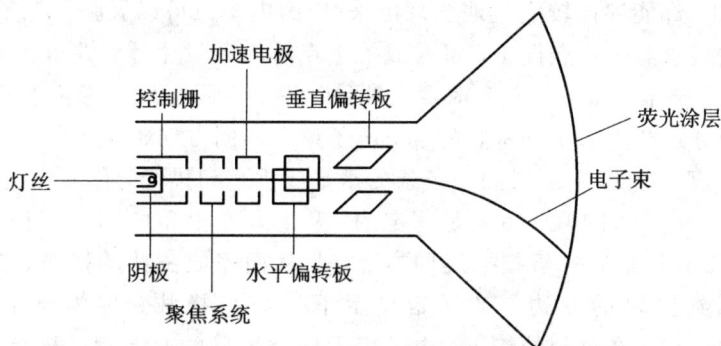

图 2-3　阴极射线管原理示意图

电子枪的主要元件是灯丝、阴极和控制栅极。通过给灯丝的线圈加电来加热阴极，引起受热的电子从阴极表面"沸腾出"。电子束的强度由设置在控制栅极上的电压电平控制。控制栅极是一金属圆筒，紧挨着阴极安装。若在控制栅上加高负压，则挡住电子，截断电子束，使之停止从控制栅极末端的小孔通过。而在控制栅施加较低的负压，则仅仅减少通过的电子数量。由于荧光涂层发射光的强度依赖着轰击屏幕的电子数量，则可以通过改变控制栅的电压来控制显示的光强。

聚焦系统用来控制电子束，在轰击荧光屏时会聚到一个小点。否则由于电子互相排斥，电子束在靠近屏幕时会散开。聚焦既可以用电场实现（静电聚焦），也可以用磁场实现（磁场聚焦）。

加速阳极带有高的正电压，使聚集后的电子束高速运动，达到轰击激发荧光屏应有的速度。

偏转系统利用电场或磁场控制电子束的偏转，以达到指定位置。CRT 通常配备两对磁偏转线圈，一对放在 CRT 颈部的水平位置，另一对放在垂直位置。一对线圈实现水平偏转，一对实现垂直偏转。很明显，如果电子束要到达屏幕的边缘时，偏转角度就会增大。到达屏幕最边缘的偏转角度被称为最大偏转角。屏幕越大，要求的最大偏转角度就越大。但是磁偏转的最大角度是有限的，为了达到大屏幕的要求，只能将显像管加长。所以，CRT 显示器屏幕越大，整个显像管就越长。

荧光屏上涂有荧光物质，能够吸收电子束的动能而发光。在高速电子的轰击下，荧光物质会吸收到能量，从低能态变为高能态。高能态很不稳定，在很短的时间内荧光物质又会从高能态重新回到低能态，这时将发出荧光，屏幕上的那一点就会亮。这样的光不会持续很久，所以要保持显示一幅稳定的画面，必须不断地发射电子束。CRT 采用的荧光层有不同类型。除了颜色外，这些荧光层之间的主要差异是它们的余辉时间，即 CRT 电子束移走后，荧光屏继续发光多长时间。

余辉时间的定义：从屏幕发光到衰减为其原光亮度 1/10 的时间。较短余辉时间的荧光屏需要较高的刷新速率来保持图形不闪烁，主要用于动画；而长余辉时间的荧光层则用于显示高复杂程度的静态图形。通常采用的余辉时间为 $10\sim60\ \mu s$ 的材料。

分辨率是一个非常重要的性能指标。它指的是屏幕上水平和垂直方向所能够显示的点数(屏幕上显示的线和面都是由点构成的)的多少。分辨率越高，同一屏幕内能够容纳的信息就越多。对于一台能够支持 1280×1024 分辨率的 CRT 来说，无论图像像素是 320×240 还是 1280×1024，都能够比较完美地表现出来(因为电子束可以做弹性调整)。

光栅扫描式显示器是画点设备，可看成一个点阵单元发生器，并可控制每个点阵单元的亮度。它将整个屏幕分成 $m×n$ 个像素，图形由各个不同亮度的像素组成。CRT 的水平和垂直偏转线圈分别产生水平和垂直磁场，电子束在不同方向磁场力作用下进行行和列扫描。电子束在 CRT 的屏幕上形成的一条条的水平或垂直扫描线，称为光栅。

光栅扫描中，电子束的偏转方式是固定的，从屏幕左上角的第一条扫描线开始，从左到右，从上到下，直至最后一条扫描线即右下角，从而完成一帧的扫描。在每条扫描线末端，电子束返回到屏幕的左边，又开始显示下一条扫描线，称为电子束的水平回扫(Horizontal Retrace)。在每帧的终了，电子束返回到屏幕的左上角，开始下一帧，称为垂直回扫(Vertical Retrace)。为了得到稳定的画面，光栅扫描显示器要不断地刷新屏幕，也即要定时地把一帧画面的每个像素的值从帧缓存中取出，不管多简单的图形，每次都要扫遍全帧。每秒扫描的帧数被称为帧频或刷新频率，用单位 Hz 来描述。如果刷新速率是 75 Hz，表示每秒扫描 75 帧。大约达到每秒 60 帧即 60 Hz 时，人眼才能感觉到屏幕不闪烁。要使人眼觉得舒服，屏幕一般必须有 85 Hz 以上的刷新频率。

有些扫描速度较慢的显示器，为了能得到好的显示效果，采用一种叫隔行扫描的技术。首先从第 0 行开始，每隔一行扫描，将偶数行都扫描完毕垂直回扫后，电子束从第 1 行开始扫描所有奇数行。这样的技术相当于将扫描频率加倍，比如逐行扫描 30 Hz，人们会觉得闪烁；但是同样的扫描频率，如果用隔行扫描技术人们就不会觉得闪烁。当然这样的技术和真正逐行 60 Hz 的效果还是有差距的。

荫罩法用于彩色光栅扫描系统，如图 2-4 所示。对应每个像素位置，紧靠荧光涂层的荧光屏后有三个荧光点，按三角形排列：一个点发红光，一个发绿光，一个发蓝光。同时，有三支电子枪，分别与这三个荧光点对应。三支电子束被加速、聚焦、偏转，形成一组电子束射向荫罩，通过小孔，并分别打在对应像素位置的三个荧光点上，三个荧光点分别发出红绿蓝的光。由于三点距离很近，因此肉眼看见的是这三种颜色光的混合色。通常电子枪按三角形排列，在高分辨率系统中，电子枪常采用线排列。

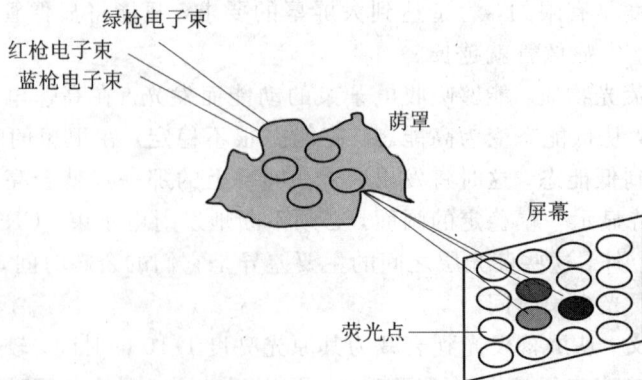

图 2-4　荫罩式彩色 CRT 显色原理示意图

　　光栅扫描显示器将图形定义存放在刷新缓冲存储器(Refresh Buffer)或帧缓冲存储器(Frame Buffer)中。显示屏上的每个像素都对应帧缓冲存储器中的若干位,最简单的黑白图像每个像素只需要一位。若该位为 0,表示该像素为暗;若该位为 1,表示该像素为亮。这样的图像称为二值图像。要能显示彩色并且强度可变,就需附加位。如果每个像素用 i 位表示它的灰度,那么就能产生 2^i 级灰度等级或颜色种类。比如,要一个像素能显示 256 个灰度级,则需要 8 位数据,也即一个字节。

　　帧缓存是数字设备,光栅显示器是模拟设备。要把帧缓存中的信息在光栅显示器屏幕上输出必须经过数字/模拟转换,这个工作由 DAC(数模转换器)完成,如图 2-5 所示。

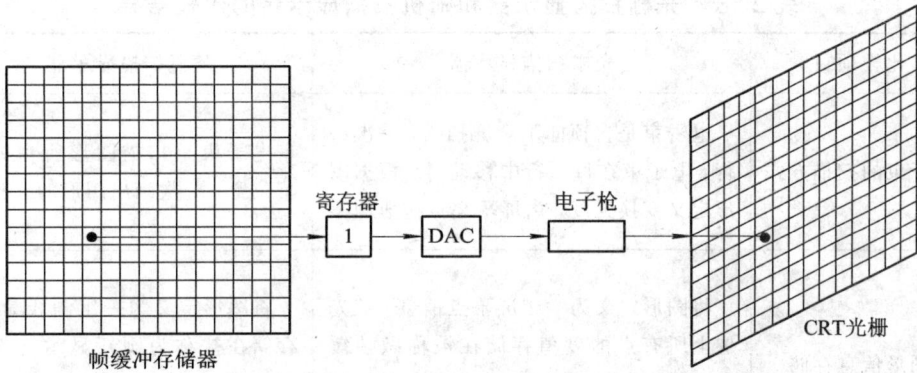

图 2-5　具有 1 位帧缓存的黑白光栅扫描显示器结构示意图

　　对红、绿、蓝三个颜色的电子枪可通过增加帧缓存位面来提高颜色种类的灰度等级。如图 2-6 所示,每种原色电子枪有 8 个位面的帧缓存和 8 位的 DAC,每种原色有 2^8 种灰度等级,三种原色的组合有 2^{24} 种颜色。这种显示器称为全色光栅扫描图形显示器,其帧缓存称为全色帧缓存。光栅扫描系统对屏幕每一像素都有存储强度和色彩信息的能力,使其较好地适用于包含细微阴影和彩色模式的场景的逼真显示。

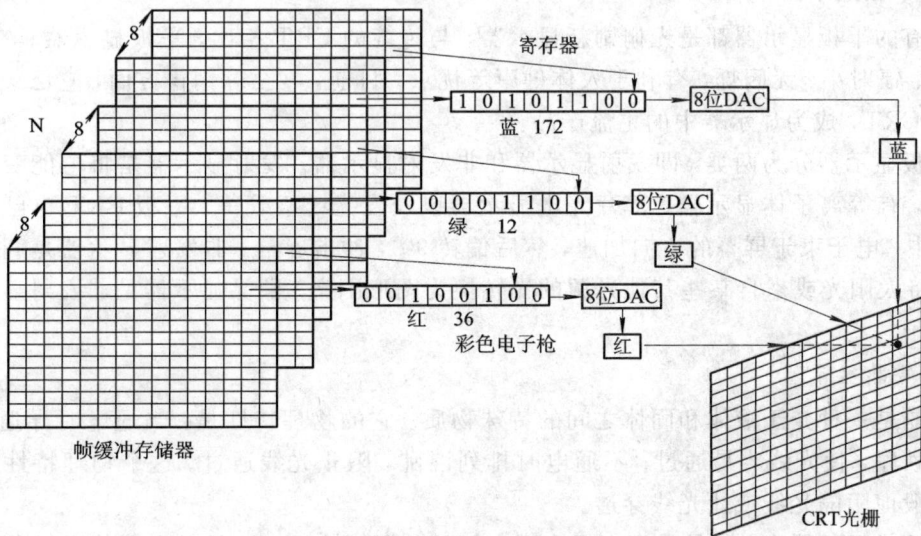

图 2-6　具有 24 位彩色帧缓存的光栅扫描显示器结构示意图

由于图像是由像素阵列组成的，因此显示一幅图像所需的时间等于显示整个光栅所需的时间，而与图像的复杂程度无关。可以把光栅扫描显示器看做许多离散点组成的矩阵，每个点都可以发光。除非特殊情况，一般在矩阵中是不能直接从一个点到另一个点（或一个像素到另一个像素）画一条笔直的直线，但可以用一系列的点（或像素）来近似地表示这条直线。这也就解释了光栅扫描显示器中线条不直、圆弧不圆的原因。

电子束从一侧匀速地移到另一侧，然后迅速返回原处，再匀速地移向另一侧，如此反复，将这个过程叫做扫描。扫描有两种方式，即光栅扫描和随机扫描。在表2-1中，比较了光栅扫描显示器和随机扫描显示器。

表2-1 光栅扫描显示器和随机扫描显示器的比较结果

比较项目	光栅扫描显示器	随机扫描显示器
电子束的扫描方式	电子束是自顶向下全屏扫描，一次一行。电子束在每一行中移动时，根据图形定义变换强度，由屏幕亮点构成图案	电子束只扫描图形所在的屏幕位置，一次画出图形的一条线
图形信息存储	将图形定义为一组屏幕点信息，荧光屏上所有点的度值存储在被称做帧缓存区的内存区域中，一一对应。系统结构：帧缓存区←→显示控制器→显示器	将图形定义为一组画线命令，存储在被称为刷新显示文件的内存区域。系统结构：刷新显示文件←→显示控制器→显示器
适用范围	适用于逼真显示，包含细微阴影和色彩模式的场景	适用于画线应用

2. 平板显示器

所有的平板显示器都是光栅刷新显示器。与传统的 CRT 相比，平板显示器具有轻薄、功耗低、辐射小、无闪烁，有利于人体健康等优点。目前，在全球销售方面，它已经超过了传统的 CRT，成为显示器中的主流产品。

平板显示器分为两类，即发射显示器和非发射显示器。发射显示器是将电能变换为光的设备，有等离子体显示器、薄片光电显示器以及发光二极管等。平板 CRT 也已设计出来，其中，电子束于屏幕的方向加速，然后偏转 90°，冲击屏幕。非发射显示器是利用光学效应，将太阳光或来自某些其他光源的光转换为图形图案。液晶显示器是非发射显示器的重要例子。

1）液晶显示器

液晶是一种介于液体和固体之间的特殊物质。它的物理特性是：当通电时导通，排列变得有秩序，使光线容易通过；不通电时排列混乱，阻止光线通过。这个物理特性让液晶如闸门般地阻隔光线或让光线穿透。

在液晶显示器中，液晶是灌入两个列有细槽的平面之间。液晶显示器依靠极化滤光器（片）影响光线穿过液晶。自然光线是朝所有方向随机发散的。极化滤光器实际是一系列逐步变细的平行线，这些线阻断不与它们平行的所有光线。只有两个滤光器的线完全平行，或者通过第一个极化滤光器的光线本身已扭转到与第二个极化滤光器相匹配，光线才得以穿过第二个极化滤光器。

如图 2-7(a)所示，两个极化滤光器互相垂直，穿过第一个极化滤光器的光线，经过扭曲的液晶后，光线被扭曲 90°，正好可以穿过第二个极化滤光器。但若为液晶加一个电压，液晶分子又会重新排列并完全平行，使光线不再扭转，将被第二个滤光器挡住，如图 2-7(b)所示。总之，加电光线将被阻断，不加电光线将射出。

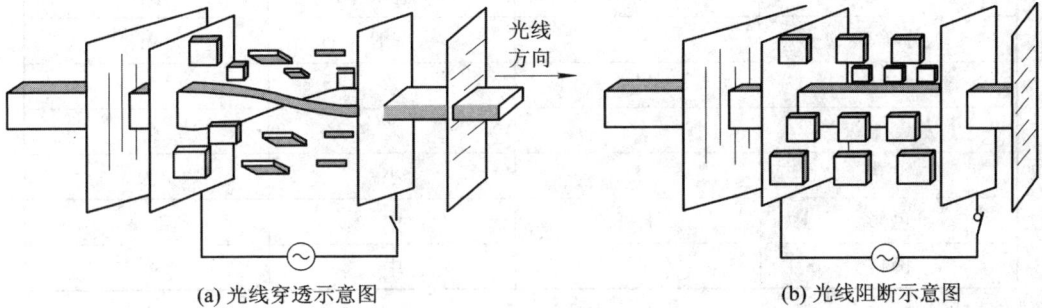

(a) 光线穿透示意图　　　　　　　　　　　　　(b) 光线阻断示意图

图 2-7　单色液晶显示器的原理

液晶材料本身不发光，所以显示屏两边设有作为光源的灯管。液晶显示屏背面有一块背光板和反光膜，背光板由荧光物质组成，可以发射光线，提供均匀的背景光源。背光板发出的光线穿过第一层偏振过滤层后进入液晶层。液晶层中的水晶液滴都被包含在细小的单元格结构中，一个或多个单元格构成屏幕上的一个像素。玻璃板与液晶材料之间的透明电极分为行和列，在行与列的交叉点上，通过改变电压而改变液晶的旋光状态，从而改变屏幕上相应像素的亮度。

彩色液晶显示器要具备专门处理彩色显示的色彩过滤层。它的面板中的每一个像素由 3 个液晶单元格构成，每一个单元格前面都分别有红色、绿色或蓝色的过滤器。这样，通过不同单元格的光线可在屏幕上显示出不同的颜色。

2）等离子显示器

等离子显示器是一种利用气体放电的显示装置。它的屏幕采用了等离子管作为发光元件，大量的等离子管排列在一起构成屏幕。每个等离子对应的每个小室内部充有氖氙气体。在等离子管电极间加上高压后，封在两层玻璃之间的等离子管小室中的气体会产生紫外光，从而激励平板显示器上的红、绿、蓝三基色荧光粉发出可见光。每个离子管作为一个像素，由这些像素的明暗和颜色变化组合，产生各种灰度和色彩的图像。等离子显示器一般由三层玻璃板组成，第一层的内里涂有垂直的导电材料，第二层是灯泡阵列，第三层表面涂有水平导电条。要点亮某个地址的灯泡，开始要在相应行和列上加较高的电压，等该灯泡点亮后，可用低电压维持氖气灯泡的亮度；要关掉某个灯泡，只需将相应的电压降低。灯泡开关的周期时间是 15 ms，通过改变控制电压，可以使等离子板显示不同灰度的图形。

最后，我们给出三种显示设备的比较结果，见表 2-2 所示。

表 2-2　CRT 显示器、液晶显示器和等离子显示器的比较结果

性　　质	CRT 显示器	液晶显示器	等离子显示器
功耗	大	小	中
屏幕	大	小	大
厚度	大	小	小
平面度	一般	好	好
亮度	好	适中	好
分辨率	中	一般	好
对比度	中	差	好
灰度等级	好	差	好
视角	大	小	大
色彩	丰富	中	丰富
价格	低	中	高

2.2.3　图形硬拷贝设备

图形硬拷贝设备有绘图仪和打印机两种。

1. 绘图仪

在计算机辅助设计（Computer Aided Design，CAD）与计算机辅助制造（Computer Aided Manufacturing，CAM）中，绘图仪是必不可少的，它能将图形准确地绘制在图纸上输出，供工程技术人员参考。如果我们把绘图仪中使用的绘图笔换为刀具或激光束发射器等切割工具就能加工机械零件了。

从原理上分类，绘图仪分为笔式、喷墨式、热敏式、静电式等；而从结构上分，它又可以分为平板式和滚筒式两种。平板式绘图仪的工作原理是：在电脑信号的控制下，笔或喷墨头在 X、Y 方向移动，而纸在平面上不动，从而绘出图来，见图 2-8(a)。滚筒式绘图仪的工作原理是：笔或喷墨头沿 X 方向移动，纸沿 Y 方向移动，这样，可以绘出较长的图样，见图 2-8(b)。

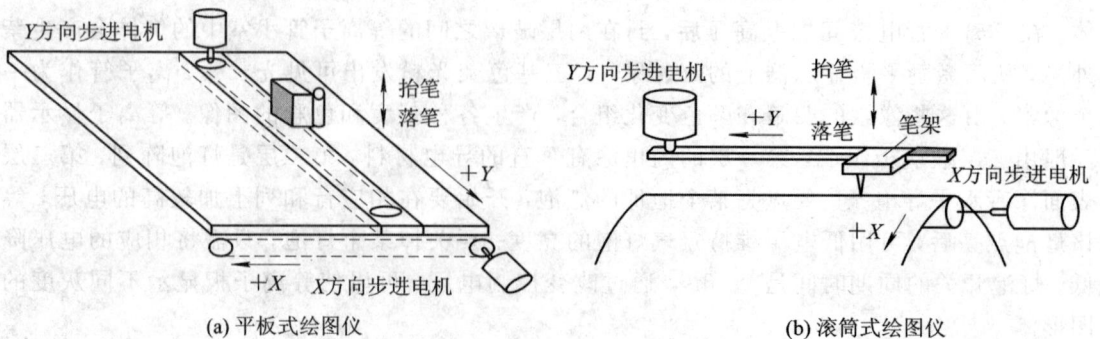

(a) 平板式绘图仪　　　　　　　　　　(b) 滚筒式绘图仪

图 2-8　绘图仪的结构示意图

绘图仪也可以分为单色和彩色两种。目前，彩色喷墨绘图仪绘图线型多、速度快、分辨率高、价格也不贵，很有发展前途。

2. 打印机

目前常用的打印机有激光打印机和喷墨打印机。

激光打印机的机械结构十分复杂，但其最主要的部件，如墨粉、感光鼓(硒鼓)、显影轧辊、初级高压电晕放电极等，都装在一个可以取下的盒子中，这个盒子称为墨粉盒或 EP 盒。当墨粉用完或这部分损坏，可以将整个盒子取下更换，给维修带来极大方便。图 2 - 9 是激光打印机的内部构造示意图。激光打印机在电子控制电路的控制下，接收主机发送来的打印数据和控制命令，控制各机械部件的有效配合，使要打印的信息通过激光来显影在感光鼓上。墨粉由显影轧辊传送到鼓上，在转换电晕的作用下，将打印信息印在打印纸上，最后墨粉由定影轧辊加热熔融到打印纸上。打印纸在取纸轧辊、进纸轧辊、传送带和出纸轧辊的作用下，在激光打印机内部的旅行，形成信息载体后，被送出打印机。

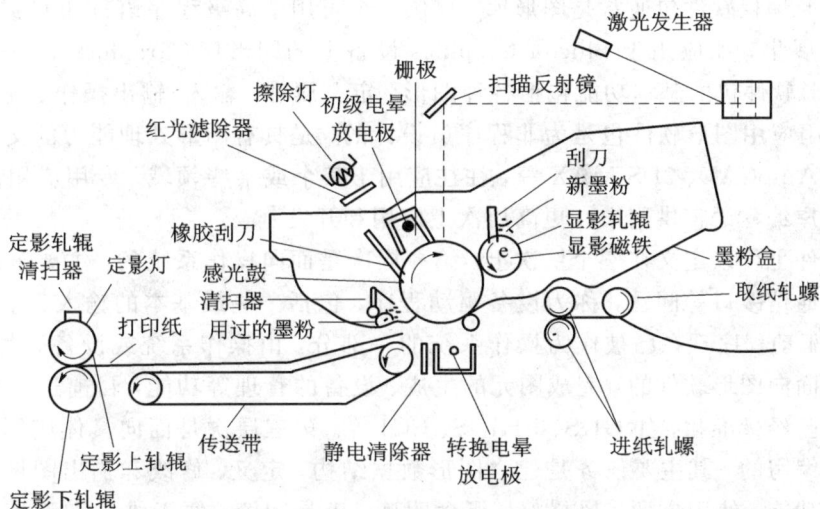

图 2 - 9　激光打印机的内部构造示意图

激光打印机有效地利用了激光定向性、单色性和能量密集性，并结合了电子扫描技术的高灵敏度和快速存取等特性。输出图形图像的质量非常高，分辨率可达 300～600 点/英寸。图形及文本质量非常高，可直接作为制版的原稿。

喷墨打印机利用控制指令来控制喷墨打印头上的喷嘴孔，让喷嘴孔喷出定量的墨水，进而打印在纸张上。所以，决定彩色喷墨打印机优劣的主要原因之一，就是喷墨的控制方法，也就是将墨点均匀且精确地喷在纸上的能力。由于各厂商开发出的喷墨打印头不同，其喷墨的控制方法也有少许不同，主要有热气泡喷墨技术和微压电喷墨技术。

热气泡式喷墨打印机以惠普、佳能、利盟的为代表，此类型的打印机喷嘴上有许多微加热原件，利用加热空气后产生膨胀的方式，让墨嘴中的墨水迅速达到沸点，墨水沸腾时所产生的气泡会产生极大压力，将墨水自喷头挤压而出，落在需要打印的纸张上。此种打印机还具有喷嘴密度高以及成本低的优点，但相对来说，由于喷嘴时冷时热的动作，容易造成喷墨打印头老化的现象。因此，这种类型打印机多将喷嘴内建在墨水盒中，在更换墨水盒的同时，也随之更换掉墨嘴。

压电式喷墨打印机则以爱普生的为代表，其中控制喷墨的介质不是空气，而是一个晶体。因为晶体具有导电性，且当通电的时候，晶体会产生膨胀的作用。简单地说，就是因此种打印机的喷嘴内含微小的晶体，当电流通过晶体时，会使晶体产生膨胀，将墨水自喷嘴内挤压而出，从而打印在纸张上。没有电流通过时，晶体管便会收缩，打印头就会停止打印。

2.3　图 形 软 件

2.3.1　图形软件类型

图形软件通常分为两类，即通用图形编程软件包和专用应用图形软件包。

通用图形编程软件包通常是图形库，提供一个可用于高级程序语言如 C 或 Fortran 的图形功能扩展集，如应用于 Silicon Graphics 设备上的图形库（Graphics Library，GL）系统。通用图形软件包的基本功能包括各种图形、定义属性、输入/输出操作、几何变换、观察变换。专用应用图形软件包是为非程序员设计的，是具有图形处理能力的交互式图形软件系统，如 AutoCAD、3DS MAX 等，往往应用于某个或某些领域。专用应用图形软件包也提供了用户编程语言供用户在更高层次上应用和开发。

图形软件也可以定义在三个层次上。第一层次是面向操作系统的，主要解决图形设备与计算机的通信接口等问题，称为设备驱动程序，包括一些最基本的输入、输出程序。事实上，设备驱动程序现在已被作为操作系统的一部分，由操作系统或设备硬件厂商开发。第二层次是面向图形软件的，完成图元的生成、设备的管理等功能，目前这个层次上的图形支撑软件已经标准化，如 GKS、PHIGS、CGI 等。第三层次是面向具体应用的，是在中间层基础上编写的，其主要任务是建立图形数据结构，定义、修改和输出图形，要求具有较强的交互功能、使用方便、风格好、概念明确、容易阅读、便于维护和移植，OpenGL、DirectX 便属于这一层次的软件。

2.3.2　图形软件标准

随着计算机硬件的飞速发展，加之图形输入/输出设备种类十分繁杂，使得开发高性能的交互式图形系统变得越来越困难和越来越复杂，并且难以在不同的计算机和图形设备之间进行移植。为了使应用程序在不同系统之间或不同程序之间可以移植，使应用程序与图形设备无关，使不同系统之间或不同程序之间相互交换图形数据成为可能，制定图形软件的标准则显得非常必要。

从 1974 年起，国际标准化组织（ISO）已经批准的与计算机图形有关的标准有图形核心系统（GKS）及其语言联编、三维图形核心系统（GKS-3D）及其语言联编、程序员层次交互式图形系统（PHIGS）及其语言联编、计算机图形元文件（CGM）、计算机图形接口（CGI）和基本图形交换规范（IGES），它们的层次关系如图 2-10 所示。

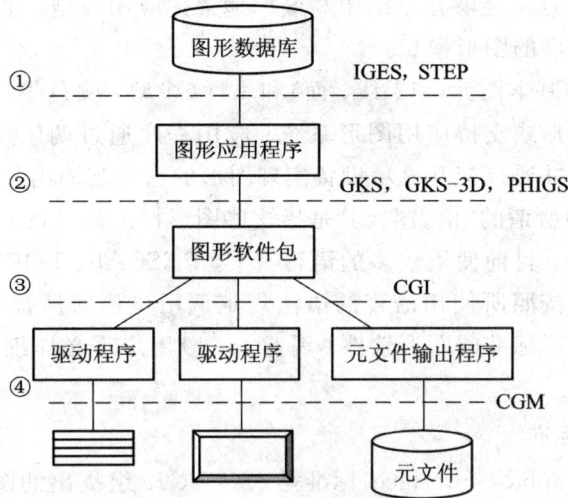

图 2-10　图形标准的层次关系

1. 图形标准

GKS(Graphical Kernel System)、GKS-3D 和 PHIGS(Programmer's Hierarchical Interactive Graphical System)这三个标准都是有关于应用程序与图形软件包的接口,通常也称为应用接口。图形软件包是一组常用的有关于图形处理的子程序的集合,它隔离了应用程序与图形物理设备的联系,该接口的标准化可实现应用程序在源程序级的可移植性。这个标准也是所谓的狭义图形标准。

GKS 提供了在应用程序和图形输入/输出设备之间的功能接口,定义了一个独立于语言的图形核心系统,在具体应用中,必须符合所使用语言的约定方式,把 GKS 嵌入到相应的语言之中。GKS 包括一系列交互和非交互图形设备的全部图形处理功能,大致可分为以下十类:

(1) 控制功能:执行打开、关闭 GKS 以及使系统进入、退出活动状态等;

(2) 输出功能:确定输出图形的类型;

(3) 输出属性:设定图素的各种属性以及各种图素的输出表现方式;

(4) 变换功能:实现规格化;

(5) 化图段功能:对图形进行生成、删除、复制以及实现图段属性控制;

(6) 输入功能:对各种输入设备进行初始化,设定设备工作方式,确定请求、采样和事件输入;

(7) 询问功能:查询 GKS 描述表、状态表、出错表、图素表等;

(8) 实用程序:实现 GKS 的几何变换等;

(9) 元文件处理;

(10) 出错处理。

GKS-3D 对 GKS 进行了功能扩充,使之能应用于三维图形程序设计。

PHIGS 是向应用程序员提供的控制图形设备的图形系统接口,其图形数据按层次结构组织,使多层次的应用模型能方便地应用 PHIGS 进行描述,提供动态修改和绘制显示图形数据的手段。PHIGS 是为具有高度动态性、交互性的三维图形应用而设计的图形软件工具库，其最主要的特点是能够在系统中高效率地描述应用模型，迅速修改图形模型的数据，并能绘制显示修改后的图形模型。

图形标准是一组由基本图元（点、线、面）和属性（线型、颜色等）构成的标准通用图形系统，它们以子程序的形式支持应用图形系统。应用程序通过调用这些图形标准子程序，即可生成图形和图像，并通过交互显示设备实现图形的输入与输出。

这三个图形标准中所谓的"语言联编"是指这些图形标准都已按照所使用的语言的约定嵌入到程序设计语言中。目前使用较多的语言有 C、PASCAL、FORTRAN 和 BASIC。因此，程序设计人员只要按照所使用语言的语法规定调用该语言所提供的图形程序（函数）库，就可开发出符合图形标准的图形软件。因此，一般用户不必详细了解具体详细的图形标准。

2. 图形设备接口标准

CGI(Computer Graphics Interface)标准是 ISO TC97 组提出的图形软件与图形输入/输出设备之间的接口标准，称为"虚拟图形设备接口"(Virtual Device Interface，VDI)。CGI 是第一个针对图形设备的接口，而不是应用程序接口的交互式计算机图形标准。CGI 的目标是使应用程序和图形库直接与各种不同的图形设备相作用，使其在各种图形设备上不经过修改就可以运行，即在用户程序和虚拟设备之间以一种独立于设备的方式提供图形信息的描述和通信。CGI 规定了发送图形数据到设备的输出和控制功能，用图形设备接收图形数据的输入、查询和控制功能。CGI 提供的功能集包括控制功能集、独立于设备的图形对象输出功能集、图段功能集、输入和应答功能集以及产生、修改、检索和显示像素数据的光栅功能集。

CGI 是设备级的计算机图形接口，该接口的标准化即可实现图形软件与图形设备的无关性。CGI 的目的是提供控制图形硬件的一种与设备无关的方法，实际上也可看做是图形设备驱动程序的一种标准。它既可以以子程序包的形式直接提供给用户使用，也可作为隐含的标准支持软件实现 GKS、PHIGS 等高层的图形标准。

3. 图形元文件标准

CGM(Computer Graphics Metafile)是一种数据接口，它规定了记录图形信息的数据文件的格式。该标准使程序与程序之间或系统与系统之间相互交换图形数据成为了可能。

CGM 标准由一套标准的、与设备无关的定义图形的语法和词法元素组成。它分为四个部分：第一部分是功能描述，包括元素标识符、语义说明以及参数描述；其余三部分为 CGM 标准的三种编码形式，即字符编码、二进制数编码和正文编码。CGM 标准本身并不提供生成和解释元文件的具体方法，而是利用上述三种不同的标准数据编码形式来实现元文件的元素功能。

一个符合 CGM 标准的图形元文件是一个有序的元素序列。这个序列具有简单的两层式结构，第一层由一个元文件描述和若干个逻辑上独立的画面组成，第二层即每个画面由一个画面描述和一个包含了实际画面定义的画面体组成。

设计 CGM 的主要目的是：提供图形存储的数据格式；提供一种以假脱机方式绘图的图形协议；为图形设备接口标准化创造条件；便于检查图形中的错误，保证图形质量；提供了把不同图形系统所产生的图形集成到一起的一种手段。

4. 基本图形交换规范

随着 CAD/CAM 技术在工业界得到广泛应用，越来越多的用户需要将他们的图形数据在不同的 CAD/CAM 系统之间进行交换。基本图形交换规范（Initial Graphics Exchange Specification，IGES）就是为了解决数据在不同的 CAD/CAM 系统间进行传送的问题，它定义了一套表示 CAD/CAM 系统中常用的几何和非几何数据格式以及相应的文件结构。

IGES 文件由 6 个段组成，有标志段（Flag）、开始段（Start）、全局段（Global）、目录入口段（Directory Entry）、参数数据段（Parameter Data）、结束段（Terminate）。其中，标志段仅出现在二进制或压缩的 ASCII 文件格式中。

一个 IGES 文件可以包含任意类型、任意数量的实体，每个实体在目录入口段和参数数据段中各有一项。目录入口项提供了一个入口并包含一些数据的描述性属性，参数数据项提供了特定实体的定义。目录入口项的格式是固定的，参数数据项是与实体有关的，不同实体的参数数据项的格式和长度不同。每个实体的目录入口项和参数数据项通过双向指针联系在一起。

IGES 文件的每段有若干行，每行为 80 个字符。每行的第 1～72 个字符为该段的内容，第 73 个字符为该段的段码，第 74～80 个字符为该段的序号。段码是这样规定的：字符"B"或"C"表示标志段，"S"表示开始段，"G"表示全局段，"D"表示目录入口段，"P"表示参数数据段，"T"表示结束段。

开始段提供可阅读的、有关该文件的一些前言性的说明，在第 1～72 列上可以写入任何内容的 ASCII 码字符。

全局段包含由前置处理器写入，后置处理器处理该文件所需的信息。它描述了 IGES 文件使用的参数分隔符、记录分隔符、文件名、IGES 版本、直线颜色、单位以及建立该文件的时间、作者等信息。

目录入口段含有多个目录入口，每个实体对应一个目录入口，每个目录入口含有 20 项，每项占 8 个字符。20 个项为实体类型号、参数指针、版本、线型、图层、视图、变换矩阵、标号、状态号、段码、颜色号、参数记录数、形式号和实体标号等。

参数数据段记录了每个实体的几何数据，其格式是变化的。根据每个实体参数数据的多少，决定它在参数数据段中占有几行。

结束段只有一行，在前 32 个字符里，分别用 8 个字符记录了开始段、全局段、目录入口段和参数数据段的段码、各段的总行数；第 33～72 个字符没有用到；最后 8 个字符为结束段的段码和行数。

另外，在 CAD/CAM 应用领域，为了在不同的 CAD/CAM 系统之间进行数据交换，还提出了产品模型数据交换标准（Standard for the Exchange of Product model Data，STEP），实际上是定义了一些标准的文件格式。AutoCAD 的 DXF 文件格式因其普遍使用也已成为事实上的标准。

2.4　习　　题

1. 计算机图形系统与一般的计算机系统最主要的差别是什么？试描述你所熟悉的计算机图形系统的硬、软件环境。

2. 图形设备主要包括哪些？请按类别列举出典型的物理设备。

3. 阴极射线管由哪几部分组成？它们的功能分别是什么？

4. 比较说明光栅扫描显示器与随机扫描显示器的特点。

5. 分辨率依次为 800×600、1024×768、1280×1024，欲存储的每个像素 12 位，这些系统各需要多大的帧缓冲器(Byte)？如果每个像素 24 位，这些系统各需要多大存储量？

6. 考虑分辨率为 640×480 和 1280×1024 的两个光栅系统，刷新频率为每秒 60 帧，各个系统每秒钟应访问多少像素？各个系统每个像素的访问时间是多少？

7. 设单个像素的平均存取时间为 100 ns，分辨率为 1024×768，问帧缓冲器全部像素存取一次需要多少时间？刷新频率是多少？

8. 阐述液晶显示器和等离子显示器的工作原理。

9. 为什么要制定图形软件标准？

10. 请列举出当前已成为国际标准的几种图形软件标准，并简述其主要功能。

第 3 章　基本图形的生成

在第 2 章，我们已经介绍了几种光栅显示器。光栅显示器将显示图元（如线、文字、填充涂色或图案区域）以其像素形式存储在一个刷新缓冲器中，它既可以对单独的像素进行读或写的操作，也可以拷贝或移动图像中的任意部分；既可以用一种颜色均匀填充区域，也可以用具有两种或两种以上颜色的重复图案填充区域。因为光栅显示器有许多适合现代应用的特点，所以它成了目前的主流硬件技术。

光栅图形是由可发光的像素组成的点阵，是离散的。在绘制具有连续性质的直线、曲线或区域等基本图形时，需要确定最佳逼近它们的像素，这个过程称为光栅化或扫描转换。本章主要以光栅图形显示为例，讨论基本图形的生成原理和算法。虽然几乎所有的程序设计语言都提供了线、圆弧和填充等的绘制函数，但只有学习了基本图形的生成原理和算法，才能超越具体程序设计语言的限制，满足用户的特殊绘图要求。

3.1　直线的生成算法

3.1.1　数字微分分析器算法

数字微分分析器（DDA）是用数值方法求解微分方程的一种机械设备，即根据 x 和 y 的一阶导数，在 x 和 y 方向上渐进同步地以小步长移动，由此生成连续的像素坐标 (x, y)。

对于线的光栅化，最简单的策略就是将斜率 k 计算为 $\Delta y / \Delta x$，然后从最左端的点开始，对 x 每次递增一个单位，而对每个 x_i，计算其相应的 $y_i = kx_i + b$，并显示坐标为 $(x_i, \mathrm{Round}(y_i))$ 的像素，其中，$\mathrm{Round}(y_i) = \mathrm{int}(0.5 + y_i)$（即对 $0.5 + y_i$ 进行取整）。这种计算是为了选择最接近线的像素，即到实际的线距离最短的像素。当然，这种简单的方式并不是很有效，因为每次循环都要用浮点（或二进制分数）计算一次乘法、一次加法，以及调用一次取整运算。

我们可以去掉其中的乘法。由于

$$y_{i+1} = kx_{i+1} + b = k(x_i + \Delta x) + b$$
$$= y_i + k\Delta x$$

则当 $\Delta x = 1$ 时，

$$y_{i+1} = y_i + k$$

因此，x 每增加一个单位，y 就加上一个 k，k 是线的斜率。对于线上的所有点 (x_i, y_i)，我们知道，如果 $x_{i+1} = x_i + 1$，那么 $y_{i+1} = y_i + k$。也就是说，x 和 y 的值可以根据前一点的值推算出来，如图 3-1 所示。

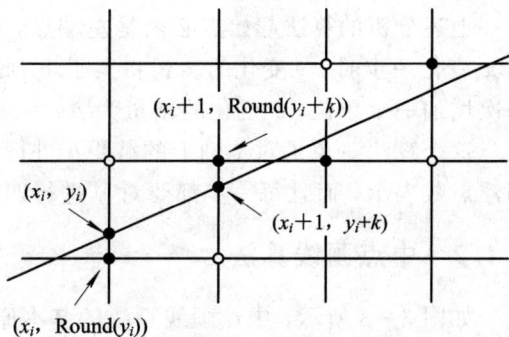

图 3-1　DDA 算法示意图

例：用 DDA 方法光栅化 $P_0(0，0)$ 和 $P_1(5，2)$ 两点间的直线段。

x	int$(y+0.5)$	$y+0.5$
0	0	$0+0.5$
1	0	$0.4+0.5$
2	1	$0.8+0.5$
3	1	$1.2+0.5$
4	2	$1.6+0.5$
5	2	$2.0+0.5$

DDA 画线算法如下：

```
void DDALine(int x0, int y0, int x1, int y1, int color)
{ int x;
  float dx, dy, y, k;
  dx=x1-x0, dy=y1-y0;
  k=dy/dx, y=y0;
  for (x=x0; x<=x1; x++)
  { putpixel (x, int(y+0.5), color);
    y=y+k;
  }
}
```

DDA 算法结果的示意见图 3-2。

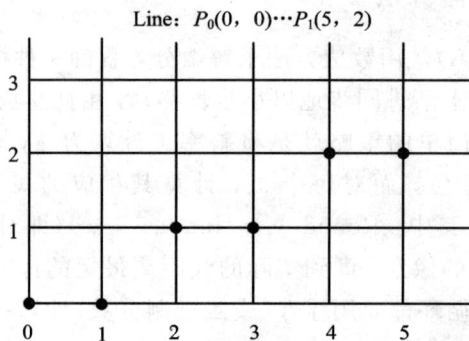

图 3-2　DDA 算法结果示意图

上述分析的算法起始点必须是左端点，并且只适用于 $-1 \leqslant k \leqslant 1$ 的情况。如果 $|k| > 1$，当 x 变化一步时，y 变化的步长将大于 1，此时，我们就得将 x 和 y 的角色进行倒换，即 y 每次增加一个单位，x 变化的增量为 $\Delta x = \Delta y/k = 1/k$。

这个算法避免了对 y 轴上的截距 b 进行任何处理，是一个增量算法。但是，y 与 k 必须用浮点数表示，而且每一步都要对 y 进行四舍五入后取整。这使得它不利于硬件实现。

3.1.2　中点画线算法

如图 3-3 所示，中点画线算法的基本原理：假定直线斜率 $0 < k < 1$，且已确定点亮像素点 $P(x_p, y_p)$，则下一个与直线最接近的像素只能是 P_1 点或 P_2 点。设 M 为中点，Q 为交点，当 M 在 Q 的下方，P_2 离直线更近，取 P_2；当 M 在 Q 的上方，P_1 离直线更近，取 P_1；

等 M 与 Q 重合，P_1、P_2 可任取一点。

设直线的起点和终点分别为 $(x_0，y_0)$ 和 $(x_1，y_1)$，则直线方程为

$$F(x，y) = ax + by + c = 0$$

其中，$a = y_0 - y_1$，$b = x_1 - x_0$，$c = x_0 y_1 - x_1 y_0$。对于直线上的点，$F(x，y) = 0$；对于直线上方的点，$F(x，y) > 0$；而对于直线下方的点，$F(x，y) < 0$。因此，欲判断中点 M 在 Q 点的上方还是下方，只需把 M 的值代入 $F(x，y)$，并判断它的符号即可。首先，构造判别式：

图 3 - 3 中点画线算法示意图

$$d = F(M) = F(x_p + 1，y_p + 0.5) = a(x_p + 1) + b(y_p + 0.5) + c$$

① 当 $d < 0$ 时，M 在直线下方，取 P_2 为下一个像素；

② 当 $d > 0$ 时，M 在直线上方，取 P_1 为下一个像素；

③ 当 $d = 0$ 时，选 P_1 或 P_2 均可，约定取 P_1 为下一个像素。

又因为 d 是 x_p、y_p 的线性函数，所以可采用增量计算，以提高运算效率，即

① 当 $d \geqslant 0$ 时，取正右方像素 $P_1(x_p + 1，y_p)$，要判定下一个像素位置，应计算 d_1，即

$$d_1 = F(x_p + 2，y_p + 0.5) = a(x_p + 2) + b(y_p + 0.5) = d + a$$

则增量为 a。

② 当 $d < 0$ 时，取右上方像素 $P_2(x_p + 1，y_p + 1)$，要判定下一像素位置，应计算 d_2，即

$$d_2 = F(x_p + 2，y_p + 1.5) = a(x_p + 2) + b(y_p + 1.5) + c = d + a + b$$

则增量为 $a + b$。

画线从 $(x_0，y_0)$ 开始，d 的初值为

$$d_0 = F(x_0 + 1，y_0 + 0.5) = F(x_0，y_0) + a + 0.5b$$

因 $F(x_0，y_0) = 0$，则 $d_0 = a + 0.5b$。

由于我们使用的只是 d 的符号，而且 d 的增量都是整数，只是初始值包含小数，因此，我们可以用 $2d$ 代替 d 来摆脱小数，写出仅包含整数运算的算法。

例：用中点画线方法光栅化 $P_0(0，0)$ 和 $P_1(5，2)$ 两点间的直线段。

$$a = y_0 - y_1 = -2$$
$$b = x_1 - x_0 = 5$$
$$d_0 = 2a + b = 1$$
$$\Delta_1 = 2a = -4$$
$$\Delta_2 = 2(a + b) = 6$$

x	y	d
0	0	1
1	0	-3
2	1	3
3	1	-1
4	2	5
5	2	1

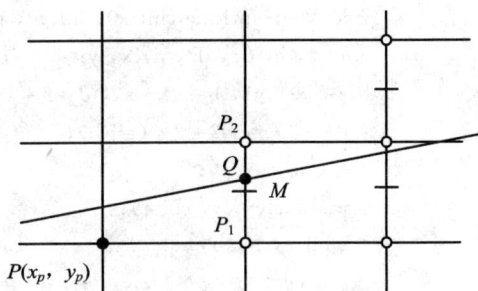

中点画线算法如下：

```
void MidpointLine (int x0, int y0, int x1, int y1, int color)
{ int a, b, d1, d2, d, x, y;
    a=y0-y1, b=x1-x0, d=2*a+b;
    d1=2*a, d2=2*(a+b);
    x=x0, y=y0;
    putpixel(x, y, color);
    while(x<x1)
    { if (d<0) {x++, y++, d+=d2; }
      else {x++, d+=d1; }
      putpixel (x, y, color);
    }
}
```

中点画线算法结果的示意见图3-4。

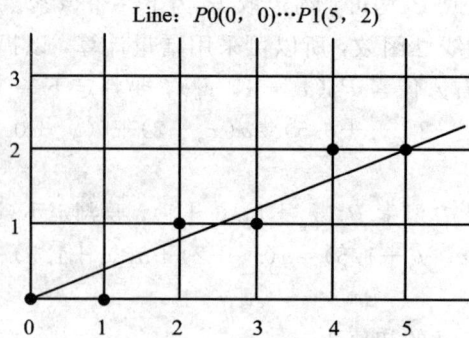

Line: $P0(0, 0)\cdots P1(5, 2)$

图 3-4　中点画线算法结果示意图

3.1.3　Bresenham 画线算法

如图3-5所示，误差 d 是直线的实际位置与水平网格线之间的垂直距离。直线的起始点在像素中心，误差项 d 的初值 $d_0=0$。x 下标每增加1，d 的值相应递增直线的斜率值，即 $d=d+k$，$k=\Delta y/\Delta x$。一旦 $d \geqslant 1$，就给它减1，从而保证 d 在0~1之间。

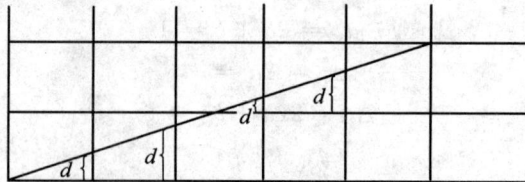

图 3-5　Bresenham 画线算法示意图

显然，当 $d \geqslant 0.5$ 时，直线与 x_{i+1} 列垂直网格交点最接近于当前像素 (x_i, y_i) 的右上方像素 (x_{i+1}, y_{i+1})；而当 $d < 0.5$ 时，更接近于右方像素 (x_{i+1}, y_i)。为方便计算，令 $e=d-0.5$，e 的初值为 -0.5，增量为 k。当 $e \geqslant 0$ 时，取当前像素 (x_i, y_i) 的右上方像素 (x_{i+1}, y_{i+1})；而当 $e < 0$ 时，更接近于右方像素 (x_{i+1}, y_i)。

该算法的原理是：过各行各列像素中心构造一组虚拟网格线。按直线从起点到终点的顺序计算直线与各垂直网格线的交点，然后确定该列像素中与此交点最近的像素。该算法的巧妙之处在于采用增量计算，使得对于每一列，只要检查一个误差项的符号，就可以确定该列的所求像素。

例：用 Bresenham 方法光栅化 $P_0(0，0)$ 和 $P_1(5，2)$ 两点间的直线段。

x	y	e
0	0	-0.5
1	0	-0.1
2	1	-0.7
3	1	-0.3
4	2	-0.9
5	2	-0.5

Bresenham 画线算法如下：

```
void BresenhamLine (int x0, int y0, int x1, int y1, int color)
{ int x, y, dx, dy;
float k, e;
dx=x1-x0, dy=y1-y0, k=dy/dx;
e=-0.5, x=x0, y=y0;
while(x<=x1)
  { putpixel (x, y, color);
    x=x+1, e=e+k;
    if (e>=0) { y++, e=e-1; }
  }
}
```

Bresenham 画线算法结果的示意见图 3－6。

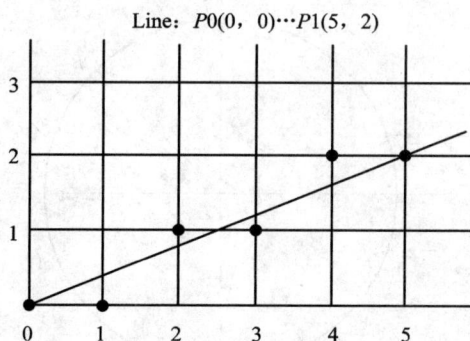

图 3－6 Bresenham 画线算法结果示意图

上述 Bresenham 算法在计算直线斜率与误差项时用到小数与除法，可以改用整数以避免除法。由于算法中只用到误差项的符号，因此可作如下替换：

$$e' = 2 \times e \times dx$$

改进的整数型 Bresenham 画线算法如下：

```
void InterBresenhamLine (int x0, int y0, int x1, int y1, int color)
```

```
{ int x, y, dx, dy, e;
    dx=x1-x0, dy=y1-y0, e=-dx;
    x=x0, y=y0;
    while(x<=x1)
    {putpixel (x, y, color);
      x++, e=e+2*dy;
      if (e>=0) { y++; e=e-2*dx; }
    }
}
```

3.2　圆与椭圆的生成算法

3.2.1　圆的生成算法

假定圆心在坐标原点，因为即使圆心不在原点，通过一个简单的平移即可，这对原理的叙述却方便了许多。

在此我们只考虑 90°到 45°之间的第二个八分圆，因为利用圆的八方对称性（见图 3-7），很容易得到另外 7 个分圆上的点。以下 CirclePoints 程序就能将 8 个各对称的点显示出来。

```
void CirclePoints(int x, int y, int color)
{ putpixel (x, y, color); putpixel(y, x, color);
    putpixel(-x, y, color); putpixel(y, -x, color);
    putpixel(x, -y, color); putpixel(-y, x, color);
    putpixel(-x, -y, color); putpixel(-y, -x, color);
}
```

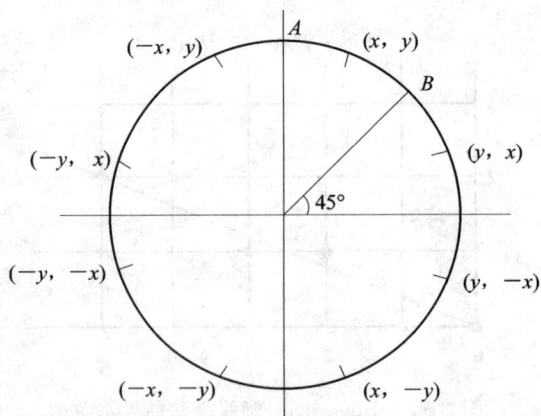

图 3-7　圆的对称性

1. 中点画圆法

如图 3-8 所示，像素 $P(x_p, y_p)$ 是当前被选择的靠近圆的显示点，那么下一个像素就将在 T 点和 B 点之间选择。这样，如果像素 T 和 B 的中点 M 在圆外，则 B 更靠近圆；否则，如果中点 M 在圆内，则 T 更靠近圆。

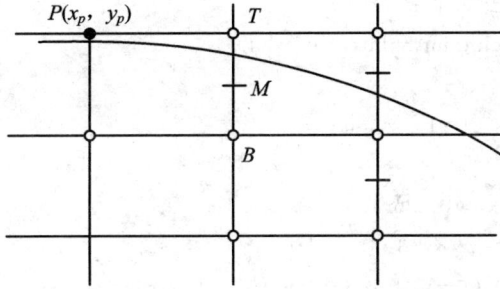

图 3-8　中点画圆法示意图

记圆的方程为 $F(x, y) = x^2 + y^2 - R^2$，用函数 $F(x, y)$ 在中点 M 处的值构造判别式，即

$$d = F(x_p + 1, y_p - 0.5) = (x_p + 1)^2 + (y_p - 0.5)^2 - R^2$$

如果 $d < 0$，则中点在圆内，选择像素 T，要判下一个像素位置，应计算 d_1，即

$$d_1 = F(x_p + 2, y_p - 0.5) = (x_p + 2)^2 + (y_p - 0.5)^2 - R^2$$

增量为

$$\Delta d_T = 2x_p + 3$$

如果 $d > 0$，则中点在圆外，选择像素 B，要判下一个像素位置，应计算 d_2，即

$$d_2 = F(x_p + 2, y_p - 1.5) = (x_p + 2)^2 + (y_p - 1.5)^2 - R^2$$

增量为

$$\Delta d_B = 2x_p - 2y_p + 5$$

由于限定该算法处理的半径 R 是整数，并只画第 2 个八分圆，因此圆的起点像素是 $(0, R)$，那么 d 的初值为

$$d_0 = F(1, R - 0.5) = 1 + (R - 0.5)^2 - R^2 = 1.25 - R$$

中点画圆算法如下：

```
void MidPointCircle(int radius, int color)
{ int x, y;
  float d;
  x=0; y=radius; d=1.25-radius;
  CirclePoints (x, y, color);
     while(x<=y)
{ if(d<0) d+=2*x+3;
  else { d+=2*(x-y)+5; y--; }
  x++;
  CirclePoints (x, y, color);
  }
}
```

因为 d 的初始值有小数，所以上述算法必须采用浮点运算，这会花费较多的时间。为了将其改造成整数计算，对 d 作下列变换：$d = D + 0.25$，那么判别式 $d < 0$ 等价于 $D < -0.25$。在 D 为整数的情况下，$D < -0.25$ 和 $D < 0$ 等价，仍将 D 写成 d，可以得到整

数型中点画圆算法。

整数型中点画圆算法如下：

```
void MidPointCircleInt(int radius, int color)
{ int x, y, d;
  x=0; y=radius; d=1−radius;
  while(x<=y)
  { CirclePoints (x, y, color);
    if(d<0) d+=2 * x+3;
    else { d+=2 * (x−y)+5; y−−; }
    x++;
  }
}
```

我们可以对增量计算方法进行进一步的拓展，从而改善中点画圆算法的效率，其根本思想就是计算函数在其两个邻近点上的值及这两个值的差分，并且在程序的每一次迭代中运用这个差分值。

在当前迭代中，如果我们选择了 T 点，则

$$\Delta d_T = 2x_p + 3; \quad \Delta^2 d_T = 2(x_p + 1) + 3 - (2x_p + 3) = 2$$

$$\Delta^2 d_B = 2(x_p + 1) - 2y_p + 5 - (2x_p - 2y_p + 5) = 2$$

在当前迭代中，如果我们选择了 B 点，则

$$\Delta d_B = 2x_p - 2y_p + 5; \quad \Delta^2 d_T = 2(x_p + 1) + 3 - (2x_p + 3) = 2$$

$$\Delta^2 d_B = 2(x_p + 1) - 2(y_p - 1) + 5 - (2x_p - 2y_p + 5) = 4$$

于是，修改后的算法的主要步骤为：

（1）根据上一次的判定变量 d 的符号选择一个像素；

（2）运用上一次的 $\Delta d(\Delta d_T$ 或 $\Delta d_B)$ 更新判定变量 d；

（3）由二阶差分更新 $\Delta d(\Delta d_T$ 或 $\Delta d_B)$；

（4）显示新像素。

运用二阶差分的整数型中点画圆算法：

```
void MidPointCircleInt(int radius, int color)
{ int x, y, d;
  x=0; y=radius; d=1−radius;
  int dt=3; int db=−2 * radius+5;
    CirclePoints (x, y, color);
  while(x<=y)
  { if(d<0) {d+=dt; dt+=2; db+=2; }
    else { d+=db; dt+=2; db+=4; y−−; }
    x++;
    CirclePoints (x, y, color);
  }
}
```

2. Bresenham 画圆算法

如图 3-9 所示，像素 $P(x_p, y_p)$ 是当前被选择的靠近圆的显示点，那么下一个像素就将在 T 点和 B 点之间选择。

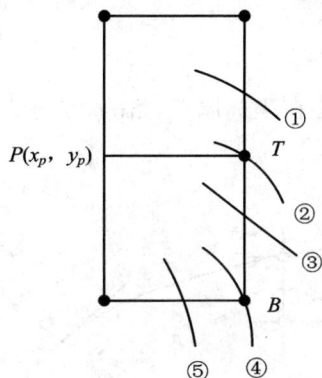

图 3-9　圆和光栅网格的相交关系

T 点和 B 点与几何圆的偏差分别用 D_T 和 D_B 表示，记为

$$D_T = x_T^2 + y_T^2 - R^2 = (x_p + 1)^2 + y_p^2 - R^2$$

$$D_B = x_B^2 + y_B^2 - R^2 = (x_p + 1)^2 + (y_p - 1)^2 - R^2$$

为了在 T 点和 B 点中决定一个像素，使它与几何圆最为接近，我们构造判别式 $d = D_T + D_B$。圆弧与光栅网格的相交关系有①、②、③、④、⑤五种情况，见图 3-9。对于情况①和②，T 点在圆内或圆上，B 点总是在圆内，应当选择像素 T，并且有 $d < 0$。对于情况④和⑤，T 点总是位于圆外，B 点位于圆上或圆外，应当选择像素 B，并且有 $d > 0$。对于情况③，T 点位于圆外，B 点位于圆内。同样，如果 $d < 0$，就选择像素 T；如果 $d \geqslant 0$，就选择像素 B。

因为圆点起点像素是 $(0, R)$，所以 d 的初值为 $d_0 = 3 - 2R$。

当取 T 点时，要判断下一个像素位置，应计算 d_1，即

$$d_1 = (x_p + 2)^2 + y_p^2 - R^2 + (x_p + 2)^2 + (y_p - 1)^2 - R^2 = d + 4x_p + 6$$

增量为

$$\Delta d_T = 4x_p + 6$$

当取 B 点时，要判断下一个像素位置，应计算 d_2，即

$$d_2 = (x_p + 2)^2 + (y_p - 1)^2 - R^2 + (x_p + 2)^2 + (y_p - 2)^2 - R^2 = d + 4(x_p - y_p) + 10$$

增量为

$$\Delta d_B = 4(x_p - y_p) + 10$$

Bresenham 画圆算法如下：

```
void BresenhamCircle(int radius, int color)
{ int x, y, d;
    x=0; y=radius; d=3-2 * radius;
    while(x<=y)
    { CirclePoints (x, y, color);
        if(d<=0) d+=4 * x+6;
```

```
    else { d+=4*(x-y)+10; y--; }
    x++;
  }
}
```

3.2.2　椭圆的生成算法

如图 3-10 所示,设椭圆中心在坐标原点,沿 x 方向的长半轴为 a,沿 y 轴方向的短半轴为 b,a 和 b 均为整数。

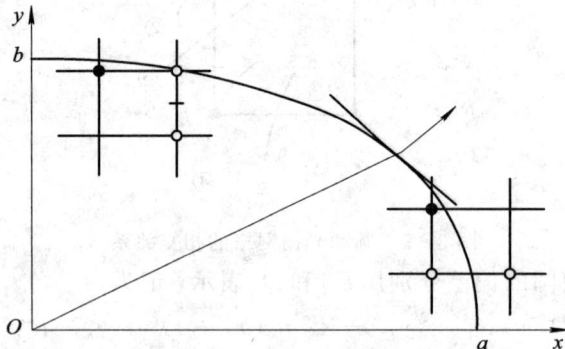

图 3-10　第一象限的椭圆弧

考虑到椭圆的对称性,我们只讨论从点 $(0,b)$ 出发,以顺时针方向生成第一四分椭圆弧。

以椭圆弧上斜率为 -1 的点为界,将椭圆弧分为上下两部分,$b^2(x+1)<a^2(y-0.5)$ 是上半部分椭圆弧的迭代条件。

先看椭圆弧的上半部分,见图 3-11,像素 $P(x_p,y_p)$ 是当前已选定的椭圆弧生成点,那么下一个像素就将在 T 点和 B 点之间选择。函数为 $F(x,y)=b^2x^2+a^2y^2-a^2b^2$,椭圆弧上的点为 $F(x,y)=0$,弧外的点 $F(x,y)>0$,弧内的点 $F(x,y)<0$,构造判别式为

$$d=F(M)=b^2(x_p+1)^2+a^2(y_p-0.5)^2-a^2b^2$$

① 若 $d<0$,则选择 T 为下一个像素,而且下一像素的判别式为

$$\begin{aligned}d_1&=F(x_p+2,y_p-0.5)\\&=b^2(x_p+2)^2+a^2(y_p-0.5)^2-a^2b^2\\&=d+b^2(2x_p+3)\end{aligned}$$

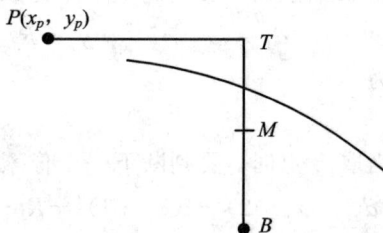

图 3-11　上半部分椭圆像素点的选择

增量为

$$\Delta d_T=b^2(2x_p+3)$$

② 若 $d\geqslant0$,则选择 B 为下一个像素,而且下一像素的判别式为

$$\begin{aligned}d_2&=F(x_p+2,y_p-1.5)=b^2(x_p+2)^2+a^2(y_p-1.5)^2-a^2b^2\\&=d+b^2(2x_p+3)+a^2(-2y_p+2)^2\end{aligned}$$

增量为

$$\Delta d_B=b^2(2x_p+3)+a^2(-2y_p+2)^2$$

因为椭圆的起点像素是 $(0,b)$,那么 d 的初值为

$$d_0 = F(1, b-0.5) = b^2 + a^2(b-0.5)^2 - a^2 - b^2 = b^2 + a^2(-b+0.25)$$

再看椭圆弧的下半部分，见图 3 - 12，像素 $P(x_p, y_p)$ 是当前已选定的椭圆弧生成点，那么下一个像素就将在 L 和 R 点之间选择。构造判别式为

$$d = F(M) = b^2(x_p + 0.5)^2 + a^2(y_p - 1)^2 - a^2 b^2$$

① 若 $d < 0$，则选择 R 为下一个像素，而且下一像素的判别式为

$$
\begin{aligned}
d_1 &= F(x_p + 1.5, y_p - 2) \\
&= b^2(x_p + 1.5)^2 + a^2(y_p - 2)^2 - a^2 b^2 \\
&= d + b^2(2x_p + 2) + a^2(-2y_p + 3)
\end{aligned}
$$

图 3 - 12　下半部分椭圆像素点的选择

增量为

$$\Delta d_R = b^2(2x_p + 2) + a^2(-2y_p + 3)$$

② 若 $d \geqslant 0$，则选择 L 为下一个像素，而且下一像素的判别式为

$$d_2 = F(x_p + 0.5, y_p - 2) = b^2(x_p + 0.5)^2 + a^2(y_p - 2)^2 - a^2 b^2 = d + a^2(-2y_p + 3)$$

增量为

$$\Delta d_L = a^2(-2y_p + 3)$$

在从上部分转到下部分时，要对下半部分的中点判别式进行初始化，即若上部分所选择的最后一个像素点为 (x_p, y_p)，则下半部分的中点判别式应在 $(x_p + 0.5, y_p - 1)$ 的点上计算。

椭圆的生成算法如下：

```
Void MidPointEllipse(int a, int b, int color)
{ int x, y;
  float d;
  x=0; y=b; d=b*b-a*a*(b-0.25);
  putpixel (x, y, color);
  while(a*a*(y-0.5)>b*b*(x+1))
  { if(d<0) d+=b*b*(2*x+3);
    else { d+=b*b*(2*x+3)+a*a*(-2*y+2); y−−; }
    x++;
    putpixel (x, y, color);
  }
  d=b*b*(x+0.5)*(x+0.5)+a*a*(y-1)*(y-1)-a*a*b*b;
  while(y>=0)
  { if(d<0) { d+=b*b*(2*x+2)+a*a*(-2*y+3); x++; }
    else d+=a*a*(-2*y+3);
    y−−;
    putpixel (x, y, color);
  }
}
```

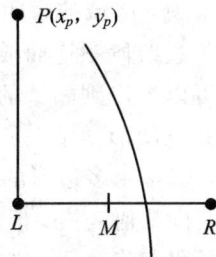

3.3　区　域　的　填　充

本节研究如何用一种颜色或图案来填充一个二维区域。区域填充可以分两步进行，第

一步先确定需要填充哪些像素，第二步确定用什么颜色值来填充。

一般来说，区域的封闭轮廓线是简单的多边形。若轮廓线由曲线构成，则可以将曲线转换成多条直线段顺连而成，此时，区域轮廓线仍然是一种多边形逼近。多边形区域的填充原理也可以推广到圆域的填充。

在计算机图形学中，多边形区域有两种重要的表示方法：顶点表示和点阵表示。所谓顶点表示，即是用多边形的顶点序列来表示多边形。这种表示直观、几何意义强、占内存少，易于进行几何变换，但由于它没有明确指出哪些像素在多边形内，故不能直接用于区域填充。所谓点阵表示，则是用位于多边形内的像素集合来刻画多边形。这种表示丢失了许多几何信息，但便于进行填充。

最简单的区域填充算法是检查屏幕上的每一个像素是否位于区域多边形内。由于大多数像素不在多边形内，因此该算法的效率很低。

根据区域的定义，可以采用不同的填充算法，其中最具代表性的是：适应于顶点表示的扫描线填充算法和适应于点阵表示的种子填充算法。

3.3.1 扫描线填充算法

扫描线填充算法的基本思想是：先按扫描线顺序计算扫描线与多边形的相交区间，再用要求的颜色显示这些区间的像素，即完成填充工作。

对于一条扫描线，填充过程可以分为四个步骤：

（1）求交：计算扫描线与多边形各边的交点。

（2）排序：把所有交点按递增顺序进行排序。

（3）交点配对：第一个与第二个，第三个与第四个，等等。每对交点就代表扫描线与多边形的一个相交区间。如果扫描线交于一顶点，而共享顶点的两条边分别落在扫描线的两边，则交点只算一个。如果扫描线交于一顶点，共享交点的两条边在扫描线的同一边，则交点作为零个或两个，取决于该点是多边形的局部最高点还是局部最低点。另外，落在右/上边界的像素不予填充，而落在左/下边界的像素予以填充。

（4）区间填色：把这些相交区间内的像素置成多边形颜色，把相交区间外的像素置成背景色。

1. 有序边表的扫描线算法

为了提高效率，在处理每一条扫描线时，仅对与它相交的多边形的边进行求交运算。我们把与当前扫描线相交的边称为活性边，并把它们按与扫描线交点 x 坐标递增的顺序存放在一个链表中，称此链表为活性边表（AET）。

图 3-14(a)为图 3-13 中所示 $y=6$ 的扫描线的活性边表，图 3-14(b)为 $y=7$ 的扫描线的活性边表。

x：当前扫描线与边的交点；

Δx：从当前扫描线到下一条扫描线之间的 x 增量，设边的直线方程为 $ax+by+c=0$，则 $\Delta x=-b/a$；

y_{max}：边所交的最高扫描线号。

为了提高速度，假定当前扫描线与多边形某一条边的交点的 x 坐标为 x_i，则下一条扫描线与该边的交点不要重计算，只要加一个增量 Δx。

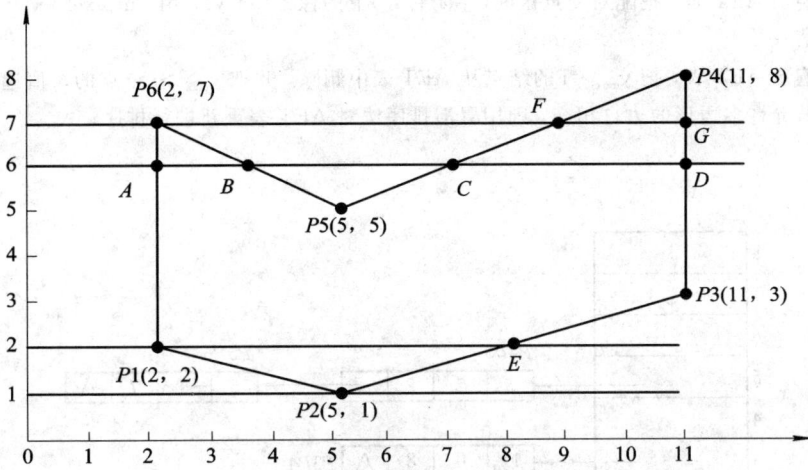

图 3 - 13　一个多边形与若干扫描线

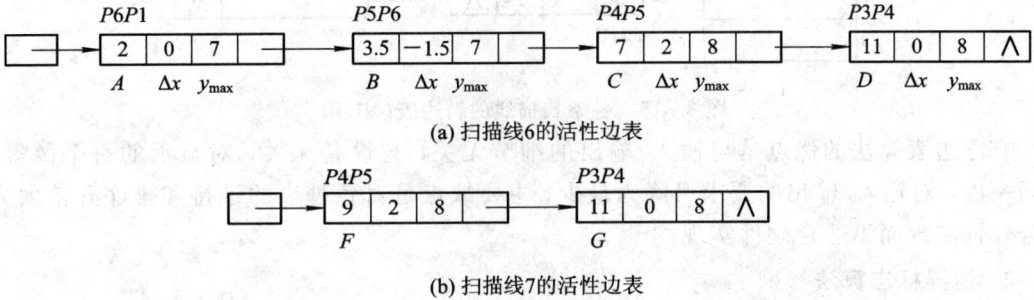

(a) 扫描线6的活性边表

(b) 扫描线7的活性边表

图 3 - 14　活性边表(AET)

　　另外，使用增量法计算时，还需要知道一条边何时不再与下一条扫描线相交，以便及时把它从活性边表中删除。因此，活性边表结点的数据结构应保存如下内容：第 1 项保存当前扫描线与边的交点坐标 x 值；第 2 项保存从当前扫描线到下一条扫描线间 x 的增量 Δx；第 3 项保存该边所交的最高扫描线号 y_{max}。

　　为了方便活性边表的建立与更新，可为每一条扫描线建立一个新边表(NET)，存放在该扫描线第一次出现的边。也就是说，若某边的较低端点为 y_{min}，则该边就放在扫描线 y_{min} 的新边表中，如图 3 - 15 所示。

　　算法过程如下：

```
void polyfill (polygon, color)
int color；多边形 polygon；
{ for (各条扫描线 i )
  { 初始化新边表头指针 NET[i]；
    把 ymin＝i 的边放进边表 NET[i]；
  }
  y＝最低扫描线号；
  初始化活性边表 AET 为空；
  for (各条扫描线 i )
  { 把新边表 NET[i]中的边结点用插入排序法插入 AET 表，使之按 x 坐标递增顺序排列；
```

遍历 AET 表，把配对交点区间(左闭右开)上的像素(x，y)，用 Putpixel (x，y，color) 改写像素颜色值；

遍历 AET 表，把 y_{max}＝i 的结点从 AET 表中删除，并把 y_{max}＞i 结点的 x 值递增 △x；

若允许多边形的边自相交，则用冒泡排序法对 AET 表重新进行排序；

　　　　}

}

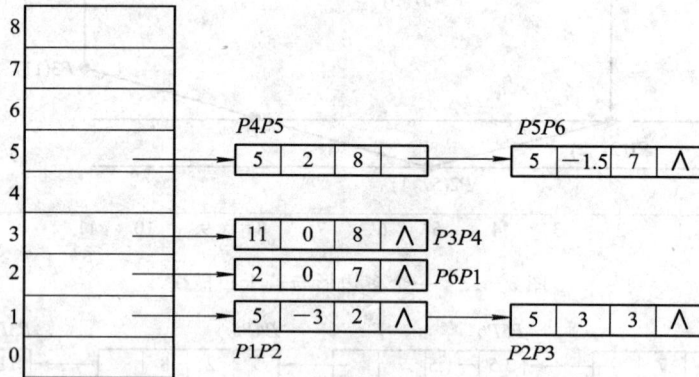

图 3－15　各条扫描线的新边表(NET)

有序边表算法的优点是与输入/输出的细节无关，与设备无关，对显示的每个像素只访问一次，对输入/输出的要求可降为最少；主要缺点是对各种表的维持和排序开销太大，适合软件实现而不适合硬件实现。

2. 边界标志算法

边界标志算法比较适合于硬件实现，其基本思想是：在帧缓冲器中对多边形的每条边进行直线扫描转换，亦即对多边形边界所经过的像素打上标志。然后再采用和扫描线算法类似的方法将位于多边形内的各个区段着上所需颜色。对每条与多边形相交的扫描线依从左到右的顺序，逐个访问该扫描线上的像素。使用一个布尔量 inside 来指示当前点是否在多边形内的状态。inside 的初值为假，每当当前访问的像素为被打上边标志的点，就把 inside 取反。对未打标志的像素，inside 不变。若访问当前像素时，inside 为真，说明该像素在多边形内，则把该像素置为填充颜色。

边界标志算法描述如下：

```
void edgemark __fill(polydef, color)
多边形定义 polydef；int color；
{ 对多边形 polydef 每条边进行直线扫描转换；
  inside＝FALSE；
  for (每条与多边形 polydef 相交的扫描线 y )
  for (扫描线上每个像素 x )
  { if(像素 x 被打上边标志)inside＝! (inside)；
    if(inside! ＝FALSE) putpixel (x，y，color)；
    else putpixel (x，y，background)；
  }
}
```

　　用软件实现时，扫描线算法与边界标志算法的执行速度几乎相同，但由于边界标志算法不必建立维护边表以及对它进行排序，因此边界标志算法更适合硬件实现，这时它的执行速度比有序边表算法快一至两个数量级。

3.3.2　种子填充算法

　　这里的区域指已表示成点阵形式的填充图形，是像素的集合。区域有两种表示形式：内点表示和边界表示，如图 3-16 所示。内点表示，即区域内的所有像素有相同颜色；边界表示，即区域的边界点有相同颜色。

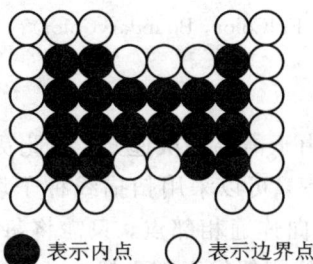

●表示内点　　○表示边界点

图 3-16　区域的内点表示和边界表示

　　种子填充算法的基本思路是：首先将区域的一点赋予指定的颜色，然后通过填充其周围的像素点，从而将填充颜色扩展到整个区域。

　　区域填充算法要求区域是连通的，因为只有在连通区域中，才可能将种子点的颜色扩展到区域内的其他点。区域可分为 4 向连通区域和 8 向连通区域，如图 3-17 所示。4 向连通区域指的是从区域上一点出发，可通过 4 个方向，即上、下、左、右移动的组合，在不越出区域的前提下，到达区域内的任意像素；8 向连通区域指的是从区域内每一像素出发，可通过 8 个方向，即上、下、左、右、左上、右上、左下、右下这 8 个方向的移动的组合来到达。

图 3-17　4 向连通区域和 8 向连通区域

1. 边界填充算法

　　区域边界采用边界表示，边界上的所有像素均具有特定的颜色或值，区域内部所有的像素均不取这一特定值，但是区域边界外的像素可以具有与边界相同的值。边界填充算法是先勾画出图的轮廓，选择填充颜色和模式，然后拾取一内点，系统自动给轮廓的内部涂上所需的颜色和图案。

　　边界表示的 4 向连通区域的递归填充算法如下：

　　(1) 种子像素压入堆栈。

　　(2) 当栈非空时，从栈中弹出一个像素，将该像素置成所要求的颜色值，按右、上、左、下顺序检查与出栈像素邻接的 4 向连通像素是否是边界像素或者是否已被置成所要求的值，若是，则不予理会；否则，将该像素压入堆栈。

```
void BoundaryFill4(int x, int y, int FillColor, int BoundaryColor)
{ int CurrentColor;
    CurrentColor=GetPixelColor(x, y);
    if(CurrentColor! =BoundaryColor && CurrentColor! =FillColor)
    { putpixel(x, y, FillColor);
      BoundaryFill4 (x, y+1, FillColor, BoundaryColor);
      BoundaryFill4 (x, y-1, FillColor, BoundaryColor);
      BoundaryFill4 (x-1, y, FillColor, BoundaryColor);
      BoundaryFill4 (x+1, y, FillColor, BoundaryColor);
    }
}
```

上述算法操作非常简单，但由于需要多次递归，因此费时、费内存，且效率不高。为了减少递归次数，提高工作操作效率，可以采用扫描线种子填充算法。它通过沿扫描线填充水平像素段来处理 4 向连通或 8 向连通相邻点，只需将每个水平像素段的起始位置入栈，而不必将当前位置周围尚未处理的相邻像素都入栈，以节省大量的堆栈空间。

扫描线种子填充算法如下：

（1）初始化：堆栈置空。将种子点(x, y)入栈。

（2）出栈：若栈空则结束；否则取栈顶元素(x, y)，以 y 作为当前扫描线。

（3）填充并确定种子点所在区段：从种子点(x, y)出发，沿当前扫描线向左、右两个方向填充，直到边界。分别标记区段的左、右端点坐标为 xl 和 xr。

（4）并确定新的种子点：在区间$[xl, xr]$中检查与当前扫描线 y 上、下相邻的两条扫描线上的像素。若存在非边界、未填充的像素，则把每一区间的最右像素作为种子点压入堆栈，并返回第（2）步。

```
typedef struct{ //记录种子点
    int x;
    int y;
} Seed;
void ScanLineFill4(int x, int y, COLORREF oldcolor, COLORREF newcolor)
{ int xl, xr, i;
    bool spanNeedFill;
    Seed pt;
    setstackempty();
    pt. x=x; pt. y=y;
    stackpush(pt); //将前面生成的区段压入堆栈
    while(! isstackempty())
    { pt=stackpop();
      y=pt. y;
      x=pt. x;
      while(getpixel(x, y)==oldcolor) //向右填充
      { putpixel(x, y, newcolor);
```

```
        x++;
    }
    xr=x-1;
    x=pt.x-1;
    while(getpixel(x, y)==oldcolor) //向左填充
    { putpixel(x, y, newcolor);
        x--;
    }
    xl=x+1;
    //处理上面一条扫描线
    x=xl;
    y=y+1;
    while(x<xr)
    { spanNeedFill=FALSE;
        while(getpixel(x, y)==oldcolor)
        { spanNeedFill=TRUE;
            x++;
        }
        if(spanNeedFill)
        { pt.x=x-1; pt.y=y;
            stackpush(pt);
            spanNeedFill=FALSE;
        }
        while(getpixel(x, y)! =oldcolor && x<xr) x++;
    }//End of while(i<xr)
    //处理下面一条扫描线，代码与处理上面一条扫描线类似
    x=xl;
    y=y-2;
    while(x<xr)
    { spanNeedFill=FALSE;
        while(getpixel(x, y)==oldcolor)
    { spanNeedFill=TRUE;
        x++;
    }
    if(spanNeedFill)
    { pt.x=x-1; pt.y=y;
        stackpush(pt);
        spanNeedFill=FALSE;
    }
    while(getpixel(x, y)! =oldcolor && x<xr) x++;
    }//End of while(i<xr)
}//End of while(! isstackempty())
}
```

上述算法对于每一个待填充区段，只需压栈一次；而在递归算法中，每个像素都需要压栈。因此，扫描线填充算法提高了区域填充的效率。

2. 泛填充算法

区域采用内点表示，区域内的所有像素具有同一种颜色，而区域外的所有像素具有另一种颜色。泛填充算法通常用于对区域重新进行着色，其输入的是种子点、填充色和内部点的颜色。

内点表示的 4 向连通区域的递归填充算法如下：

(1) 种子像素压入堆栈。

(2) 当栈非空时，从堆栈中弹出一个像素作为当前像素，将该像素置成所要求的颜色值，按右、上、左、下顺序检查与出栈像素邻接的 4 向连通像素是否是给定内部点的颜色且未置为新的填充色，若是，则将该像素压入堆栈；否则，不予理会。

```
void FloodFill4(int x, int y, int FillColor, int OldColor)
{ if(GetPixelColor(x, y)==OldColor)
  { putpixel(x, y, FillColor);
    FloodFill4 (x, y+1, FillColor, OldColor);
    FloodFill4 (x, y−1, FillColor, OldColor);
    FloodFill4 (x−1, y, FillColor, OldColor);
    FloodFill4 (x+1, y, FillColor, OldColor);
  }
}
```

其中，OldColor 表示内部点的颜色值。

3.3.3　区域图案填充算法

在实际使用中，有时需要用一种图案来填充平面区域，这可以通过对区域填充算法稍作修改来实现：在确定了区域内一像素之后，不是马上给像素填色，而是先查询图案位图的对应位置的颜色，当图案表的对应位置为 1 时，用填充色写像素；否则，不改变该像素的值。实际填充时，在不考虑图案旋转的情况下，可以将图案原点与图形区某点对齐来确定区域与图案之间的位置关系。

设图案是一个 M×N 的位图，用 M×N 数组存放。M、N 一般比要填充区域的尺寸要小很多，所以图案总是周期性的重复填充以构成任意尺寸的图案。假定(x, y)为待填充的像素坐标，则图案位图上的对应位置为(x%M, y%N)，其中%为 C 语言整除取余运算符。当图案值为 1 时，则使用填充色写；否则，采用背景色写，即

```
if(pattern(x%M, y%N))
putpixel(x, y, color); //color 为填充前景色
```

3.4　字　　符

字符指数字、字母、汉字等符号。计算机中字符由一个数字编码唯一标识。国际上最流行的字符集是《美国信息交换用标准代码集》，简称 ASCII 码，它用 7 位二进制数进行编码以表示 128 个字符，包括字母、标点、运算符以及一些特殊符号。我国除采用 ASCII 码

外，还另外制定了汉字编码的国家标准字符集 GB2312—1980《信息交换用汉字编码字符集　基本集》。该字符集分为 94 个区、94 个位，每个符号由一个区码和一个位码共同标识。区码和位码各用一个字节表示。为了能够区分 ASCII 码与汉字编码，采用字节的最高位来标识：最高位为 0 表示 ASCII 码，最高位为 1 表示表示汉字编码。

为了在显示器等输出设备上输出字符，系统中必须装备有相应的字库。字库中存储了每个字符的形状信息，字库分为矢量和点阵型两种形式，如图 3-18 所示。

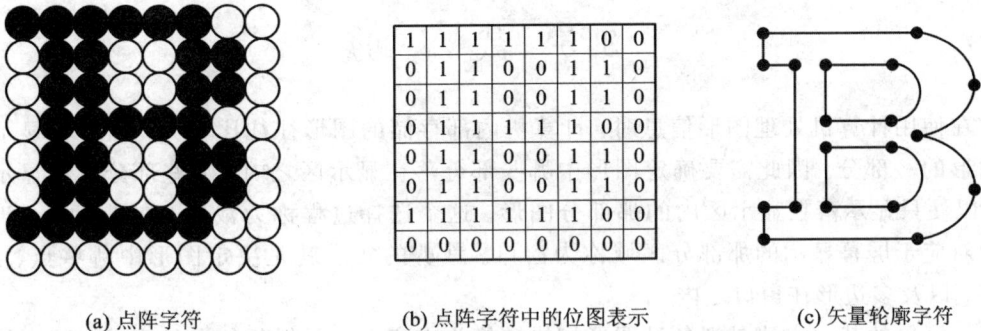

1	1	1	1	1	1	0	0
0	1	1	0	0	1	1	0
0	1	1	0	0	1	1	0
0	1	1	1	1	1	0	0
0	1	1	0	0	1	1	0
0	1	1	0	0	1	1	0
1	1	1	1	1	1	0	0
0	0	0	0	0	0	0	0

(a) 点阵字符　　　　　　　(b) 点阵字符中的位图表示　　　　　　　(c) 矢量轮廓字符

图 3-18　字符的种类

3.4.1　点阵字符

在点阵字符库中，每个字符由一个位图表示。该位为 1 表示字符的笔画经过此位，对应于此位的像素应置为字符颜色；该位为 0 表示字符的笔画不经过此位，对应于此位的像素应置为背景颜色。在实际应用中，有多种字体(如宋体、楷体等)，而每种字体又有多种型号，因此字库的存储空间是很庞大的。解决这个问题一般采用压缩技术，如：黑白段压缩、部件压缩、轮廓字形压缩等。其中，轮廓字形法压缩比大，且能保证字符质量，是当今国际上最流行的一种方法。轮廓字形法采用直线或二/三次 Bézier 曲线的集合来描述一个字符的轮廓线。轮廓线构成一个或若干个封闭的平面区域。轮廓线定义加上一些指示横宽、竖宽、基点、基线等控制信息就构成了字符的压缩数据。

点阵字符的显示分为两步：首先从字库中将它的位图检索出来，然后将检索到的位图写到帧缓冲器中。

3.4.2　矢量字符

矢量字符记录字符的笔画信息而不是整个位图，具有存储空间小、美观、变换方便等优点。对于字符的旋转、缩放等变换，点阵字符的变换需要对表示字符位图中的每一像素进行；而矢量字符的变换只要对其笔画端点进行变换就可以了。矢量字符的显示也分为两步：首先从字库中找到它的字符信息；然后取出端点坐标，对其进行适当的几何变换，最后根据各端点的标志显示出字符。

3.4.3　字符属性

字符属性一般包括字体、字高、字宽因子(扩展/压缩)、字倾斜角、对齐方式、字色和写方式等。字符属性的内容如下：

（1）字体：如仿宋体、楷体、黑体、隶书；

（2）字倾斜角：如倾斜；

（3）对齐方式：如左对齐、中心对齐、右对齐；

（4）字色：如红色、绿色、蓝色；

（5）写方式：替换方式时，对应字符掩膜中空白区的图形部分被置成背景色。写方式时，这部分区域颜色不受影响。

3.5 裁 剪

在使用计算机处理图形信息时，计算机内部存储的图形往往比较大，而屏幕显示的只是图形的一部分。因此需要确定图形中哪些部分落在显示区之内，哪些部分落在显示区之外，以便只显示落在显示区内的那部分图形。这个选择过程称为裁剪。在进行裁剪时，画面中对应于屏幕显示的那部分区域称为窗口。裁剪的实质就是决定图形中哪些点、线段、文字，以及多边形在窗口之内。

最简单的裁剪方法是把各种图形扫描转换为点之后，再判断各点是否在窗内。但那样太费时，一般不可取。这是因为有些图形组成部分全部在窗口外，可以完全排除，不必进行扫描转换。所以一般采用先裁剪再扫描转换的方法。

3.5.1 线段裁剪

如图 3-19 所示，直线段与窗口的位置关系有如下几种情况：

（1）直线段的两个端点都在窗口内（如线段 AB）；

（2）直线段的两个端点都在窗口外，且与窗口不相交（如线段 CD、KL）；

（3）直线段的两个端点都在窗口外，但与窗口相交（如线段 GH、IJ）；

（4）直线段的一个端点在窗口内，一个端点在窗口外（如线段 EF）。

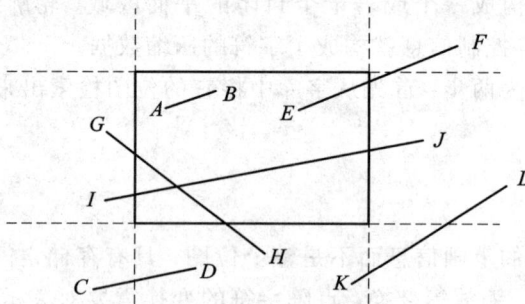

图 3-19 直线段与窗口的位置关系

我们可以通过判断两个端点的可见性来确定直线段的可见部分。第一种情况为全部可见段；第二种情况为全部不可见段；对于第三、四种情况，则需要根据线段与窗口边界的相交情况做进一步判断。

下面介绍几种直线段的裁剪算法。

1. Cohen – Sutherland 裁剪算法

该算法基于以下考虑：每一线段整个位于窗口内部或者整个位于窗口外部，或者能够被窗口分割而使其中的一部分能很快地被舍弃。因此，该算法的第一步，先确定一条线段是否整个位于窗口内，若是，则取之；第二步，确定该线段是否整个位于窗口外，若是，则弃之；第三步，如果前两步的判断均不成立，那么就通过窗口边界所在的直线将线段分成两个部分，再对每一部分进行第一、二步的测试。

Cohen – Sutherland 裁剪算法亦称为编码裁剪算法。在具体实现该算法时，需要把窗口边界延长，将平面划分成 9 个区，每个区用 4 位二进制代码表示，如图 3 – 20 所示。线段的两个端点按其所在区域赋予对应的代码，4 位代码的意义从左到右依次是：

第一位，如果端点在窗口左边界的左侧，则为 0，否则为 0；

第二位，如果端点在窗口右边界的右侧，则为 1，否则为 0；

第三位，如果端点在窗口下边界的下侧，则为 1，否则为 0；

第四位，如果端点在窗口上边界的上侧，则为 1，否则为 0。

由上述编码规则可知：如果两个端点的编码都为 0000，则线段全部位于窗口内；如果两个端点编码的位逻辑乘不为 0，则整条线段必位于窗口外；如果线段不能由上述两种测试决定，则必须把线段再分割。简单的分割方法是计算出线段与窗口某一边界（或边界的延长线）的交点，再用上述两种条件判别分割后的两条线段，从而舍弃位于窗口外的一段，如图 3 – 21 所示，用编码裁剪算法对 AB 线段裁剪，可以在 C 点分割，对于 AC、CB 进行判别，舍弃 AC，再分割于 D 点，对 CD、DB 作判别，舍弃 CD，而 DB 全部位于窗口内，算法完毕。

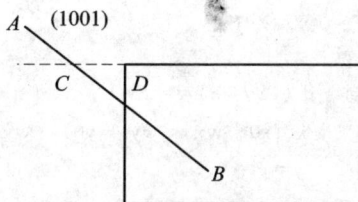

图 3 – 20 区域编码   图 3 – 21 编码裁剪例子

本算法的编程中，可以按照"左→右→下→上"或"上→下→右→左"的顺序检测编码的各位是否为 0。欲舍弃窗口外的子线段，只要用交点的坐标值代替被舍弃端点的坐标即可。另外，不必把线段与每条窗口边界依次求交，只要按顺序检测到端点区码的某位不为 0 时，才把线段与对应的窗口边界求交。

Cohen – Sutherland 裁剪算法如下：

```
float xl, xr, yt, yb;
unsigned char code(float x, float y)
{unsigned char c=0;
  if (x<xl) c=c|1;
  else if (x>xr) c=c|2;
```

```
    if (y<yb) c=c|4;
    else if (y>yt) c=c|8;
    return c;
}


void clip(float x0, float y0, float x2, float y2)
{unsigned char c1, c2, c;
  float x, y, wx, wy;
  c1=code(x0, y0);
  c2=code(x2, y2);
  while ((! (c1==0)) || (! (c2==0))) {
  if ((c1& c2)) return;
  c=c1;
  if (c==0) c=c2;
  wx=x2-x0; wy=y2-y0;
  if ((c & 1)==1)
   {y=y0+wy * (x1-x0) /wx;
    x=xl;
   }
else if ((c & 2)==2)
   {y=y0+wy * (xr-x0) /wx;
     x=xr;
   }
else if ((c & 4)==4)
   { x=x0+wx * (yb-y0) /wy;
     y=yb;
   }
else if ((c & 8)==8)
   { x=x0+wx * (yt-y0) / wy;
     y=yt;
   }
if (c==c1)
   {x0=x;
     y0=y;
     c1=code(x0, y0);
   }
else
   {x2=x;
     y2=y;
     c2=code(x2, y2);
   }
}// While()
line(int(x0), int(y0), int(x2), int(y2));
```

```
}
```

2. Liang – Barsky 裁剪算法

如图 3–22(a)所示，裁剪窗口的左、右、底和顶边分别表示为 X_L、X_R、Y_B 和 Y_T，被裁剪线段是 P_1P_2。

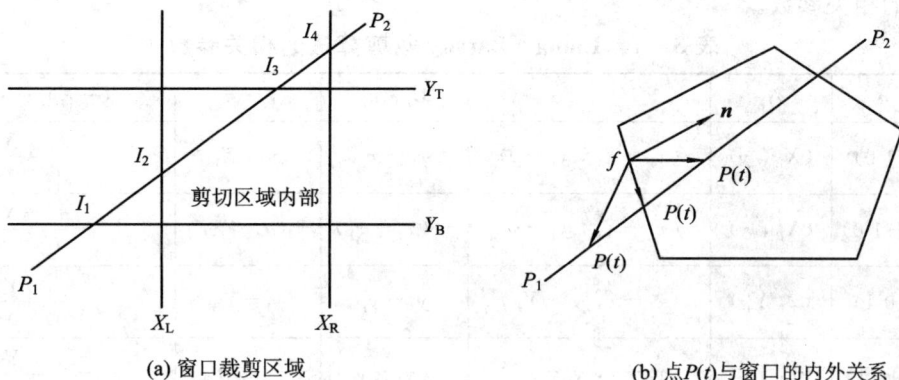

(a) 窗口裁剪区域　　　　　　　　　　(b) 点$P(t)$与窗口的内外关系

图 3–22　Liang – Barsky 裁剪算法示意图

线段 P_1P_2 的参数方程为

$$P(t) = (P_2 - P_1) \cdot t + P_1 \qquad (0 \leqslant t \leqslant 1)$$

式中，t 为参数，当 $t<0$ 或 $t>1$ 时，表明点 $P(t)$ 位于直线段的两端点之外，可以舍去。

如图 3–22(b)所示，设 f 是窗口边界上的一点，$\boldsymbol{n}$ 是边界上在点 f 处的内法矢量，那么，对于直线 P_1P_2 上的任一点 $P(t)$，点积 $\boldsymbol{n} \cdot [P(t) - f]$ 的符号表明：

(1) 若 $\boldsymbol{n} \cdot [P(t) - f] > 0$，则点 $P(t)$ 在边界的内侧；

(2) 若 $\boldsymbol{n} \cdot [P(t) - f] = 0$，则点 $P(t)$ 在边界上或其延长线上；

(3) 若 $\boldsymbol{n} \cdot [P(t) - f] < 0$，则点 $P(t)$ 在边界的外侧。

假设裁剪窗口有 k 条边，$f_i (i=1, 2, \cdots, k)$ 是每条边上取定的点(可以取多边形的顶点供两条边共用)，$\boldsymbol{n}_i$ 是边界上在点 f_i 处的内法矢量，由线段的参数方程和 $\boldsymbol{n}_i \cdot [P(t) - f_i] = 0$ 可得

$$\boldsymbol{n}_i \cdot [P_1 + (P_2 - P_1)t - f_i] = 0 \qquad (0 \leqslant t \leqslant 1; i = 1, 2, 3, 4)$$

令 $\boldsymbol{D} = P_2 - P_1$，它是直线 P_1P_2 的方向矢量。$w_i = P_1 - f_i$，称为权因子。由上式可以得到

$$t(\boldsymbol{n}_i \cdot \boldsymbol{D}) + \boldsymbol{n}_i \cdot w_i = 0$$

解得

$$t = \frac{\boldsymbol{n}_i \cdot w_i}{\boldsymbol{n}_i \cdot \boldsymbol{D}} \qquad (\boldsymbol{D} \neq 0; i = 1, 2, 3, 4)$$

可以用上式来计算直线段 P_1P_2 与窗口各边交点的 t 值。若 t 值位于[0，1]之外，则可抛弃。否则，把这些 t 值分为两组：一组为下限组，$\boldsymbol{n}_i \cdot \boldsymbol{D} > 0$，表示该处沿 P_1P_2 方向前进将接近或进入窗口内；另一组为上限组，$\boldsymbol{n}_i \cdot \boldsymbol{D} < 0$，表示该处沿 P_1P_2 方向前进将越来越远地离开窗口区域。对于 $\boldsymbol{n}_i \cdot \boldsymbol{D} = 0$ 的情况，必然满足其充要条件 $\boldsymbol{D} = 0$，这意味着 $P_2 = P_1$，即线段退化为一个点。这时，若 $\boldsymbol{n}_i \cdot w_i < 0$，则这个点位于窗口之外，若 $\boldsymbol{n}_i \cdot w_i > 0$，则这个点位于窗口之内。

显然，上式解的最小值与最大值为

$$t_1 = \max\{0, \max\{-t_i : \boldsymbol{n}_i \cdot \boldsymbol{D} > 0\}\}$$
$$t_u = \min\{1, \min\{-t_i : \boldsymbol{n}_i \cdot \boldsymbol{D} < 0\}\}$$

从点 $P(t_1)$ 到点 $P(t_u)$ 的线段就是所求的可见线段。现在，裁剪窗口有 X_L、X_R、Y_B 和 Y_T 四条边界。令 A_i 指向线段起点 P_1 的向量是 $\boldsymbol{v}_i = P_1 - A_i$，则表 3-1 给出了 Liang-Barsky 裁剪算法的相关参数。

表 3-1　Liang-Barsky 裁剪算法的相关参数

边	$\boldsymbol{n}_i$	A_i	$\boldsymbol{v}_i$	$\boldsymbol{D}_i \cdot \boldsymbol{n}_i$	$\boldsymbol{v}_i \cdot \boldsymbol{n}_i$	$(-\boldsymbol{v}_i)/\boldsymbol{v}_i \cdot \boldsymbol{n}_i$
X_L	$(1\ 0)$	$(X_L,\ y)$	$(x_1 - X_L,\ y_1 - y)$	$x_2 - x_1$	$x_1 - X_L$	$-\dfrac{x_1 - X_L}{x_2 - x_1}$
X_R	$(-1\ 0)$	$(X_R,\ y)$	$(x_1 - X_R,\ y_1 - y)$	$-(x_2 - x_1)$	$-(x_1 - X_R)$	$-\dfrac{x_1 - X_R}{x_2 - x_1}$
Y_B	$(0\ 1)$	$(x,\ Y_B)$	$(x_1 - x,\ y_1 - Y_B)$	$y_2 - y_1$	$y_1 - Y_B$	$-\dfrac{y_1 - Y_B}{y_2 - y_1}$
Y_T	$(0-1)$	$(x,\ Y_T)$	$(x_1 - x,\ y_1 - Y_T)$	$-(y_2 - y_1)$	$-(y_1 - Y_T)$	$-\dfrac{y_1 - Y_T}{y_2 - y_1}$

Liang-Barsky 裁剪算法的基本步骤如下：

（1）初始化线段在边界内的端点参数为 $t_1 = 0$ 和 $t_u = 1$。

（2）计算出各个裁剪边界的 $r = -\boldsymbol{D} \cdot \boldsymbol{n}_i$ 和 $s = \boldsymbol{v}_i \cdot \boldsymbol{n}_i$ 值。

（3）当 $r = 0$ 且 $s < 0$ 时，舍弃该线段；否则计算线段与边界的交点参数 t。

（4）当 $r < 0$ 时，参数 t 用于更新 t_1；当 $r > 0$ 时，参数 t 用于更新 t_u。

（5）如果更新了 t_1 或 t_u 后，使 $t_1 > t_u$，则舍弃该线段。

Liang-Barsky 裁剪算法如下：

```
    double tl, tu;
    double xL, xR, yB, yT;
    bool visible=false;
    void Liang_Barsky(double x[2],
    double y[2], double * tl, double * tu)
    { double dx, dy;
      visible=false;
      dx=x[1]-x[0]; dy=y[1]-y[0];
      * tl=0；* tu=1；
      if(clipt(-dx, x[0]-xL, tl, tu))
      if(clipt(dx, xR-x[0], tl, tu))
      if(clipt(-dy, y[0]-yB, tl, tu))
      if(clipt(dy, yT-y[0], tl, tu))
      visible=true;
    }
    bool clipt(double r, double s, double * tl, double * tu)
    { double t;
      if(r<0)
      { t=s/r;
        if(t> * tu) return false;
```

```
            else if(t> *  tl) * tl=t;
        }
        else if(r>0)
    {  t=s/r;
        if(t< * tl) return false;
        else if(t< * tu) * tu=t;
    }
    else if(s<0) return false;
    return true;
}
```

3.5.2　多边形裁剪

用线段裁剪处理的多边形边界显示为一系列不连接的直线段，如图 3-23 所示，而此处真正想显示的是如图 3-24 所示的裁剪后有边界的区域。

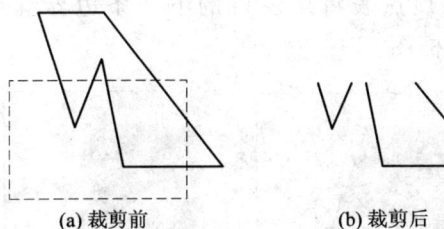

(a) 裁剪前　　　　　　　　**(b) 裁剪后**

图 3-23　用线段裁剪算法处理多边形

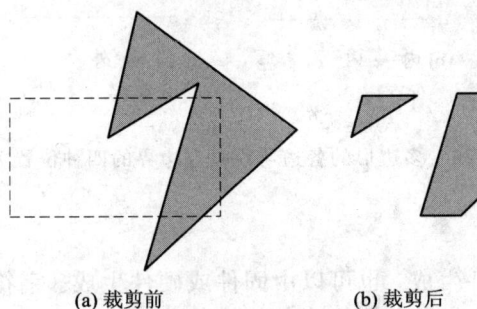

(a) 裁剪前　　　　　　　　**(b) 裁剪后**

图 3-24　多边形的裁剪

对于多边形裁剪，需要能产生一个或多个封闭区域以便进行区域填充。多边形裁剪后的输出是裁剪后的多边形边界的顶点序列。为了达到这个目的，可以采用 Sutherland-Hodgman 算法。

该算法的基本思想是：逐次地使用窗口的一条边界及其延长线作为裁剪线，裁剪多边形。如图 3-25 所示，在对多边形顶点集进行初始化后，首先用矩形左边界裁剪多边形，产生新的顶点序列。这些新的顶点集可以依次传给右边界、下边界和上边界处理。在每一步产生的新的顶点序列再传给下一个窗口边界去裁剪。

多边形的每条边都有两个顶点，它们与窗口裁剪线的相对位置有四种情况：

（1）如果第一点在窗口边界外而第二点在窗口边界内，则多边形的该边与窗口边界的交点和第二点都被加到输出顶点表中。

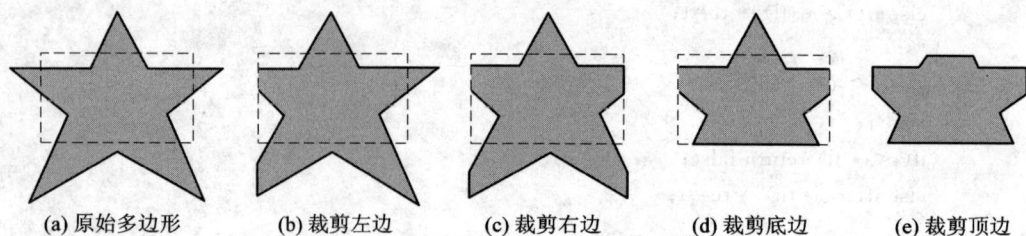

图 3-25 窗口边界逐次裁剪多边形

（2）如果两顶点都在窗口边界内，则只有第二点加入输出顶点表中。

（3）如果第一点在窗口边界内而第二点在边界外，则只有与窗口边界的交点加到输出顶点表中。

（4）如果两个点都在窗口边界外，则输出表中不增加任何点。

图 3-26 给出了多边形的各边与窗口左边界的四种位置关系。在窗口的一条裁剪边界处理完所有顶点后，其输出顶点表将用窗口的下一条边界继续裁剪。图 3-27 给出了 Sutherland-Hodgman 算法框图。

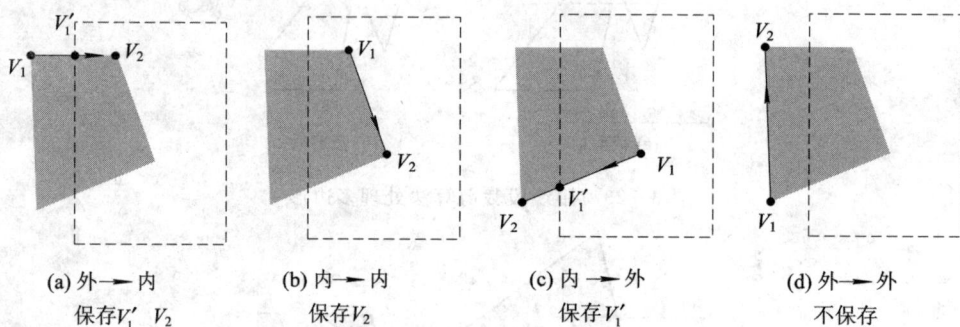

图 3-26 多边形的各边与窗口左边界的四种位置关系

3.5.3 字符裁剪

字符或文本可以由软件生成，也可以由固件或硬件生成。字符既可以是由单个的线段或笔画构成的矢量式字符，也可以是用点阵表示的点阵式字符。

由软件生成的矢量式字符可以像其他线段一样进行处理，比如旋转、缩放、平移以及裁剪，由软件生成的点阵式字符也可以作类似处理。具体而言，当包含字符的字符方框（即字符掩膜）为任一窗口裁剪时，必须将字符方框中的每一像素与裁剪窗口进行比较，以确定它位于窗口内还是窗口外。若位于窗口内，则该像素被激活；否则不予考虑。

由硬件生成的字符的裁剪受到较大的限制。一般而言，不是完全可见的字符均被消去。由固件生成的字符的裁剪，其功能可强可弱，具体程度取决于固件所执行的裁剪算法。

总而言之，字符串可以按三种精度来进行裁剪：串精度裁剪、字符精度裁剪及笔画/像素精度。采用串精度进行裁剪时，若整个字符串方框都在窗口内予以显示，否则不显示；采用字符精度进行裁剪时，若字符串的某个字符方框整个位于窗口内予以显示该字符，否则不显示该字符；采用笔画/像素精度进行裁剪时，要判断笔画的哪一部分、字符的哪些像素位于窗口内，显示窗口内的笔画部分或像素，窗口外部分不予显示。

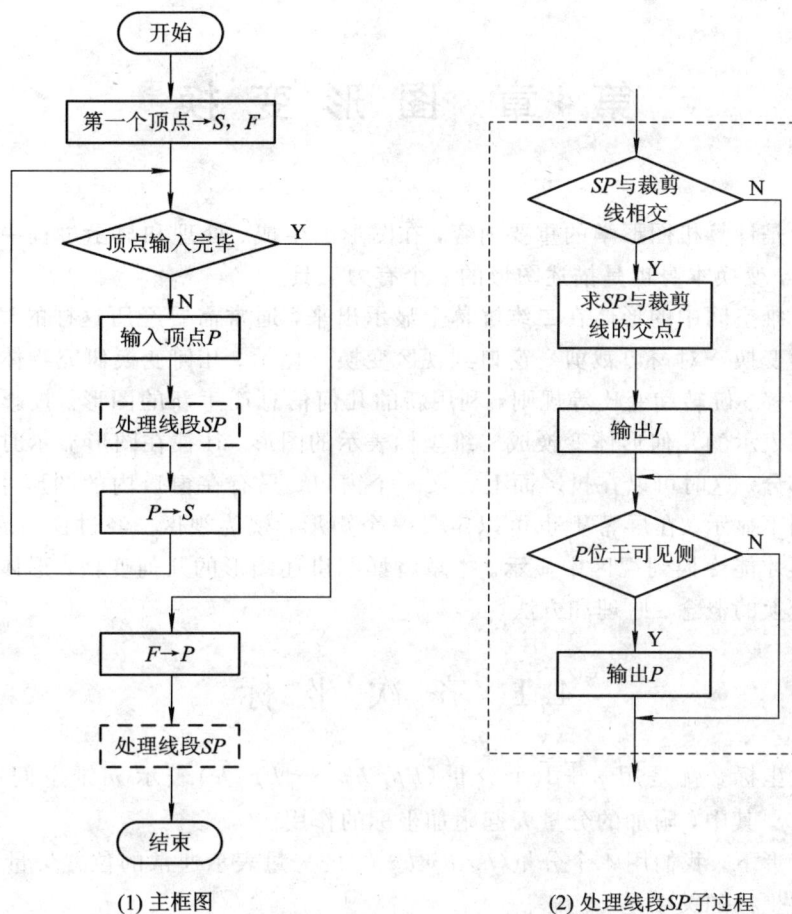

(1) 主框图　　　　　　　　　　(2) 处理线段SP子过程

图 3 - 27　Sutherland - Hodgman 算法框图

3.6 习　　题

1. 将中点画线算法推广以便能画出任意斜率的直线。

2. 编写出直线斜率大于 $1(k>1)$ 的 Bresenham 算法。

3. 以小方格作为背景，采用不同的色彩，同时显示半径为 $R=5$、10、15、20 的圆的"Bresenham 画圆算法"的结果。

4. 试编写按逆时针方向生成第一个 8 分圆的中点算法。

5. 设计一个多边形区域填充算法，使其边界像素具有一个值，而内部的像素具有另一个值。

6. 用 Cohen - Sutherland 编码算法编制一个裁剪程序，对一直线段实现矩形窗口裁剪。

7. 用 Sutherland - Hodgman 多边形裁剪算法编制一个裁剪程序，对一多边形实现矩形窗口裁剪，显示被裁剪后的多边形边界，并用色彩填充。

第 4 章　图 形 变 换

图形变换是计算机图形学的重要内容，在图形的生成、处理和显示过程中发挥着关键性作用。同时，变换本身也是描述图形的一个有力工具。

为了将三维空间中的形体在二维屏幕上显示出来，通常需要经历这样的显示流程：几何变换→投影变换→对窗口裁剪→窗口到视区变换→显示。几何变换研究物体坐标在直角坐标系内的平移、旋转和变比等规则，利用新的几何信息产生新的图形。投影变换研究如何将三维坐标表示的几何形体变换成二维坐标表示的图形。往往在图形显示时只需要显示图形的某一部分，这时可以在投影面上定义一个窗口。只有在窗口内的图形才显示，而窗口外的部分则不显示。在屏幕上也可以定义一个矩形，视为视区。经过窗口到视区变换，窗口内的图形才能变换到视区中显示。本章将详细讲述图形的几何变换、形体的投影变换和窗口视区变换的概念、原理和方法。

4.1　齐 次 坐 标

所谓齐次坐标，就是用 $n+1$ 个分量 $(hp_1\ hp_2\cdots hp_n\ h)$ 表示 n 维空间的位置矢量 $p(p_1\ p_2\cdots p_n)$。其中，附加的分量 h 起附加坐标的作用。

在三维情形下，我们用 4 个分量 $(hx\ hy\ hz\ h)$ 的矢量表示通常的位置矢量 $(x\ y\ z)$。普通坐标与齐次坐标的关系是

$$x = \frac{hx}{h},\ y = \frac{hy}{h},\ z = \frac{hz}{h}$$

值得注意的是，一个点的齐次坐标表示不是唯一的。例如，在三维空间中，齐次坐标中的 h 取不同的值，但 $(12\ 8\ 4\ 4)$、$(6\ 4\ 2\ 2)$ 和 $(3\ 2\ 1\ 1)$ 都表示普通笛卡尔空间的同一个点 $(3\ 2\ 1)$。

引入齐次坐标的目的是为了使一些变换简便可行，它有以下突出的优点：

(1) 提供了一个三维空间中包括平移、旋转、透视、投影、反射、错切和比例等变换在内的统一表达式，使得物体的变换可在统一的矩阵形式下进行。

(2) 提供了用矩阵运算把二维、三维甚至高维空间中的一个点集从一个坐标系变换到另一个坐标系的有效方法。例如，三维齐次坐标变换矩阵是一个 4×4 矩阵，形如

$$\begin{bmatrix} a & b & c & p \\ d & e & f & q \\ h & i & j & r \\ l & m & n & s \end{bmatrix}$$

(3) 可以表示无穷远的点。例如，在 $n+1$ 维中，$h=0$ 的齐次坐标实际上表示了一个 n 维空间的无穷远点。以二维为例，当 $h\to0$ 时，齐次坐标 $(a\ b\ h)$ 表示了直线 $y=-(a/b)x$ 上的连续点 $(x\ y)$ 逐渐趋近于无穷远，但其斜率不变。

4.2 图形的几何变换

4.2.1 二维图形的几何变换

采用齐次坐标表示，二维几何变换矩阵是一个 3 阶方阵，其形式如下：

$$[x'\ y'\ 1] = [x\ y\ 1] \cdot \boldsymbol{T}_{2D} = [x\ y\ 1] \cdot \begin{bmatrix} a & d & g \\ b & e & h \\ c & f & i \end{bmatrix}$$

式中，$\boldsymbol{T}_{2D}$ 分为 4 个子矩阵，其中：

$\begin{bmatrix} a & d \\ b & e \end{bmatrix}$ 是对图形进行缩放、旋转、对称、错切等变换；

$[c\ f]$ 是对图形进行平移变换；

$\begin{bmatrix} g \\ h \end{bmatrix}$ 是对图形进行投影变换，g 的作用是在 x 轴的 $1/g$ 处产生一个灭点，h 的作用是在 y 的 $1/h$ 处产生一个灭点；

$[i]$ 是对整体图形进行比例变换。

1. 平移变换

若图形上任意一点的坐标为 (x, y)，通过沿 x 和 y 轴分别平移 T_x 和 T_y 后成为新图形上的一点 (x', y')，则坐标变换为

$$\begin{cases} x' = x + T_x \\ y' = y + T_y \end{cases}$$

用齐次坐标表示的平移变换为

$$[x'\ y'\ 1] = [x\ y\ 1] \cdot \begin{bmatrix} 1 & 0 & 0 \\ 0 & 1 & 0 \\ T_x & T_y & 1 \end{bmatrix}$$

其中，平移变换矩阵为 $\begin{bmatrix} 1 & 0 & 0 \\ 0 & 1 & 0 \\ T_x & T_y & 1 \end{bmatrix}$。

2. 比例变换

若图形上任意一点的坐标为 (x, y)，通过沿 x 和 y 轴分别变比变换 S_x 和 S_y 后成为新图形上的一点 (x', y')，坐标变换为

$$\begin{cases} x' = S_x \cdot x \\ y' = S_y \cdot y \end{cases}$$

当 $S > 1$ 时，图形放大；当 $0 < S < 1$ 时，图形缩小。

用齐次坐标表示的比例变换为

$$[x'\ y'\ 1] = [x\ y\ 1] \cdot \begin{bmatrix} S_x & 0 & 0 \\ 0 & S_y & 0 \\ 0 & 0 & 1 \end{bmatrix}$$

其中，比例变换矩阵为 $\begin{bmatrix} S_x & 0 & 0 \\ 0 & S_y & 0 \\ 0 & 0 & 1 \end{bmatrix}$。

3. 旋转变换

若图形上任意一点的坐标为 (x,y)，通过将对象上的各点 (x,y) 围绕原点逆时针转动一个角度 θ 后成为新图形上的一点 (x',y')，坐标变换为

$$\begin{cases} x' = x \cdot \cos\theta - y \cdot \sin\theta & (\theta > 0,\ 逆时针) \\ y' = x \cdot \sin\theta + y \cdot \cos\theta & (\theta < 0,\ 顺时针) \end{cases}$$

用齐次坐标表示的旋转变换为

$$[x'\ y'\ 1] = [x\ y\ 1] \cdot \begin{bmatrix} \cos\theta & \sin\theta & 0 \\ -\sin\theta & \cos\theta & 0 \\ 0 & 0 & 1 \end{bmatrix}$$

其中，旋转变换矩阵为 $\begin{bmatrix} \cos\theta & \sin\theta & 0 \\ -\sin\theta & \cos\theta & 0 \\ 0 & 0 & 1 \end{bmatrix}$。

4. 对称变换

若图形上任意一点的坐标为 (x,y)，关于 x、y 和原点分别做对称变换后成为新图形上的一点 (x',y')。对称变换可分别表示为

（1）关于 x 坐标的对称变换为

$$\begin{cases} x' = x \\ y' = -y \end{cases}$$

用齐次矩阵表示的对称变换为

$$[x'\ y'\ 1] = [x\ y\ 1] \cdot \begin{bmatrix} 1 & 0 & 0 \\ 0 & -1 & 0 \\ 0 & 0 & 1 \end{bmatrix}$$

其中，关于 x 作对称变换的矩阵为 $\begin{bmatrix} 1 & 0 & 0 \\ 0 & -1 & 0 \\ 0 & 0 & 1 \end{bmatrix}$。

（2）关于 y 坐标的对称变换为

$$\begin{cases} x' = -x \\ y' = y \end{cases}$$

用齐次矩阵表示的对称变换为

$$[x'\ y'\ 1] = [x\ y\ 1] \cdot \begin{bmatrix} -1 & 0 & 0 \\ 0 & 1 & 0 \\ 0 & 0 & 1 \end{bmatrix}$$

其中，关于 y 作对称变换的矩阵为 $\begin{bmatrix} -1 & 0 & 0 \\ 0 & 1 & 0 \\ 0 & 0 & 1 \end{bmatrix}$。

（3）关于原点坐标的对称变换为

$$\begin{cases} x' = -x \\ y' = -y \end{cases}$$

用齐次矩阵表示的对称变换为

$$[x'\ y'\ 1] = [x\ y\ 1] \cdot \begin{bmatrix} -1 & 0 & 0 \\ 0 & -1 & 0 \\ 0 & 0 & 1 \end{bmatrix}$$

其中，关于原点作对称变换的矩阵为 $\begin{bmatrix} -1 & 0 & 0 \\ 0 & -1 & 0 \\ 0 & 0 & 1 \end{bmatrix}$。

5. 错切变换

（1）沿 x 方向错切：图形 y 坐标不变。坐标变换为

$$\begin{cases} x' = by + x \\ y' = y \end{cases}$$

沿 $+x$ 方向错切，$b > 0$；沿 $-x$ 方向错切，$b < 0$。

用齐次矩阵表示的错切变换为

$$[x'\ y'\ 1] = [x\ y\ 1] \cdot \begin{bmatrix} 1 & 0 & 0 \\ b & 1 & 0 \\ 0 & 0 & 1 \end{bmatrix}$$

（2）沿 y 方向错切：图形 x 坐标不变。坐标变换为

$$\begin{cases} x' = x \\ y' = dx + y \end{cases}$$

沿 $+y$ 方向错切，$d > 0$；沿 $-y$ 方向错切，$d < 0$。

用齐次矩阵表示的错切变换为

$$[x'\ y'\ 1] = [x\ y\ 1] \cdot \begin{bmatrix} 1 & d & 0 \\ 0 & 1 & 0 \\ 0 & 0 & 1 \end{bmatrix}$$

（3）沿 x 和 y 两个方向错切：坐标变换为

$$\begin{cases} x' = x + by \\ y' = dx + y \end{cases}$$

沿 $+y$ 方向错切，$d > 0$；沿 $-y$ 方向错切，$d < 0$。

用齐次矩阵表示的错切变换为

$$[x'\ y'\ 1] = [x\ y\ 1] \cdot \begin{bmatrix} 1 & d & 0 \\ b & 1 & 0 \\ 0 & 0 & 1 \end{bmatrix}$$

其中，错切变换矩阵为 $\begin{bmatrix} 1 & d & 0 \\ b & 1 & 0 \\ 0 & 0 & 1 \end{bmatrix}$。

6. 复合变换

复合变换是指图形作一次以上的几何变换，变换结果是每次变换矩阵相乘。

（1）复合平移：

$$T = T_1 \cdot T_2 = \begin{bmatrix} 1 & 0 & 0 \\ 0 & 1 & 0 \\ T_{x1} & T_{y1} & 1 \end{bmatrix} \cdot \begin{bmatrix} 1 & 0 & 0 \\ 0 & 1 & 0 \\ T_{x2} & T_{y2} & 1 \end{bmatrix} = \begin{bmatrix} 1 & 0 & 0 \\ 0 & 1 & 0 \\ T_{x1}+T_{x2} & T_{y1}+T_{y2} & 1 \end{bmatrix}$$

（2）复合比例：

$$T = T_1 \cdot T_2 = \begin{bmatrix} S_{x1} & 0 & 0 \\ 0 & S_{y1} & 0 \\ 0 & 0 & 1 \end{bmatrix} \cdot \begin{bmatrix} S_{x2} & 0 & 0 \\ 0 & S_{y2} & 0 \\ 0 & 0 & 1 \end{bmatrix} = \begin{bmatrix} S_{x1} \cdot S_{x2} & 0 & 0 \\ 0 & S_{y1} \cdot S_{y2} & 0 \\ 0 & 0 & 1 \end{bmatrix}$$

（3）复合旋转：

$$T = T_1 \cdot T_2 = \begin{bmatrix} \cos\theta_1 & \sin\theta_1 & 0 \\ -\sin\theta_1 & \cos\theta_1 & 0 \\ 0 & 0 & 1 \end{bmatrix} \cdot \begin{bmatrix} \cos\theta_2 & \sin\theta_2 & 0 \\ -\sin\theta_2 & \cos\theta_2 & 0 \\ 0 & 0 & 1 \end{bmatrix}$$

$$= \begin{bmatrix} \cos(\theta_1+\theta_2) & \sin(\theta_1+\theta_2) & 0 \\ -\sin(\theta_1+\theta_2) & \cos(\theta_1+\theta_2) & 0 \\ 0 & 0 & 1 \end{bmatrix}$$

（4）相对于任意点 (x_0, y_0) 的比例变换：首先将变比中心平移到坐标原点，再相对于坐标轴方向作变比变换，最后将变比中心平移到原来位置，即

$$T = \begin{bmatrix} 1 & 0 & 0 \\ 0 & 1 & 0 \\ -x_0 & -y_0 & 1 \end{bmatrix} \cdot \begin{bmatrix} a & 0 & 0 \\ 0 & d & 0 \\ 0 & 0 & 1 \end{bmatrix} \cdot \begin{bmatrix} 1 & 0 & 0 \\ 0 & 1 & 0 \\ x_0 & y_0 & 1 \end{bmatrix} = \begin{bmatrix} a & 0 & 0 \\ 0 & d & 0 \\ (1-a) \cdot x_0 & (1-d) \cdot y_0 & 1 \end{bmatrix}$$

（5）相对于任意点 (x_0, y_0) 的旋转变换：首先将旋转中心平移到原点，再绕原点旋转 θ 角，最后将旋转中心平移到原来位置，即

$$T = \begin{bmatrix} 1 & 0 & 0 \\ 0 & 1 & 0 \\ -x_0 & -y_0 & 1 \end{bmatrix} \cdot \begin{bmatrix} \cos\theta & \sin\theta & 0 \\ -\sin\theta & \cos\theta & 0 \\ 0 & 0 & 1 \end{bmatrix} \cdot \begin{bmatrix} 1 & 0 & 0 \\ 0 & 1 & 0 \\ x_0 & y_0 & 1 \end{bmatrix}$$

$$= \begin{bmatrix} \cos\theta & \sin\theta & 0 \\ -\sin\theta & \cos\theta & 0 \\ (1-\cos\theta) \cdot x_0 + y_0 \cdot \sin\theta & (1-\cos\theta) \cdot y_0 - x_0 \cdot \sin\theta & 1 \end{bmatrix}$$

4.2.2 三维图形的几何变换

采用齐次坐标表示的三维几何变换矩阵是一个 4 阶方阵，其形式如下：

$$[x' \ y' \ z' \ 1] = [x \ y \ z \ 1] \cdot T_{3D} = [x \ y \ z \ 1] \cdot \begin{bmatrix} a & b & c & p \\ d & e & f & q \\ g & h & i & r \\ l & m & n & s \end{bmatrix}$$

式中，T_{3D} 可分为 4 个子矩阵，其中：

$$\begin{bmatrix} a & b & c \\ d & e & f \\ g & h & i \end{bmatrix}$$ 是对图形进行缩放、旋转、对称、错切等变换；

$[l\ m\ n]$ 是对图形进行平移变换；

$$\begin{bmatrix} p \\ q \\ r \end{bmatrix}$$ 是对图形进行投影变换，p 的作用是在 x 轴的 $1/p$ 处产生一个灭点，q 的作用是在 y 的 $1/q$ 处产生一个灭点，r 的作用是在 z 的 $1/r$ 处产生一个灭点；

$[s]$ 是对整体图形进行比例变换。

1. 平移变换

若图形上任意一点的坐标为 (x, y, z)，通过沿 x、y 和 z 轴分别平移 T_x、T_y 和 T_z 后成为新图形上的一点 (x', y', z')，坐标变换为

$$\begin{cases} x' = x + T_x \\ y' = y + T_y \\ z' = z + T_z \end{cases}$$

用齐次坐标表示的平移变换为

$$[x'\ y'\ z'\ 1] = [x\ y\ z\ 1] \cdot \begin{bmatrix} 1 & 0 & 0 & 0 \\ 0 & 1 & 0 & 0 \\ 0 & 0 & 1 & 0 \\ T_x & T_y & T_z & 1 \end{bmatrix}$$

其中，平移变换矩阵为 $\begin{bmatrix} 1 & 0 & 0 & 0 \\ 0 & 1 & 0 & 0 \\ 0 & 0 & 1 & 0 \\ T_x & T_y & T_z & 1 \end{bmatrix}$。

2. 比例变换

若图形上任意一点的坐标为 (x, y, z)，通过沿 x、y 和 z 轴分别变比变换 S_x、S_y 和 S_z 后成为新图形上的一点 (x', y', z')，坐标变换为

$$\begin{cases} x' = S_x \cdot x \\ y' = S_y \cdot y \\ z' = S_z \cdot z \end{cases}$$

当 $S > 1$ 时，图形放大；当 $0 < S < 1$ 时，图形缩小。

用齐次坐标表示的比例变换为

$$[x'\ y'\ z'\ 1] = [x\ y\ z\ 1] \cdot \begin{bmatrix} S_x & 0 & 0 & 0 \\ 0 & S_y & 0 & 0 \\ 0 & 0 & S_z & 0 \\ 0 & 0 & 0 & 1 \end{bmatrix}$$

其中，比例变换矩阵为 $\begin{bmatrix} S_x & 0 & 0 & 0 \\ 0 & S_y & 0 & 0 \\ 0 & 0 & S_z & 0 \\ 0 & 0 & 0 & 1 \end{bmatrix}$。

3. 旋转变换

下面将考虑右手坐标系下相对坐标原点绕坐标轴旋转 θ 角的变换矩阵。

（1）绕 x 轴旋转：

$$[x'\ y'\ z'\ 1] = [x\ y\ z\ 1] \cdot \begin{bmatrix} 1 & 0 & 0 & 0 \\ 0 & \cos\theta & \sin\theta & 0 \\ 0 & -\sin\theta & \cos\theta & 1 \\ 0 & 0 & 0 & 1 \end{bmatrix}$$

其中，旋转变换矩阵为 $\begin{bmatrix} 1 & 0 & 0 & 0 \\ 0 & \cos\theta & \sin\theta & 0 \\ 0 & -\sin\theta & \cos\theta & 1 \\ 0 & 0 & 0 & 1 \end{bmatrix}$。$\theta > 0$，遵循右手法则。

（2）绕 y 轴旋转：

$$[x'\ y'\ z'\ 1] = [x\ y\ z\ 1] \cdot \begin{bmatrix} \cos\theta & 0 & -\sin\theta & 0 \\ 0 & 1 & 0 & 0 \\ \sin\theta & 0 & \cos\theta & 0 \\ 0 & 0 & 0 & 1 \end{bmatrix}$$

其中，旋转变换矩阵为 $\begin{bmatrix} \cos\theta & 0 & -\sin\theta & 0 \\ 0 & 1 & 0 & 0 \\ \sin\theta & 0 & \cos\theta & 0 \\ 0 & 0 & 0 & 1 \end{bmatrix}$。$\theta > 0$，遵循右手法则。

（3）绕 z 轴旋转：

$$[x'\ y'\ z'\ 1] = [x\ y\ z\ 1] \cdot \begin{bmatrix} \cos\theta & \sin\theta & 0 & 0 \\ -\sin\theta & \cos\theta & 0 & 0 \\ 0 & 0 & 1 & 0 \\ 0 & 0 & 0 & 1 \end{bmatrix}$$

其中，旋转变换矩阵为 $\begin{bmatrix} \cos\theta & \sin\theta & 0 & 0 \\ -\sin\theta & \cos\theta & 0 & 0 \\ 0 & 0 & 1 & 0 \\ 0 & 0 & 0 & 1 \end{bmatrix}$。$\theta > 0$，遵循右手法则。

4. 对称变换

考虑相对于坐标平面的对称变换：

（1）相对于 x 轴、y 轴和 z 轴的对称变换矩阵分别是：

$$T_x = \begin{bmatrix} 1 & 0 & 0 & 0 \\ 0 & -1 & 0 & 0 \\ 0 & 0 & -1 & 0 \\ 0 & 0 & 0 & 1 \end{bmatrix}, \quad T_y = \begin{bmatrix} -1 & 0 & 0 & 0 \\ 0 & 1 & 0 & 0 \\ 0 & 0 & -1 & 0 \\ 0 & 0 & 0 & 1 \end{bmatrix}, \quad T_z = \begin{bmatrix} -1 & 0 & 0 & 0 \\ 0 & -1 & 0 & 0 \\ 0 & 0 & 1 & 0 \\ 0 & 0 & 0 & 1 \end{bmatrix}$$

（2）相对于坐标原点的对称变换矩阵是：

$$T = \begin{bmatrix} -1 & 0 & 0 & 0 \\ 0 & -1 & 0 & 0 \\ 0 & 0 & -1 & 0 \\ 0 & 0 & 0 & 1 \end{bmatrix}$$

（3）相对于 xOy、yOz 和 xOz 三个坐标平面的对称变换矩阵分别是：

$$T_{xy} = \begin{bmatrix} 1 & 0 & 0 & 0 \\ 0 & 1 & 0 & 0 \\ 0 & 0 & -1 & 0 \\ 0 & 0 & 0 & 1 \end{bmatrix}, \quad T_{yz} = \begin{bmatrix} -1 & 0 & 0 & 0 \\ 0 & 1 & 0 & 0 \\ 0 & 0 & 1 & 0 \\ 0 & 0 & 0 & 1 \end{bmatrix}, \quad T_{zx} = \begin{bmatrix} 1 & 0 & 0 & 0 \\ 0 & -1 & 0 & 0 \\ 0 & 0 & 1 & 0 \\ 0 & 0 & 0 & 1 \end{bmatrix}$$

5. 错切变换

图形沿 x 油、y 轴、z 轴方向错切时，其变换矩阵的一般表达式是：

$$T = \begin{bmatrix} 1 & b & c & 0 \\ d & 1 & f & 0 \\ h & i & 1 & 0 \\ 0 & 0 & 0 & 1 \end{bmatrix}$$

（1）若 $b=c=f=i=0$，则沿 x 方向产生错切；
（2）若 $c=d=f=h=0$，则沿 y 方向产生错切；
（3）若 $b=d=h=i=0$，则沿 z 方向产生错切。

4.3 形体的投影变换

投影就是把空间物体投射到投影面上而得到的平面图形。投影是三维图形在二维的输出设备上显示的不可缺少的技术之一，也是用多视图表示设计产品模型的基础。投影可分为正投影变换、正轴测投影变换、斜平行投影变换、透视投影变换等四种。

4.3.1 正投影变换

正投影属于平行投影法，投影方向垂直于投影平面。工程上，依据正投影法，在两两相互垂直的三投影面体系(V，H，W)中形成三视图，即从前向后投影得到的主视图、从上向下投影得到的俯视图和从左向右投影得到的左视图，如图 4-1(a)所示。三视图的绘制涉及三投影面体系的展开：V 面保持不动，H 面绕 x 轴向下旋转 90°，W 面绕 z 轴向右旋转 90°，最终三视图都处在 V 面内。如图 4-1(b)所示，在 H 面上的 y 轴和 W 面上的 y 轴，都表达着空间的前后位置关系，所谓"宽相等"，即 n 和 l 的值是相等的，对应于形体的最后位置的 y 坐标值。

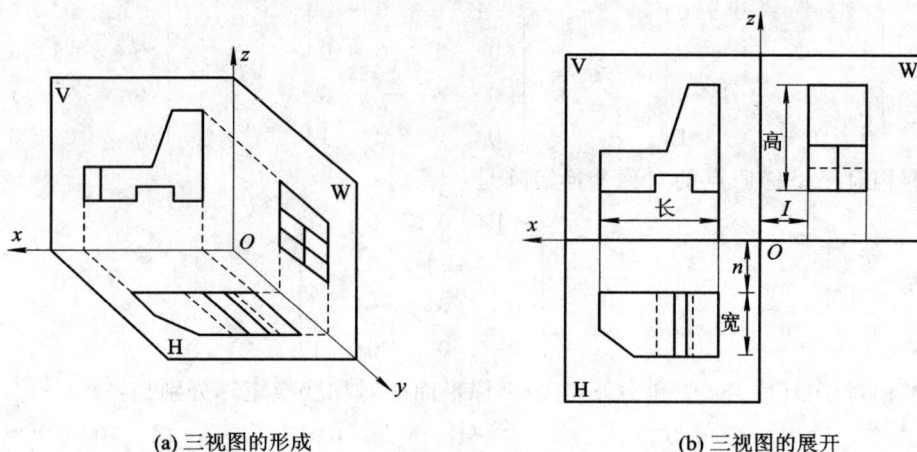

(a) 三视图的形成　　　　　　　**(b) 三视图的展开**

图 4-1　三视图的定义

1. 主视图

将物体向正面（V 面）投影，即令 $y=0$，变换矩阵为

$$T_V = \begin{bmatrix} 1 & 0 & 0 & 0 \\ 0 & 0 & 0 & 0 \\ 0 & 0 & 1 & 0 \\ 0 & 0 & 0 & 1 \end{bmatrix}$$

三维形体上的点向 V 面投影后，其坐标变换为

$$[x' \ y' \ z' \ 1] = [x \ y \ z \ 1] \cdot T_V = [x \ 0 \ z \ 1]$$

2. 俯视图

将物体向水平面（H 面）投影，即令 $z=0$，然后图形绕 x 轴旋转 $-90°$，变换矩阵为

$$T_H = \begin{bmatrix} 1 & 0 & 0 & 0 \\ 0 & 1 & 0 & 0 \\ 0 & 0 & 0 & 0 \\ 0 & 0 & 0 & 1 \end{bmatrix} \cdot \begin{bmatrix} 1 & 0 & 0 & 0 \\ 0 & \cos(-90°) & \sin(-90°) & 0 \\ 0 & -\sin(-90°) & \cos(-90°) & 0 \\ 0 & 0 & 0 & 1 \end{bmatrix} = \begin{bmatrix} 1 & 0 & 0 & 0 \\ 0 & 0 & -1 & 0 \\ 0 & 0 & 0 & 0 \\ 0 & 0 & 0 & 1 \end{bmatrix}$$

三维形体上的点向 H 面投影，再旋转到 V 面上，其坐标变换为

$$[x' \ y' \ z' \ 1] = [x \ y \ z \ 1] \cdot T_V = [x \ 0 \ -y \ 1]$$

3. 左视图

将物体向侧平面（W 面）投影，即令 $x=0$，然后图形绕 z 轴旋转 $90°$，变换矩阵为

$$T_W = \begin{bmatrix} 0 & 0 & 0 & 0 \\ 0 & 1 & 0 & 0 \\ 0 & 0 & 1 & 0 \\ 0 & 0 & 0 & 1 \end{bmatrix} \cdot \begin{bmatrix} \cos 90° & \sin 90° & 0 & 0 \\ -\sin 90° & \cos 90° & 0 & 0 \\ 0 & 0 & 1 & 0 \\ 0 & 0 & 0 & 1 \end{bmatrix} = \begin{bmatrix} 0 & 0 & 0 & 0 \\ -1 & 0 & 0 & 0 \\ 0 & 0 & 1 & 0 \\ 0 & 0 & 0 & 1 \end{bmatrix}$$

三维形体上的点向 W 面投影，再旋转到 V 面上，其坐标变换为

$$[x' \ y' \ z' \ 1] = [x \ y \ z \ 1] \cdot T_W = [-y \ 0 \ z \ 1]$$

4.3.2　正轴测投影变换

正轴测投影是将物体先绕 z 轴正向(逆时针方向)旋转 γ 角,再绕 x 轴反向(顺时针方向)旋转 α 角,然后向 V 面投影而得到的,其变换矩阵为

$$
\boldsymbol{T}_{正轴} =
\begin{bmatrix}
\cos\gamma & \sin\gamma & 0 & 0 \\
-\sin\gamma & \cos\gamma & 0 & 0 \\
0 & 0 & 1 & 0 \\
0 & 0 & 0 & 1
\end{bmatrix}
\cdot
\begin{bmatrix}
1 & 0 & 0 & 0 \\
0 & \cos\alpha & -\sin\alpha & 0 \\
0 & \sin\alpha & \cos\alpha & 0 \\
0 & 0 & 0 & 1
\end{bmatrix}
\cdot
\begin{bmatrix}
1 & 0 & 0 & 0 \\
0 & 0 & 0 & 0 \\
0 & 0 & 1 & 0 \\
0 & 0 & 0 & 1
\end{bmatrix}
$$

$$
=
\begin{bmatrix}
\cos\gamma & 0 & -\sin\gamma\sin\alpha & 0 \\
-\sin\gamma & 0 & -\cos\gamma\sin\alpha & 0 \\
0 & 0 & \cos\alpha & 0 \\
0 & 0 & 0 & 1
\end{bmatrix}
$$

正等测投影为正轴测投影中 x、y、z 三个方向上缩放率相等时的变换,即 $\gamma=45°$、$\alpha=35°16'$ 时的变换矩阵为

$$
\boldsymbol{T}_{正等} =
\begin{bmatrix}
0.707 & 0 & -0.408 & 0 \\
-0.707 & 0 & -0.408 & 0 \\
0 & 0 & 0.816 & 0 \\
0 & 0 & 0 & 1
\end{bmatrix}
$$

正二测投影为正轴测投影中 x 和 z 两个方向上缩放率相等时的变换,即 $\gamma=20°42'$、$\alpha=19°28'$ 时的变换矩阵为

$$
\boldsymbol{T}_{正二} =
\begin{bmatrix}
0.935 & 0 & -0.118 & 0 \\
-0.354 & 0 & -0.312 & 0 \\
0 & 0 & 0.943 & 0 \\
0 & 0 & 0 & 1
\end{bmatrix}
$$

4.3.3　斜平行投影变换

投影方向不垂直于投影平面的平行投影称为斜平行投影,如图 4-2 所示。假设 $z=0$ 的坐标平面为观察平面,点 (x,y) 为点 (x,y,z) 在观察平面上的正平行投影坐标,点 (x',y') 为斜投影坐标,(x,y) 与 (x',y') 的距离为 L。

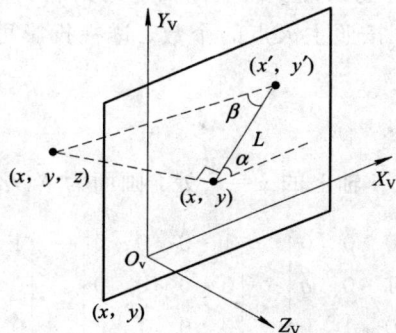

图 4-2　斜平行投影示意图

显然，$x'=x+L\cos\alpha$，$y'=y+L\sin\alpha$。而 L 的长度依赖于 z、β，即 $\tan\beta=z/L$，$L=\dfrac{z}{\tan\beta}$。所以，$x'=x+z\dfrac{1}{\tan\beta}\cos\alpha$，$y'=y+z\dfrac{1}{\tan\beta}\sin\alpha$。

令 $l_1=\dfrac{1}{\tan\beta}$，则 $x'=x+zl_1\cos\alpha$，$y'=y+zl_1\sin\alpha$，由此可得斜平行投影的变换矩阵为

$$[x'\ \ y'\ \ z'\ \ 1]=[x\ \ y\ \ z\ \ 1]\cdot\begin{bmatrix} 1 & 0 & 0 & 0 \\ 0 & 1 & 0 & 0 \\ l_1\cos\alpha & l_1\sin\alpha & 0 & 0 \\ 0 & 1 & 0 & 0 \end{bmatrix}$$

(1) 斜等测平行投影时，$l_1=\dfrac{1}{\tan\beta}=1$，$\beta=45°$；

(2) 斜二测平行投影时，$l_1=\dfrac{1}{\tan\beta}=\dfrac{1}{2}$，$\beta=63.4°$。

4.3.4　透视投影变换

透视投影属于中心投影法，它比轴测图更富有立体感和真实感。这种投影是将投影面置于投影中心与投影对象（观察对象）之间，如图 4-3 所示。

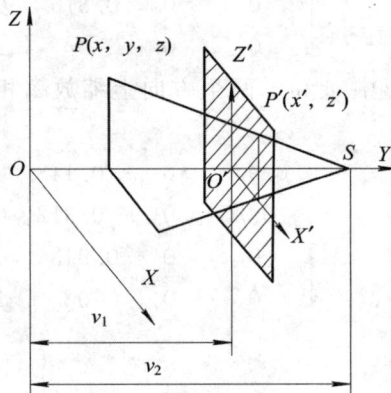

图 4-3　透视投影

在透视投影中，视线（投影线）是从视点（观察点）出发的，是不平行的。一组不平行于投影平面的视线汇聚的一点称为灭点。在坐标轴上的灭点叫做主灭点，主灭点数和投影平面切割坐标轴的数量相对应。按照主灭点的个数，透视投影可分为一点透视、二点透视和三点透视，如图 4-4 所示。

1. 一点透视

令 $q=-\dfrac{1}{y_2}$，则主灭点在 y 轴上的 $y=\dfrac{1}{q}$ 处，画面为 XOZ 平面的一点透视变换矩阵为

$$\boldsymbol{T}_1=\begin{bmatrix} 1 & 0 & 0 & 0 \\ 0 & 1 & 0 & q \\ 0 & 0 & 1 & 0 \\ 0 & 0 & 0 & 1 \end{bmatrix}\cdot\begin{bmatrix} 1 & 0 & 0 & 0 \\ 0 & 0 & 0 & 0 \\ 0 & 0 & 1 & 0 \\ 0 & 0 & 0 & 1 \end{bmatrix}=\begin{bmatrix} 1 & 0 & 0 & 0 \\ 0 & 0 & 0 & q \\ 0 & 0 & 1 & 0 \\ 0 & 0 & 0 & 1 \end{bmatrix}$$

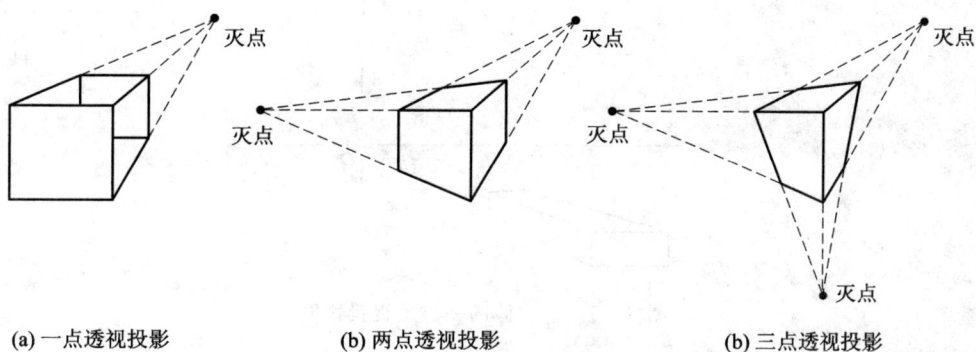

(a) 一点透视投影   (b) 两点透视投影   (b) 三点透视投影

图 4 - 4 透视投影示意图

对点进行一点透视投影变换

$$[x'\ y'\ z'\ 1] = [x\ y\ z\ 1] \cdot \boldsymbol{T}_1 = [x\ 0\ z\ 1+qy]$$

规格化为 $\left[\dfrac{x}{1+qy}\quad 0\quad \dfrac{z}{1+qy}\quad 1\right]$。

为了增强透视效果，通常将物体置于画面 V 之后、水平面 H 之下，若物体不在该位置时，应首先把物体平移到此位置，再进行透视投影变换。q 的选择决定了视点的位置，一般选择视点位于画面 V 之前。

例：对一个立方体进行一点透视投影变换。

解：首先将立方体平移到 V 面后、H 面下，平移量为 $k=30$、$m=-8$、$n=-20$，然后进行一点透视投影变换，设 $q=-0.1$，则

$$
\begin{bmatrix}
0 & 8 & 0 & 1 \\
10 & 8 & 0 & 1 \\
10 & 8 & 6 & 1 \\
0 & 8 & 6 & 1 \\
0 & 0 & 0 & 1 \\
10 & 0 & 0 & 1 \\
10 & 0 & 6 & 1 \\
0 & 0 & 6 & 1
\end{bmatrix}
\cdot
\begin{bmatrix}
1 & 0 & 0 & 0 \\
0 & 1 & 0 & 0 \\
0 & 0 & 1 & 0 \\
30 & -8 & -20 & 1
\end{bmatrix}
\cdot
\begin{bmatrix}
1 & 0 & 0 & 0 \\
0 & 0 & 0 & -0.1 \\
0 & 0 & 1 & 0 \\
0 & 0 & 0 & 1
\end{bmatrix}
=
\begin{bmatrix}
30 & 0 & -20 & 1 \\
40 & 0 & -20 & 1 \\
40 & 0 & -14 & 1 \\
30 & 0 & -14 & 1 \\
30 & 0 & -20 & 1.8 \\
40 & 0 & -20 & 1.8 \\
40 & 0 & -14 & 1.8 \\
30 & 0 & -14 & 1.8
\end{bmatrix}
$$

规格化为

$$
\begin{bmatrix}
30 & 0 & -20 & 1 \\
40 & 0 & -20 & 1 \\
40 & 0 & -14 & 1 \\
30 & 0 & -14 & 1 \\
16.67 & 0 & -11.11 & 1 \\
22.22 & 0 & -11.11 & 1 \\
22.22 & 0 & -7.78 & 1 \\
16.67 & 0 & -7.78 & 1
\end{bmatrix}
$$

变换结果如图 4 - 5 所示。

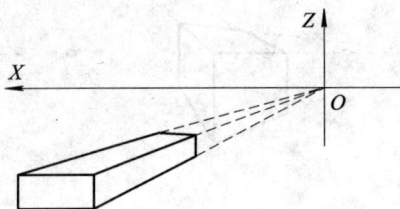

图 4-5 立方体的一点透视投影图

2. 二点透视

首先改变物体与画面的相对位置，即使物体绕 Z 轴旋转 γ 角，以使物体上的主要平面（XOZ、YOZ 平面）与画面成一定角度；然后进行透视投影变换，即可获得二点透视投影图，变换矩阵如下：

$$T_2 = \begin{bmatrix} \cos\gamma & \sin\gamma & 0 & 0 \\ -\sin\gamma & \cos\gamma & 0 & 0 \\ 0 & 0 & 1 & 0 \\ 0 & 0 & 0 & 1 \end{bmatrix} \cdot \begin{bmatrix} 1 & 0 & 0 & 0 \\ 0 & 0 & 0 & q \\ 0 & 0 & 1 & 0 \\ 0 & 0 & 0 & 1 \end{bmatrix} = \begin{bmatrix} \cos\gamma & 0 & 0 & q\sin\gamma \\ -\sin\gamma & 0 & 0 & q\cos\gamma \\ 0 & 0 & 1 & 0 \\ 0 & 0 & 0 & 1 \end{bmatrix}$$

如果物体所处位置不合适，则需对物体进行平移，为使旋转变换不受平移量的影响，平移变换矩阵应放在旋转变换矩阵与透视投影矩阵之间。

例：对一个立方体进行二点透视投影变换。

解：设 $\gamma = 30°$，$q = -0.1$，平移量为 $k = -8$、$m = -6$、$n = -10$。先对图形进行旋转变换，再进行平移变换，最后进行透视投影变换，则

$$\begin{bmatrix} 0 & 8 & 0 & 1 \\ 10 & 8 & 0 & 1 \\ 10 & 8 & 6 & 1 \\ 0 & 8 & 6 & 1 \\ 0 & 0 & 0 & 1 \\ 10 & 0 & 0 & 1 \\ 10 & 0 & 6 & 1 \\ 0 & 0 & 6 & 1 \end{bmatrix} \cdot \begin{bmatrix} 0.866 & 0.5 & 0 & 0 \\ -0.5 & 0.866 & 0 & 0 \\ 0 & 0 & 1 & 0 \\ 0 & 0 & 0 & 1 \end{bmatrix} \cdot \begin{bmatrix} 1 & 0 & 0 & 0 \\ 0 & 1 & 0 & 0 \\ 0 & 0 & 1 & 0 \\ -8 & -6 & -10 & 1 \end{bmatrix} \cdot \begin{bmatrix} 1 & 0 & 0 & 0 \\ 0 & 0 & 0 & -0.1 \\ 0 & 0 & 1 & 0 \\ 0 & 0 & 0 & 1 \end{bmatrix}$$

$$= \begin{bmatrix} -12 & 0 & -10 & 0.907 \\ -3.34 & 0 & -10 & 0.407 \\ -3.34 & 0 & -4 & 0.407 \\ -12 & 0 & -4 & 0.907 \\ -12 & 0 & -10 & 1.6 \\ -3.34 & 0 & -10 & 1.1 \\ -3.34 & 0 & -4 & 1.1 \\ -12 & 0 & -4 & 1.6 \end{bmatrix}$$

$$
\begin{bmatrix}
-13.23 & 0 & -11.03 & 1 \\
-8.21 & 0 & -24.57 & 1 \\
-8.21 & 0 & -9.83 & 1 \\
-13.23 & 0 & -4.41 & 1 \\
-7.50 & 0 & -6.25 & 1 \\
-3.04 & 0 & -9.09 & 1 \\
-3.04 & 0 & -3.64 & 1 \\
-7.50 & 0 & -2.50 & 1
\end{bmatrix}
$$

规格化为

变换结果如图 4-6 所示。

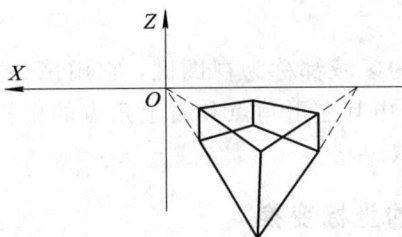

图 4-6 立方体的二点透视投影图

3. 三点透视

首先把物体绕 Z 轴旋转 γ 角，再绕 X 轴旋转 α 角，使物体上的三个平面与画面倾斜，然后进行透视投影变换，即可得到物体的三点透视图，变换矩阵为

$$
\begin{aligned}
\boldsymbol{T}_3 &=
\begin{bmatrix}
\cos\gamma & \sin\gamma & 0 & 0 \\
-\sin\gamma & \cos\gamma & 0 & 0 \\
0 & 0 & 1 & 0 \\
0 & 0 & 0 & 1
\end{bmatrix}
\cdot
\begin{bmatrix}
1 & 0 & 0 & 0 \\
0 & \cos\alpha & \sin\alpha & 0 \\
0 & -\sin\alpha & \cos\alpha & 0 \\
0 & 0 & 0 & 1
\end{bmatrix}
\cdot
\begin{bmatrix}
1 & 0 & 0 & 0 \\
0 & 0 & 0 & q \\
0 & 0 & 1 & 0 \\
0 & 0 & 0 & 1
\end{bmatrix} \\
&=
\begin{bmatrix}
\cos\gamma & 0 & \sin\gamma\sin\alpha & q\sin\gamma\cos\alpha \\
-\sin\gamma & 0 & \cos\gamma\sin\alpha & q\cos\gamma\cos\alpha \\
0 & 0 & \cos\alpha & -q\sin\alpha \\
0 & 0 & 0 & 1
\end{bmatrix}
\end{aligned}
$$

如果需要把物体平移到合适的位置，则应把平移变换矩阵放在旋转变换矩阵与透视变换矩阵之间。

4.4 窗口视区变换

4.4.1 用户域和窗口区

1. 用户域

用户域是程序员用来定义草图的整个自然空间（WD），是一个实数域，其取值可正可负，可以是整数也可以是任何实数，理论上是连续无限的。

2. 窗口区

为了便于研究，通常在 WD 中指定一个区域（W）叫做窗口，窗口区 W 小于或等于用户域 WD。窗口区通常取为矩形，用其左下角点和右上角点坐标表示。当然，窗口区也可以是任意多边形或圆形区域。

4.4.2 屏幕域和视图区

1. 屏幕域

屏幕域是设备输出图形的最大区域，是有限的整数域，如某图形显示器分辨率为 1024×768，则屏幕域 DC 可定义为 $DC \in [0: 1023] \times [0: 767]$。

2. 视图区

任何小于或等于屏幕域的区域都称为视图区，它用来显示用户选择的窗口区内的图形。视图区一般定义为矩形，由其左下角点和右上角点的坐标值来定义。同样地，视图区可以是任意多边形或圆形区域。

4.4.3 窗口区和视图区的坐标变换

如图 4-7 所示，窗口区定义为（WXL，WXR，WYB，WYT），视图区定义为（VXL，VXR，VYB，VYT），位于窗口区内用户坐标 (x_w, y_w)，现欲求其对应的视图区内的屏幕坐标 (x_s, y_s)。

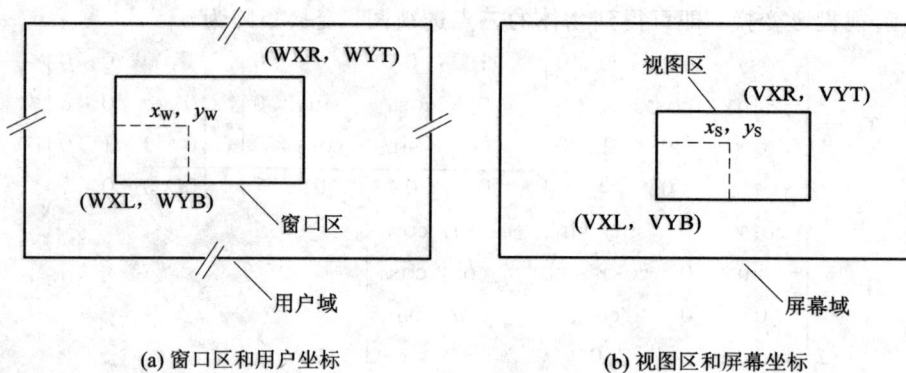

(a) 窗口区和用户坐标　　　　　　　(b) 视图区和屏幕坐标

图 4-7 窗口视区变换示意图

根据相似性原理，有

$$
\begin{cases}
\dfrac{x_w - WXL}{WXR - WXL} = \dfrac{x_s - VXL}{VXR - VXL} \\[2mm]
\dfrac{y_w - WYB}{WYT - WYB} = \dfrac{y_s - VYB}{VYT - VYB}
\end{cases}
$$

解出 x_s、y_s，得

$$
\begin{cases}
x_s = \dfrac{VXR - VXL}{WYT - WYB} \cdot (x_w - WXL) + VXL \\[2mm]
y_s = \dfrac{VYT - VYB}{WYT - WYB} \cdot (y_w - WYB) + VYB
\end{cases}
$$

通常，图形软件都提供了从窗口区到视图区的变换，这给用户编程时提供了很大的方便，使用户不必用屏幕坐标进行程序设计。

4.5 习 题

1. 试写出三维图形几何变换的一般表达式，并说明其中各子矩阵的变换功能。

2. 试证明下述几何变换的矩阵运算具有互换性：

(1) 两个连续的旋转变换；

(2) 两个连续的平移变换；

(3) 两个连续的变比变换；

(4) 当比例系数相等时的旋转和比例变换。

3. 证明二维点相对于 x 轴作对称变换，紧跟着相对于 $y=-x$ 直线作对称变换完全等价于该点相对于坐标原点作旋转变换。

4. 证明两个二维旋转变换 $R(\theta_1)$、$R(\theta_2)$ 满足 $R(\theta_1) \cdot R(\theta_2) = R(\theta_1 + \theta_2)$。

5. 已知一个平面方程是 $ax+by+cz+d=0$，求经过透视投影变换后，该平面方程的系数。

6. 分别写出向 $x=0$ 平面和 $y=0$ 平面透视投影的变换矩阵。

7. 试编写对二维点实现平移、旋转、变比变换的子程序。

8. 试编写对三维点实现平移、旋转、变比变换的子程序。

9. 完成下面图形的绘制：

(1) 画出立方体的正等测、二轴测投影图；

(2) 画出立方体的斜等测、斜二测投影图；

(3) 画出立方体的一点、二点和三点透视图。

第 5 章　曲　线　与　曲　面

曲线和曲面是计算机图形学中研究的重要内容之一，它们在实际工作中有广泛的应用，比如卫星的轨道、导弹的弹道需要用曲线来模拟，人体的轮廓、汽车和飞机的外形需要用曲面来模拟。

归纳起来，各种各样的曲线被分为两类：一类是规则曲线，可以用曲线方程式来表示，例如我们熟悉的圆、椭圆、双曲线、抛物线、三角函数曲线、概率曲线、渐开线、摆线、螺线等；另一类是非规则曲线，尚不能确切给出描述整个曲线的方程，往往是根据实际测量得到的一系列离散数据点用曲线拟合的方法逼近得到。这些曲线一般采用分段的多项式参数方程来表示，由此形成一条光滑连续的曲线称为样条曲线或简称样条。常见的参数样条曲线有 Bézier 曲线和 B 样条曲线等。相应地，曲面也分为规则曲面和不规则曲面。本章将主要讨论参数样条曲线、曲面。

5.1　曲线与曲面的基础知识

5.1.1　曲线的表示形式

平面曲线的直角坐标表示形式为

$$y = f(x) \quad 或 \quad F(x, y) = 0$$

其参数方程表示形式为

$$p(t) = (x(t), y(t)) \quad t \in [0, 1]$$

三维空间曲线的参数方程为

$$p(t) = (x(t), y(t), z(t)) \quad t \in [0, 1]$$

参数表示比非参数表示的优越性体现在：

（1）参数方程的形式不依赖于坐标系的选取，具有几何不变性。

（2）在参数表示中，变化率以切矢量表示，不会出现无穷大的情况。

（3）对参数表示的曲线、曲面进行平移、比例、旋转等几何变换比较容易。

（4）有更大的自由度来控制曲线、曲面的形状，如一条二维三次曲线的非参数表示为

$$y = ax^3 + bx^2 + cx + d$$

由式中可以看出，只有 4 个系数控制曲线的形状。而二维三次曲线的参数表达式为

$$\boldsymbol{p}(t) = \begin{bmatrix} a_1 t^3 + a_2 t^2 + a_3 t + a_4 \\ b_1 t^3 + b_2 t^2 + b_3 t + b_4 \end{bmatrix} \quad t \in [0, 1]$$

由式可知，有 8 个系数可以用来控制此曲线的形状。

（5）用参数表示的曲线、曲面的交互能力强，参数系数的几何意义明确，易于用矢量和矩阵表示几何分量，简化了计算。

（6）规格化的参数变量 $t \in [0，1]$，使曲线曲面相应的几何分量是有界的，而不必用另外的参数去定义边界。

与参数曲线相关的术语如下：

1. 型值点和控制点

所谓型值点，是指通过测量或计算得到的曲线上的少量描述曲线几何形状的数据点。由于型值点的数量有限，不足以充分描述曲线的形状，因此通常是在求得一些型值点的基础上，再采用数学方法建立曲线的数学模型，然后再根据数学模型来获得曲线上每一点的几何信息。

所谓控制点，是指用来控制或调整曲线形状的某些特殊点，而曲线段本身并不通过控制点。

2. 位置矢量

曲线上任一点的位置矢量，即其坐标，可以表示为 $p(t) = (x(t)，y(t)，z(t))$。

3. 切矢量

设 $p(t)$ 和 $p(t+\Delta t)$ 是曲线上的两点，记 $\Delta p = p(t+\Delta t) - p(t)$。当 $\Delta t \to 0$ 时，导数矢量 $\dfrac{\Delta p}{\Delta t}$ 的方向趋近于 P 点处的切线方向，记为 $\dfrac{\mathrm{d}p(t)}{\mathrm{d}t} = p'(t)$，也称为 P 点处的切矢量，如图 5-1(a)所示。

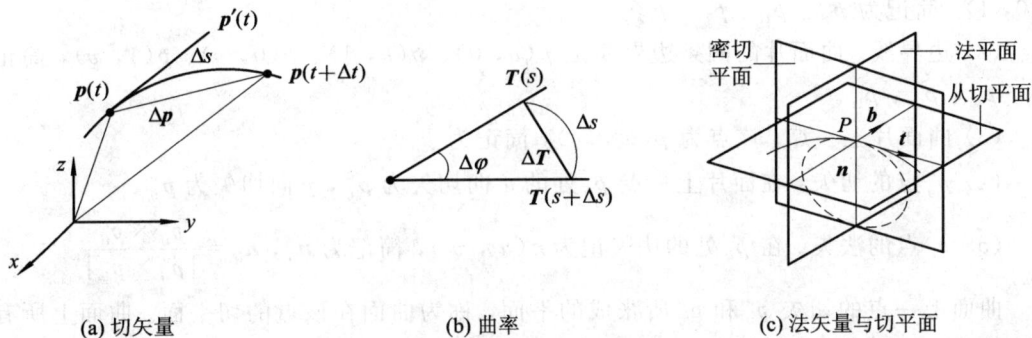

(a) 切矢量　　　　　　　　(b) 曲率　　　　　　　(c) 法矢量与切平面

图 5-1　曲线特性分析

若用 s 表示曲线的弧长，以弧长为参数的曲线方程称为自然参数方程。以弧长为参数的曲线的切矢量称为单位切矢量，记为 $T = \lim\limits_{\Delta s \to 0} \dfrac{\Delta p}{\Delta s} = \dfrac{\mathrm{d}p}{\mathrm{d}s}$。

4. 曲率

曲率反映曲线的弯曲程度。设以弧长 s 为参数，曲线上的点 $p(s)$ 和 $p(s+\Delta s)$ 处的单位切矢量分别为 $T(s)$ 和 $T(s+\Delta s)$，其夹角为 $\Delta \varphi$，如图 5-1(b)所示。曲线在 $p(s)$ 点的曲率为 $k(s) = \lim\limits_{\Delta s \to 0} \left| \dfrac{\Delta \varphi}{\Delta s} \right|$。曲率的倒数称为曲线的曲率半径，记为 $\rho(s)$。

5. 主法矢量和副法矢量

对于一条空间三维曲线，任何垂直于切矢量 T 的矢量都称为法矢量。与 $\mathrm{d}T/\mathrm{d}t$ 同方向的单位矢量 N，称为单位主法矢量。矢量 $B = T \times N$ 垂直于 T 和 N，称为单位副法矢量，如图 5-1(c)所示。

6. 密切平面、法平面和从切平面

由矢量 T 和 N 张成的平面称为密切平面,由矢量 N 和 B 张成的平面称为法平面,由矢量 T 和 B 张成的平面称为从切平面。

5.1.2 曲面的表示形式

一般曲面可以表示为

$$z = f(x, y) \quad \text{或} \quad F(x, y, z) = 0$$

其参数表达式为

$$\begin{cases} x = x(u, v) \\ y = y(u, v) \\ z = z(u, v) \end{cases}$$

曲面定义中的一对参数 u、v 确定曲面上的一个点。如果令参数 v 不变而改变 u,则可得到一条 u 线;反之,固定 u 而改变 v,则可得到一条 v 线。不同的 u 线和 v 线形成的网称为参数曲线网。

参数 u、v 的变化区间常取为单位正方形,即 u、$v \in [0, 1]$。参数曲面片的常用几何元素有以下几种:

(1) 角点。把 u、$v = 0$ 或 1 代入 $p(u, v)$,得到四个角点 $p(0, 0)$、$p(1, 0)$、$p(1, 1)$、$p(0, 1)$,简记为 p_{00}、p_{10}、p_{11}、p_{01}。

(2) 边界线。曲面片的四条边界线是 $p(u, 0)$、$p(u, 1)$、$p(0, v)$、$p(1, v)$,简记为 p_{u0}、p_{u1}、p_{0v}、p_{1v}。

(3) 曲面片上一点。该点为 $p(u_i, v_j)$,简记为 p_{ij}。

(4) p_{ij} 点的切矢。在面片上一点 p_{ij} 处的 u 向切矢为 $\boldsymbol{p}_{ij}^u$,v 向切矢为 $\boldsymbol{p}_{ij}^v$。

(5) p_{ij} 点的法矢。在 p_{ij} 处的法矢记为 $\boldsymbol{n}(u_i, v_j)$,简记为 $\boldsymbol{n}_{ij}$,$\boldsymbol{n}_{ij} = \dfrac{\boldsymbol{p}_{ij}^u \times \boldsymbol{p}_{ij}^v}{|\boldsymbol{p}_{ij}^u \times \boldsymbol{p}_{ij}^v|}$。

曲面上一点的切矢 $\boldsymbol{p}_{ij}^u$ 和 $\boldsymbol{p}_{ij}^v$ 所张成的平面,称为曲面在该点的切平面。曲面上所有过该点的曲线在此点的切矢都位于切平面内。切平面的法矢就是曲面在该点的法矢。

5.1.3 参数三次曲线与曲面

1. 参数三次曲线

参数三次曲线的代数形式由以下三个多项式表示:

$$\begin{cases} x(t) = a_{3x}t^3 + a_{2x}t^2 + a_{1x}t + a_{0x} \\ y(t) = a_{3y}t^3 + a_{2y}t^2 + a_{1y}t + a_{0y} \\ z(t) = a_{3z}t^3 + a_{2z}t^2 + a_{1z}t + a_{0z} \end{cases} \quad (5-1)$$

其中,参数 t 为独立变量,$t \in [0, 1]$,这一限制使得曲线有界。

式(5-1)中的 12 个常数系数称为代数系数,这组系数确定唯——条曲线,包括曲线的长短、形状以及曲线在空间中的位置。

我们把方程(5-1)的三个方程写成矢量形式,即

$$\boldsymbol{p}(t) = \boldsymbol{a}_3 t^3 + \boldsymbol{a}_2 t^2 + \boldsymbol{a}_1 t + \boldsymbol{a}_0 \quad (5-2)$$

式中，$p(t)$是曲线上任一点的位置矢量；a_0、a_1、a_2、a_3是代数系数矢量。$p(t)$的分量对应于点的笛卡尔坐标。

对于空间曲线，用于描述曲线的可供选择条件有端点坐标、切矢、曲率、挠率等。使用两个端点 $p(0)$ 和 $p(1)$，以及对应的切矢 $p'(0) = \dfrac{\mathrm{d}p(0)}{\mathrm{d}t}$ 和 $p'(1) = \dfrac{\mathrm{d}p(1)}{\mathrm{d}t}$，可以得到以下四个方程：

$$\begin{cases} p(0) = a_0 \\ p(1) = a_0 + a_1 + a_2 + a_3 \\ p'(0) = a_1 \\ p'(1) = a_1 + 2a_2 + 3a_3 \end{cases} \tag{5-3}$$

通过求解这组有四个未知数的联立方程组，根据边界条件重新定义代数系数，即

$$\begin{cases} a_0 = p(0) \\ a_1 = p'(0) \\ a_2 = -3p(0) + 3p(1) - 2p'(0) - p'(1) \\ a_3 = 2p(0) - 2p(1) + p'(0) + p'(1) \end{cases} \tag{5-4}$$

把式(5-4)代入方程(5-2)，并将各项重新排列可得

$$p(t) = (2t^3 - 3t^2 + 1)p(0) + (-2t^3 + 3t^2)p(1) + (t^3 - 2t^2 + t)p'(0) + (t^3 - t^2)p'(1) \tag{5-5}$$

令

$$\begin{cases} F_1 = 2t^3 - 3t^2 + 1 \\ F_2 = -2t^3 + 3t^2 \\ F_3 = t^3 - 2t^2 + t \\ F_4 = t^3 - t^2 \end{cases}$$

则方程(5-5)可简化为

$$p = F_1 p_0 + F_2 p_1 + F_3 p'_0 + F_4 p'_1 \tag{5-6}$$

式(5-6)是曲线的几何形式，其中，p_0、p_1、p'_0、p'_1为几何系数，F_1、F_2、F_3 和 F_4 为调和函数。

这里，我们选择了曲线的两个端点及其切矢量构造式。当然，也可以选取任意两点和两个切矢；或者选取四个切矢，而不选点；或者四个点，而没有切矢；或三个切矢和一个点；等等。此外，参数 t 顺序变化所产生的结果使得曲线是有向的。

矩阵形式是表示曲线最紧凑的形式。由方程(5-2)可写成

$$p = T \cdot A$$

其中，$T = [t^3 \quad t^2 \quad t \quad 1]$，$A = [a_3 \quad a_2 \quad a_1 \quad a_0]^{\mathrm{T}}$。

类似地，由式(5-6)可以得到

$$p = F \cdot B$$

其中，$F = [F_1 \quad F_2 \quad F_3 \quad F_4]$，$B = [p_0 \quad p_1 \quad p'_0 \quad p'_1]^{\mathrm{T}}$。这里，$A$ 是代数系数矩阵，B 是几何系数矩阵或边界条件矩阵，用矩阵方法可推导出代数形式和几何形式之间的关系：

$$p = T \cdot M \cdot B \qquad t \in [0, 1]$$

其中，$\boldsymbol{M} = \begin{bmatrix} 2 & -2 & 1 & 1 \\ -3 & 3 & -2 & -1 \\ 0 & 0 & 1 & 0 \\ 1 & 0 & 0 & 0 \end{bmatrix}$。

这种形式的三次曲线常称为 Hermite 曲线，它由端点坐标和端点处的切矢确定。矩阵 $\boldsymbol{T}$、$\boldsymbol{F}$、$\boldsymbol{M}$ 对于所有曲线都是相同的，只有矩阵 $\boldsymbol{A}$ 和 $\boldsymbol{B}$ 随曲线的变化而变化，它取决于曲线的形状和位置。这意味着表示一条特定的曲线可以简单地给出其代数矩阵和几何矩阵。

2. 参数三次曲面

由两个三次参数变量 (u, v) 定义的曲面片称为双三次参数曲面片，也是平常应用最广泛的一种面片，其代数形式是：

$$p(u, v) = \sum_{i=0}^{3} \sum_{j=0}^{3} a_{ij} u^i v^j \qquad u, v \in [0, 1]$$

矩阵表示为

$$p = \boldsymbol{U} \cdot \boldsymbol{A} \cdot \boldsymbol{V}^{\mathrm{T}}$$

其中，

$$\boldsymbol{U} = \begin{bmatrix} u^3 & u^2 & u & 1 \end{bmatrix}$$
$$\boldsymbol{V} = \begin{bmatrix} v^3 & v^2 & v & 1 \end{bmatrix}$$

$$\boldsymbol{A} = \begin{bmatrix} a_{33} & a_{32} & a_{31} & a_{30} \\ a_{23} & a_{22} & a_{21} & a_{20} \\ a_{13} & a_{12} & a_{11} & a_{10} \\ a_{03} & a_{02} & a_{01} & a_{00} \end{bmatrix}$$

双三次参数曲面片的几何表示是基于其代数表示和边界条件的，其矩阵式是

$$p(u, v) = \boldsymbol{U} \cdot \boldsymbol{M} \cdot \boldsymbol{B} \cdot \boldsymbol{M}^{\mathrm{T}} \cdot \boldsymbol{V}^{\mathrm{T}} \qquad u, v \in [0, 1]$$

其中，

$$\boldsymbol{M} = \begin{bmatrix} 2 & -2 & 1 & 1 \\ -3 & 3 & -2 & -1 \\ 0 & 0 & 1 & 0 \\ 1 & 0 & 0 & 0 \end{bmatrix}, \quad \boldsymbol{B} = \begin{bmatrix} p_{00} & p_{01} & p_{00}^v & p_{01}^v \\ p_{10} & p_{11} & p_{10}^v & p_{11}^v \\ p_{00}^u & p_{01}^u & p_{00}^{uv} & p_{01}^{uv} \\ p_{10}^u & p_{11}^u & p_{10}^{uv} & p_{11}^{uv} \end{bmatrix}$$

这种形式的双三次参数曲面又称为 Hermite 曲面。可以得到双三次参数曲面的代数形式和几何形式之间的关系为

$$\boldsymbol{A} = \boldsymbol{M} \cdot \boldsymbol{B} \cdot \boldsymbol{M}^{\mathrm{T}}, \quad \boldsymbol{B} = \boldsymbol{M}^{-1} \cdot \boldsymbol{A} \cdot \boldsymbol{M}^{\mathrm{T}}$$

通常情况下，构造参数曲面的主要任务是构造它的几何系数矩阵 $\boldsymbol{B}$。

另外，双三次参数曲面的 u 向切矢为 $p^u = \boldsymbol{U} \cdot \boldsymbol{M}^u \cdot \boldsymbol{B} \cdot \boldsymbol{M}^{\mathrm{T}} \cdot \boldsymbol{V}^{\mathrm{T}}$，$v$ 向切矢为 $p^v = \boldsymbol{U} \cdot \boldsymbol{M} \cdot \boldsymbol{B} \cdot (\boldsymbol{M}^v)^{\mathrm{T}} \cdot \boldsymbol{V}^{\mathrm{T}}$，扭矢为 $p^{uv} = \boldsymbol{U} \cdot \boldsymbol{M}^u \cdot \boldsymbol{B} \cdot (\boldsymbol{M}^v)^{\mathrm{T}} \cdot \boldsymbol{V}^{\mathrm{T}}$。

5.1.4 参数连续性和几何连续性

为了保证前一段参数曲线 $p(t)$ 平滑过渡到后一段参数曲线 $q(t)$，可令曲线在连接点处满足各种参数连续性条件。

0 阶参数连续性，记作 C^0 连续，指第一个曲线段的终点与第二个曲线段的起点位置相同，即 $p(1)=q(0)$。一阶参数连续性，记作 C^1 连续，指两个相邻曲线段在连接点处有相同的一阶导数（切线），即 $p'(1)=q'(0)$。二阶参数连续性，记作 C^2 连续，指两个相邻曲线段在连接点处有相同的一阶和二阶导数，即 $p'(1)=q'(0)$ 和 $p''(1)=q''(0)$。

连接两个相邻曲线段的另一个方法是满足几何连续性条件。它只需要两曲线段在连接点处的参数导数成比例而不相等。

0 阶几何连续性，记作 G^0 连续，与 C^0 相同，指第一个曲线段的终点与第二个曲线段的起点位置相同，即 $p(1)=q(0)$。一阶几何连续性，记作 G^1 连续，指一阶导数（切线）在两个相邻曲线段的连接点处成比例但不一定相等。二阶几何连续性，记作 G^2 连续，指两个相邻曲线段在连接点处其一阶和二阶导数成比例。G^2 连续性下，两个曲线段在连接点处的曲率相等。

对于曲面片，若两个曲面片在公共连接线上处处满足上述各类连续性条件，则两个曲面片之间有同样的结论。

5.2　常用的参数曲线

5.2.1　Bézier 曲线

1. Bézier 曲线定义

给定空间 $n+1$ 个点的位置矢量 $P_i(i=0, 1, 2, \cdots, n)$，则 Bézier 参数曲线上各点坐标的插值公式为

$$P(t) = \sum_{i=0}^{n} P_i B_{i, n}(t) \qquad t \in [0, 1]$$

其中，P_i 构成该 Bézier 曲线的特征多边形，$B_{i, n}(t)$ 是 n 次 Bernstein 基函数，即

$$B_{i, n}(t) = C_n^i t^i (1-t)^{n-i} = \frac{n!}{i!(n-i)!} t^i (1-t)^{n-i} \qquad (i=0, 1, \cdots, n)$$

2. Bézier 曲线的性质

1）Bézier 曲线的端点性质

（1）曲线端点位置矢量。有 $P(0)=P_0$ 和 $P(1)=P_n$，由此，Bézier 曲线的起点、终点与相应的特征多边形的起点、终点重合。

（2）切矢量。有 $P'(0)=n(P_1-P_0)$ 和 $P'(1)=n(P_n-P_{n-1})$，由此，Bézier 曲线的起点和终点处的切线方向和特征多边形的第一条边及最后一条边的走向一致。

（3）曲率。有 $P''(0)=n(n-1)(P_2-2P_1+P_0)$ 和 $P''(1)=n(n-1)(P_n-2P_{n-1}+P_{n-2})$，由此，2 阶导矢只与相邻的 3 个顶点有关，事实上，r 阶导矢只与 $r+1$ 个相邻点有关，与更远点无关。

2）对称性

由控制点 $P_i^* = P_{n-i}(i=0, 1, \cdots, n)$ 构造出的新的 Bézier 曲线，与原 Bézier 曲线形状相同、走向相反。Bézier 曲线在起点处有什么几何性质，在终点处也有相同的性质。可表示

如下：

$$\boldsymbol{C}^*(t) = \sum_{i=0}^{n} \boldsymbol{P}_i^* B_{i,n}(t) = \sum_{i=0}^{n} \boldsymbol{P}_{n-i} B_{i,n}(t)$$

$$= \sum_{i=0}^{n} \boldsymbol{P}_{n-i} B_{n-i,n}(1-t) = \sum_{i=0}^{n} \boldsymbol{P}_i B_{i,n}(1-t) \qquad t \in [0,1]$$

3）凸包性

由于 $\sum_{i=0}^{n} B_{i,n}(t) = 1, 0 \leqslant B_{i,n}(t) \leqslant 1 \ (0 \leqslant t \leqslant 1; i = 0,1,\cdots,n)$，因此当 t 在区间 $[0,1]$ 变化时，对某一个 t 值，$\boldsymbol{P}(t)$ 是特征多边形各顶点 $\boldsymbol{P}_i$ 的加权平均，权因子依次是 $B_{i,n}(t)$。在几何图形上，意味着 Bézier 曲线 $\boldsymbol{P}(t)$ 在 $t \in [0,1]$ 中各点是控制点 $\boldsymbol{P}_i$ 的凸线性组合，即曲线落在 $\boldsymbol{P}_i$ 构成的凸包之中，如图 5-2 所示。

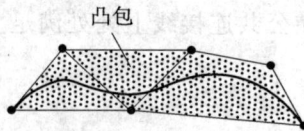

图 5-2　Bézier 曲线的凸包性

3. Bézier 曲线的矩阵表示

由 Bézier 曲线的定义，可以推出常用的一次、二次、三次 Bézier 曲线矩阵表示。

（1）一次 Bézier 曲线矩阵表示为

$$\boldsymbol{P}(t) = \begin{bmatrix} t & 1 \end{bmatrix} \cdot \begin{bmatrix} -1 & 1 \\ 1 & 0 \end{bmatrix} \cdot \begin{bmatrix} \boldsymbol{P}_0 \\ \boldsymbol{P}_1 \end{bmatrix}$$

它是连接起点 $\boldsymbol{P}_0$ 和终点 $\boldsymbol{P}_1$ 的直线段，$\boldsymbol{P}(t) = (1-t)\boldsymbol{P}_0 + t\boldsymbol{P}_1, t \in [0,1]$。

（2）二次 Bézier 曲线的矩阵表示为

$$\boldsymbol{P}(t) = \begin{bmatrix} t^2 & t & 1 \end{bmatrix} \cdot \begin{bmatrix} 1 & -2 & 1 \\ -2 & 2 & 0 \\ 1 & 0 & 0 \end{bmatrix} \cdot \begin{bmatrix} \boldsymbol{P}_0 \\ \boldsymbol{P}_1 \\ \boldsymbol{P}_2 \end{bmatrix}$$

它是一条起点在 $\boldsymbol{P}_0$、终点在 $\boldsymbol{P}_2$ 处的抛物线，$\boldsymbol{P}(t) = (1-t)^2 \boldsymbol{P}_0 + 2t(1-t)\boldsymbol{P}_1 + t^2 \boldsymbol{P}_2$，$t \in [0,1]$。

（3）三次 Bézier 曲线的矩阵表示为

$$\boldsymbol{P}(t) = (1-t)^3 \boldsymbol{P}_0 + 3t(1-t)^2 \boldsymbol{P}_1 + 3t^2(1-t)\boldsymbol{P}_2 + t^3 \boldsymbol{P}_3$$

$$= \begin{bmatrix} t^3 & t^2 & t & 1 \end{bmatrix} \cdot \begin{bmatrix} -1 & 3 & -3 & 1 \\ 3 & -6 & 3 & 0 \\ -3 & 3 & 0 & 0 \\ 1 & 0 & 0 & 0 \end{bmatrix} \begin{bmatrix} \boldsymbol{P}_0 \\ \boldsymbol{P}_1 \\ \boldsymbol{P}_2 \\ \boldsymbol{P}_3 \end{bmatrix}$$

4. Bézier 曲线的递推性（de Casteljau 算法）

如图 5-3 所示，设 $\boldsymbol{P}_0$、$\boldsymbol{P}_0^2$、$\boldsymbol{P}_2$ 是一条抛物线上三个顺序不同的点。过 $\boldsymbol{P}_0$ 和 $\boldsymbol{P}_2$ 点的两切线交于 $\boldsymbol{P}_1$ 点，在 $\boldsymbol{P}_0^2$ 点的切线交 $\boldsymbol{P}_0\boldsymbol{P}_1$ 和 $\boldsymbol{P}_2\boldsymbol{P}_1$ 于 $\boldsymbol{P}_0^1$ 和 $\boldsymbol{P}_1^1$，则以下比例成立：

$$\frac{\boldsymbol{P}_0\boldsymbol{P}_0^1}{\boldsymbol{P}_0^1\boldsymbol{P}_1} = \frac{\boldsymbol{P}_1\boldsymbol{P}_1^1}{\boldsymbol{P}_1^1\boldsymbol{P}_2} = \frac{\boldsymbol{P}_0^1\boldsymbol{P}_0^2}{\boldsymbol{P}_0^2\boldsymbol{P}_1^1}$$

这是所谓抛物线的三切线定理。

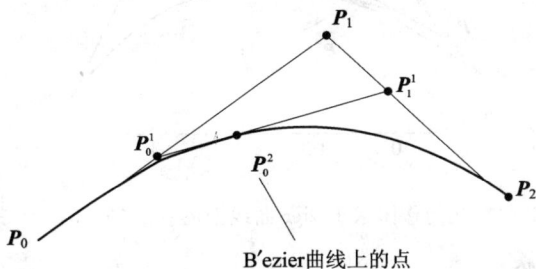

图 5 - 3　抛物线三切线图示

当 $\boldsymbol{P}_0$、$\boldsymbol{P}_2$ 固定，引入参数 t，令上述比值为 $t:(1-t)$，则有

$$\begin{cases}\boldsymbol{P}_0^1 = (1-t)\boldsymbol{P}_0 + t\boldsymbol{P}_1 & (1)\\ \boldsymbol{P}_1^1 = (1-t)\boldsymbol{P}_1 + t\boldsymbol{P}_2 & (2)\\ \boldsymbol{P}_0^2 = (1-t)\boldsymbol{P}_0^1 + t\boldsymbol{P}_1^1 & (3)\end{cases}$$

当 t 从 0 变到 1 时，第(1)、(2)式分别表示控制二边形的第一、二条边，它们是两条一次 Bézier 曲线。将(1)、(2)式代入(3)式，得

$$\boldsymbol{P}(t) = (1-t)^2\boldsymbol{P}_0 + 2t(1-t)\boldsymbol{P}_1 + t^2\boldsymbol{P}_2$$

当 t 从 0 变到 1 时，$\boldsymbol{P}(t)$ 表示了由顶点 $\boldsymbol{P}_0$、$\boldsymbol{P}_1$、$\boldsymbol{P}_2$ 定义的一条二次 Bézier 曲线，并且表明：二次 Bézier 曲线 $\boldsymbol{P}_0^2$ 可以定义为分别由前两个顶点($\boldsymbol{P}_0$，$\boldsymbol{P}_1$)和后两个顶点($\boldsymbol{P}_1$，$\boldsymbol{P}_2$)决定的一次 Bézier 曲线的线性组合。以此类推，由四个控制点定义的三次 Bézier 曲线 $\boldsymbol{P}_0^3$ 可被定义为分别由($\boldsymbol{P}_0$，$\boldsymbol{P}_1$，$\boldsymbol{P}_2$)和($\boldsymbol{P}_1$，$\boldsymbol{P}_2$，$\boldsymbol{P}_3$)确定的两条二次 Bézier 曲线的线性组合，由 $n+1$ 个控制点 $\boldsymbol{P}_i(i=0,1,\cdots,n)$ 定义的 n 次 Bézier 曲线 $\boldsymbol{P}_0^n$ 可被定义为分别由前、后 n 个控制点定义的两条 $n-1$ 次 Bézier 曲线 $\boldsymbol{P}_0^{n-1}$ 与 $\boldsymbol{P}_1^{n-1}$ 的线性组合：

$$\boldsymbol{P}_0^n = (1-t)\boldsymbol{P}_0^{n-1} + t\boldsymbol{P}_1^{n-1} \qquad t \in [0,1]$$

由此得到 Bézier 曲线的递推计算公式：

$$\boldsymbol{P}_i^k = \begin{cases}\boldsymbol{P}_i & (k=0)\\ (1-t)\boldsymbol{P}_i^{k-1} + t\boldsymbol{P}_{i+1}^{k-1} & (k=1,2,\cdots,n;\ i=0,1,\cdots,n-k)\end{cases}$$

这便是著名的 de Casteljau 算法。

在给定参数下，用这一递推公式可求得 Bézier 曲线上一点 $\boldsymbol{P}(t)$。上式中：$\boldsymbol{P}_i^0 = \boldsymbol{P}_i$，是定义 Bézier 曲线的控制点，$\boldsymbol{P}_0^n$ 即为曲线 $\boldsymbol{P}(t)$ 上参数 t 对应的点。de Casteljau 算法稳定可靠、直观简便，是计算 Bézier 曲线的基本算法和标准算法。

这一算法可用简单的几何作图来实现。给定参数 $t \in [0,1]$，就把定义域分成长度为 $t:(1-t)$ 的两段。依次对原始控制多边形每一边执行同样的定比分割，所得分点就是第一级递推生成的中间顶点 $\boldsymbol{P}_i^1(i=0,1,\cdots,n-1)$；对这些中间顶点构成的控制多边形再执行同样的定比分割，得第二级中间顶点 $\boldsymbol{P}_i^2(i=0,1,\cdots,n-2)$；重复进行下去，直到 n 级递推得到一个中间顶点 $\boldsymbol{P}_0^n$，即为所求曲线上的点 $\boldsymbol{P}(t)$，如图 5-4 所示。

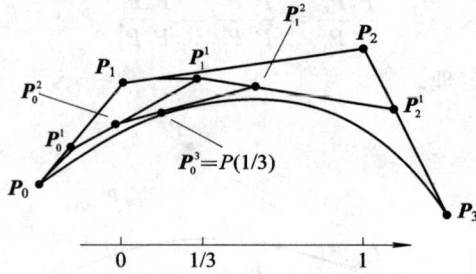

图 5-4　几何作图求 Bézier 曲线上的一点 $(n=3, t=\frac{1}{3})$

5. Bézier 曲线的升阶

所谓升阶，是指保持 Bézier 曲线的形状与定向不变，增加定义它的控制顶点数，也即提高该 Bézier 曲线的次数。增加了控制顶点数，不仅能增加对曲线进行形状控制的灵活性，还在构造曲面方面有着重要的应用。对于一些由曲线生成曲面的算法，要求那些曲线必须是同次的。应用升阶的方法，可以把低于最高次数的曲线提升到最高次数，而获得统一的次数。曲线升阶后，原控制顶点会发生变化。

设给定原始控制顶点 P_0，P_1，…，P_n 定义了一条 n 次 Bézier 曲线，曲线提升一阶前的控制顶点坐标的插值公式为

$$P(t) = \sum_{i=0}^{n} P_i B_{i,n}(t) \qquad t \in [0, 1]$$

下面讨论曲线提升一阶后的新的控制顶点。增加一个顶点后，仍定义同一条曲线的新控制顶点为 P_0^*，P_1^*，…，P_{n+1}^*，则有

$$\sum_{i=0}^{n} C_n^i P_i t^i (1-t)^{n-i} = \sum_{i=0}^{n+1} C_{n+1}^i P_i^* t^i (1-t)^{n+1-i}$$

对上式左边乘以 $(t+(1-t))$，得：

$$\sum_{i=0}^{n} C_n^i P_i t^i (1-t)^{n+1-i} + t^{i+1}(1-t)^{n-i} = \sum_{i=0}^{n+1} C_{n+1}^i P_i^* t^i (1-t)^{n+1-i}$$

比较等式两边 $t^i(1-t)^{n+1-i}$ 项的系数，得：

$$P_i^* C_{n+1}^i = P_i C_n^i + P_{n-1} C_n^{i-1}$$

化简可得新控制点与原控制点的关系为

$$P_i^* = \frac{i}{n+1} P_{i-1} + (1 - \frac{i}{n+1}) P_i$$

其中，$P_{-1} = P_{n+1} = 0$。

从上式可以看出：

(1) 新的控制顶点 P_i^* 是以参数值 $\frac{i}{n+1}$ 按分段线性插值从原始特征多边形得出的。

(2) 升阶后的新的特征多边形在原始特征多边形的凸包内。

(3) 新的特征多边形更靠近曲线。

三次 Bézier 曲线的升阶实例如图 5-5 所示。

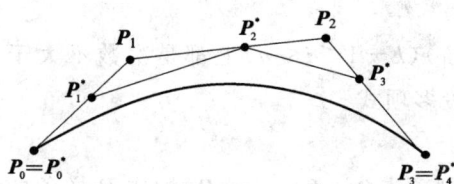

图 5 - 5　Bézier 曲线升阶

5.2.2　B 样条曲线

1. B 样条曲线的定义

通常，给定 $n+1$ 个控制点 $\boldsymbol{P}_i(i=0，1，2，\cdots，n)$、$k$ 次（$k+1$ 阶）B 样条曲线的表达式为

$$\boldsymbol{P}(t) = \sum_{i=0}^{n} \boldsymbol{P}_i N_{i,k}(t)$$

其中，$N_{i,k}(t)$ 为调和函数，也称 B 样条基函数，按递归公式可以定义为

$$N_{i,1}(t) = \begin{cases} 1 & (t_i \leqslant t < t_{i+1}) \\ 0 & （其他） \end{cases} \tag{5-7}$$

$$N_{i,k}(t) = \frac{t-t_i}{t_{i+k-1}-t_i} N_{i,k-1}(t) + \frac{t_{i+k}-t}{t_{i+k}-t_{i+1}} N_{i+1,k-1}(t)$$

式中，$N_{i,k}(t)$ 的双下标中第一个下标 i 表示序号，第二个下标 k 表示次数。规定 $0/0=0$。B 样条曲线定义中的控制点也称为特征多边形的顶点。

由式（5-7）可以看出，B 样条曲线是分段组成的，所以特征多边形的顶点对曲线的控制灵活直观。欲确定第 i 个 k 阶 B 样条 $N_{i,k}(t)$，需要用到 $t_i，t_{i+1}，\cdots，t_{i+k}$ 共 $k+1$ 个节点，称区间 $[t_i，t_{i+k}]$ 为 $N_{i,k}(t)$ 的支承区间。曲线方程中，$n+1$ 个控制顶点 $\boldsymbol{P}_i(i=0，1，2，\cdots，n)$ 要用到 $n+1$ 个 k 阶 B 样条 $N_{i,k}(t)$。它们支撑区间的并集定义了这一组 B 样条基的节点矢量 $\boldsymbol{T}=[t_0，t_1，\cdots，t_{n+k}]$。

2. B 样条曲线的性质

1) 局部性

由于 B 样条的局部性，k 阶 B 样条曲线上的参数为 $t\in[t_i，t_{i+1}]$ 的一点 $\boldsymbol{P}(t)$ 至多与 k 个控制顶点 $\boldsymbol{P}_j(j=i-k+1，\cdots，i)$ 有关，与其他控制顶点无关；移动该曲线的第 i 个控制顶点 $\boldsymbol{P}_i$ 至多影响到定义在区间 $(t_i，t_{i+k})$ 上那部分曲线的形状，对曲线的其余部分不发生影响。

2) 连续性

$\boldsymbol{P}(t)$ 在 r 重节点 $t_i(k\leqslant i\leqslant n)$ 处的连续阶不低于 $k-1-r$。整条曲线 $\boldsymbol{P}(t)$ 的连续阶不低于 $k-1-r_{\max}$，其中 $r_{\max}$ 表示位于区间 $(t_{k-1}，t_{n+1})$ 内的节点的最大重数。

3) 凸包性

$\boldsymbol{P}(t)$ 在区间 $(t_i，t_{i+1})(k-1\leqslant i\leqslant n)$ 上的部分位于 k 个点 $\boldsymbol{P}_{i-k+1}，\cdots，\boldsymbol{P}_i$ 的凸包 C_i 内，整条曲线则位于各凸包 C_i 的并集 $\bigcup_{i=k-1}^{n} C_i$ 之内。

4）分段参数多项式

$P(t)$在每一区间$(t_i, t_{i+1})(k-1 \leqslant i \leqslant n)$上都是次数不大于$k-1$的参数$t$的多项式，$P(t)$是参数$t$的$k-1$次分段多项式。

5）变差缩减性

设平面内的$n+1$个控制顶点P_0，P_1，…，P_n构成B样条曲线$P(t)$的特征多边形。在该平面内的任意一条直线与$P(t)$的交点个数不多于该直线和特征多边形的交点个数。

6）几何不变性

B样条曲线的形状和位置与坐标系的选择无关。

3. B样条曲线类型的划分

曲线按其首末端点是否重合可分为闭曲线和开曲线。闭曲线又分为周期和非周期两种，其区别是：前者在首末端点是C^2连续的，而后者一般是C^0连续的。非周期闭曲线可以认为是开曲线的特例，按开曲线处理。

B样条曲线按其节点矢量中节点的分布情况，可划分为四种类型。假定控制多边形的顶点为$P_i(i=0, 1, \cdots, n)$、阶数为k（次数为$k-1$），则节点矢量是$T=[t_0, t_1, \cdots, t_{n+k}]$。

1）均匀的B样条曲线

节点矢量中节点为沿参数轴均匀或等距分布，所有节点区间长度$\Delta_i = t_{i+1} - t_{i=常数} > 0$（$i=0, 1, \cdots, n+k-1$），这样的节点矢量定义了均匀的B样条基。图5-6是三次均匀的B样条曲线实例。

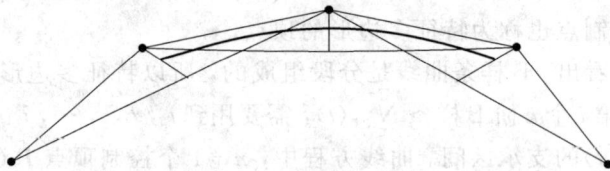

图5-6 三次均匀的B样条曲线

2）准均匀的B样条曲线

准均匀的B样条曲线与均匀的B样条曲线的差别在于两端节点具有重复度k，这样的节点矢量定义了准均匀的B样条基。

均匀B样条曲线在曲线定义域内各节点区间上具有用局部参数表示的统一的表达式，使得计算与处理简单方便，但用它定义的均匀B样条曲线没有保留Bézier曲线端点的几何性质，即样条曲线的首末端点不再是控制多边形的首末端点。采用准均匀的B样条曲线就是为了解决这个问题，使曲线在端点的行为有较好的控制，如图5-7所示。

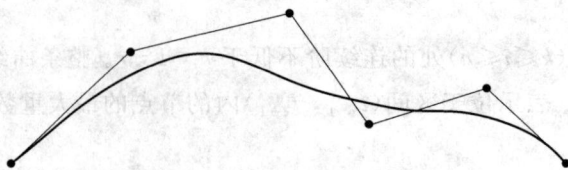

图5-7 准均匀的三次B样条曲线

3）分段 Bézier 曲线

节点矢量中两端节点的重复度为 k，所有内节点的重复度为 $k-1$，这样的节点矢量定义了分段的 Bernstein 基。

B 样条曲线用分段 Bézier 曲线表示后，各曲线段就具有了相对独立性，即移动曲线段内的一个控制顶点只影响该曲线段的形状，而对其他曲线段的形状没有影响。并且，Bézier曲线一整套简单有效的算法都可以被原封不动地采用。可通过插入节点的方法将其他三种类型的 B 样条曲线转换成分段 Bézier 曲线类型，这样做的缺点是增加了定义曲线的数据、控制顶点数及节点数，最多可增加近 $k-1$ 倍。分段 Bézier 曲线实例如图 5-8 所示。

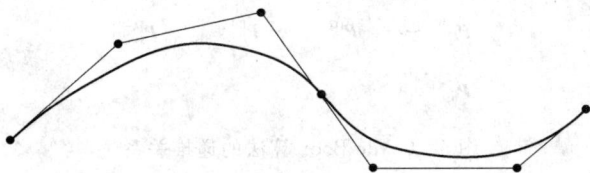

图 5-8　三次分段 Bézier 曲线

4）非均匀的 B 样条曲线

在这种类型里，任意分布的节点矢量 $T=[t_1, t_2, \cdots, t_{n+k}]$，只要在数学上成立（节点序列非递减，两端节点重复度 $\leqslant k$，内节点重复度 $\leqslant k-1$），都可选取。这样的节点矢量定义了非均匀 B 样条基。

4. de Boor 算法

给定控制顶点 $\boldsymbol{P}_i(i=0, 1, \cdots, n)$ 及节点矢量 $T=[t_0, t_1, \cdots, t_{n+k}]$ 后，就定义了 k 阶 $(k-1$ 次)B 样条曲线。欲计算 B 样条曲线上对应的一点 $\boldsymbol{P}(t)$，可以利用 B 样条曲线方程，但若采用 de Boor 算法，计算则会更加快捷。

1）de Boor 算法的导出

先将 t 固定在区间 $[t_j, t_{j+1}](k-1\leqslant j\leqslant n)$，由 de Boor - Cox 公式有

$$
\begin{aligned}
\boldsymbol{P}(t) &= \sum_{i=0}^{n} \boldsymbol{P}_i N_{i, k}(t) = \sum_{i=j-k+1}^{j} \boldsymbol{P}_i N_{i, k}(t) \\
&= \sum_{i=j-k+1}^{j} \boldsymbol{P}_i \left[\frac{t-t_i}{t_{i+k-1}-t_i} N_{i, k-1}(t) + \frac{t_{i+k}-t}{t_{i+k}-t_{i+1}} N_{i+1, k-1}(t) \right] \\
&= \sum_{i=j-k+2}^{j} \left[\frac{t_{i+k-1}-t}{t_{i+k-1}-t_i} \boldsymbol{P}_{i-1} + \frac{t-t_i}{t_{i+k-1}-t_i} \boldsymbol{P}_i \right] N_{i, k-1}(t) \quad t \in [t_j, t_{j+1}] \quad (5-8)
\end{aligned}
$$

现令

$$
\boldsymbol{P}_i^{[l]}(t) = \begin{cases} \boldsymbol{P}_i, \quad l=0, \ i=j-k+1; \ j-k+2, \cdots, j \\ \dfrac{t_{i+k-l}-t}{t_{i+k-l}-t_i} \boldsymbol{P}_{i-1}^{[l-1]}(t) + \dfrac{t-t_i}{t_{i+k-l}-t_i} \boldsymbol{P}_i^{[l-1]}(t) \\ l=1, 2, \cdots, k-1; \ i=j-k+l+1, \cdots, j \end{cases} \quad (5-9)
$$

则式(5-8)可表示为

$$
\boldsymbol{P}(t) = \sum_{i=j-k+2}^{j} \boldsymbol{P}_i^{[l]}(t) N_{i, k-1}(t)
$$

上式是同一条曲线 $P(t)$ 从 k 阶 B 样条表示到 $k-1$ 阶 B 样条表示的递推公式，反复应用此公式，可得到 $P(t)=P_j^{[k-1]}(t)$。于是，$P(t)$ 的值可以通过递推关系式(5-9)求得。这就是著名的 de Boor 算法，de Boor 算法的递推关系如图 5-9 所示。

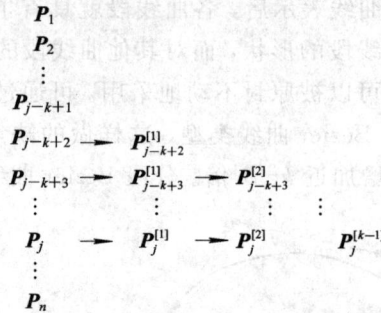

P_1
P_2
⋮
P_{j-k+1}
P_{j-k+2} → $P_{j-k+2}^{[1]}$
P_{j-k+3} → $P_{j-k+3}^{[1]}$ → $P_{j-k+3}^{[2]}$
⋮　　⋮　　⋮　　⋮
P_j → $P_j^{[1]}$ → $P_j^{[2]}$ … $P_j^{[k-1]}$
⋮
P_n

图 5-9　de Boor 算法的递推关系

　　de Boor 算法有着直观的几何意义——割角，即用线段 $P_i^{[r]}P_{i+1}^{[r]}$ 割去角 $P_i^{[r-1]}$。从多边形 $P_{j-k+1}P_{j-k+2}\cdots P_j$ 开始，经过 $k-1$ 层割角，最后得到 $P(t)$ 上的点 $P_j^{[r-1]}(t)$，如图 5-10 所示。

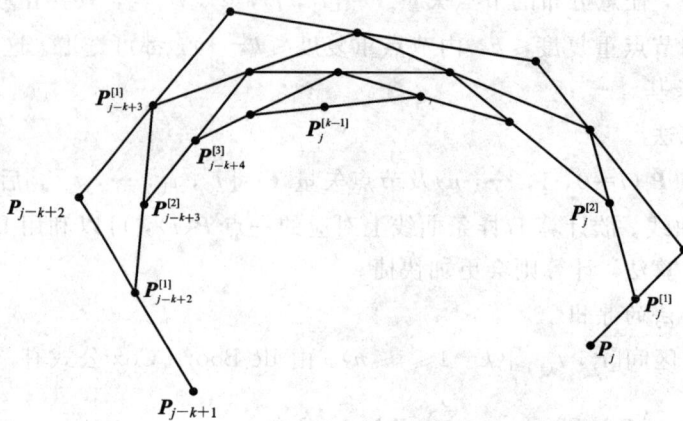

图 5-10　B 样条曲线 de Boor 算法的几何意义

5.3　常用的参数曲面

5.3.1　Bézier 曲面

1. 定义

　　设 $P_{ij}(i=0,1,\cdots,n; j=0,1,\cdots,m)$ 为 $(n+1)\times(m+1)$ 个空间点列，则 $m\times n$ 次张量积形式的 Bézier 曲面定义为

$$P(u,v)=\sum_{i=0}^m\sum_{j=0}^n P_{ij}B_{i,m}(u)B_{j,n}(v)\qquad u,v\in[0,1]$$

其中，$B_{i,m}(u)=C_m^i u^i(1-u)^{m-i}$、$B_{j,n}(v)=C_n^j v^j(1-v)^{n-j}$ 是 Bernstein 基函数。依次用线段连接点列 $P_{ij}(i=0,1,\cdots,n;j=0,1,\cdots,m)$ 中相邻两点所形成的空间网格，称之为特征网格。Bézier 曲面的矩阵表示式为

$$P(u,v)=\begin{bmatrix}B_{0,n}(u)&B_{1,n}(u)&\cdots&B_{m,n}(u)\end{bmatrix}\begin{bmatrix}P_{00}&P_{01}&\cdots&P_{0m}\\P_{10}&P_{11}&\cdots&P_{1m}\\\vdots&\vdots&&\vdots\\P_{n0}&P_{n1}&\cdots&P_{nm}\end{bmatrix}\begin{bmatrix}B_{0,m}(v)\\B_{1,m}(v)\\\vdots\\B_{n,m}(v)\end{bmatrix}$$

在一般实际应用中，n、m 均不大于 4。

2. Bézier **曲面的几种表达形式**

（1）双一次 Bézier 曲面的表示式为

$$P(u,v)=(1-u)(1-v)P_{00}+(1-u)vP_{01}+u(1-v)P_{10}+uvP_{11}$$

该曲面是一双曲抛物面（马鞍面）。

（2）双二次 Bézier 曲面的表示式为

$$P(u,v)=\sum_{i=0}^{2}\sum_{j=0}^{2}P_{ij}B_{i,2}(u)B_{j,2}(v)$$

该曲面的四条边界是抛物线。

（3）双三次 Bézier 曲面的表示式为

$$P(u,v)=\sum_{i=0}^{3}\sum_{j=0}^{3}P_{ij}B_{i,3}(u)B_{j,3}(v)$$

如图 5-11 所示，双三次 Bézier 曲面的 4 条边界线都是三次 Bézier 曲线，可通过控制内部的 4 个控制顶点 P_{11}、P_{12}、P_{21}、P_{22} 来控制曲面内部的形态。

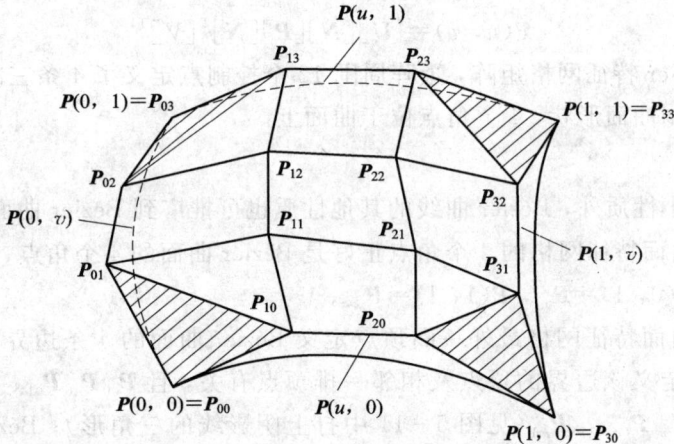

图 5-11　双三次 Bézier 曲面及边界信息

根据图中特征网格的 16 个顶点，可导出特征矩阵

$$[P]=\begin{bmatrix}P(0,0)&P(0,1)&P(0,2)&P(0,3)\\P(1,0)&P(1,1)&P(1,2)&P(1,3)\\P(2,0)&P(2,1)&P(2,2)&P(2,3)\\P(3,0)&P(3,1)&P(3,2)&P(3,3)\end{bmatrix}$$

双三次 Bézier 曲面的数学表达式为

$$P(u, v) = \begin{bmatrix} (1-u)^3 & 3u(1-u)^2 & 3u^2(1-u) & u^3 \end{bmatrix} \times [P] \times \begin{bmatrix} 1-v \\ 3v(1-v)^2 \\ 3v^2(1-v) \\ v^3 \end{bmatrix}$$

$$= \begin{bmatrix} u^3 & u^2 & u & 1 \end{bmatrix} \begin{bmatrix} -1 & 3 & -3 & 1 \\ 3 & -6 & 3 & 0 \\ -3 & 3 & 0 & 0 \\ 1 & 0 & 0 & 0 \end{bmatrix} \begin{bmatrix} P(0,0) & P(0,1) & P(0,2) & P(0,3) \\ P(1,0) & P(1,1) & P(1,2) & P(1,3) \\ P(2,0) & P(2,1) & P(2,2) & P(2,3) \\ P(3,0) & P(3,1) & P(3,2) & P(3,3) \end{bmatrix}$$

$$\cdot \begin{bmatrix} -1 & 3 & -3 & 1 \\ 3 & -6 & 3 & 0 \\ -3 & 3 & 0 & 0 \\ 1 & 0 & 0 & 0 \end{bmatrix} \begin{bmatrix} v^3 \\ v^2 \\ v \\ 1 \end{bmatrix}$$

其中，令

$$[N] = \begin{bmatrix} -1 & 3 & -3 & 1 \\ 3 & -6 & 3 & 0 \\ -3 & 3 & 0 & 0 \\ 1 & 0 & 0 & 0 \end{bmatrix}$$

$$[V] = \begin{bmatrix} v^3 & v^2 & v & 1 \end{bmatrix}$$

$$[U] = \begin{bmatrix} u^3 & u^2 & u & 1 \end{bmatrix}$$

则

$$P(u, v) = [U][N][P][N]^{\mathrm{T}}[V]^{\mathrm{T}}$$

$[P]$ 为双三次 Bézier 特征网格矩阵，矩阵周围 12 个控制点定义了 4 条三次 Bézier 曲线，中间 4 个控制点控制曲面形状，4 个角点位于曲面上。

3. 性质

除了变差减小性质外，Bézier 曲线的其他性质也可推广到 Bézier 曲面。

(1) Bézier 曲面特征网格的 4 个角点正好是 Bézier 曲面的 4 个角点，即 $P(0,0) = P_{00}$，$P(1,0) = P_{m0}$，$P(0,1) = P_{0n}$，$P(1,1) = P_{mn}$。

(2) Bézier 曲面特征网格最外一圈顶点定义 Bézier 曲面的 4 条边界；Bézier 曲面边界的跨界切矢只与定义该边界的顶点及相邻一排顶点有关，且 $P_{00}P_{10}P_{01}$、$P_{0n}P_{1n}P_{0(n-1)}$、P_{mn} $P_{m(n-1)}P_{(m-1)n}$ 和 $P_{m0}P_{(m-1)0}P_{m1}$（见图 5-11 中打上阴影线的三角形）；Bézier 曲面边界的跨界二阶导矢只与定义该边界的及相邻两排顶点有关。

(3) 几何不变性。

(4) 对称性。

(5) 凸包性。

5.3.2　B 样条曲面

给定参数轴 u 和 v 的结点矢量 $U = [u_0, u_1, \cdots, u_{m+p}]$ 和 $V = [v_0, v_1, \cdots, v_{n+q}]$，$p \times q$

阶 B 样条曲面定义如下：

$$P(u, v) = \sum_{i=0}^{m} \sum_{j=0}^{n} P_{ij} N_{i, p}(u) N_{j, q}(v)$$

式中，$P_{ij}(i=0, 1, \cdots, m; j=0, 1, \cdots, n)$ 是给定空间的 $(m+1) \times (n+1)$ 个点列，构成一张控制网格，称为 B 样条曲面的特征网格。$N_{i, p}(u)$ 和 $N_{j, q}(v)$ 是 B 样条基，分别由结点矢量 U 和 V 按 de Boor – Cox 递推公式决定。

B 样条曲面的几种表达形式有：

（1）双一次 B 样条曲面的表示式为

$$P(u, v) = \begin{bmatrix} (1-u) & u \end{bmatrix} \begin{bmatrix} P(0, 0) & P(0, 1) \\ P(1, 0) & P(1, 1) \end{bmatrix} \begin{bmatrix} 1-v \\ v \end{bmatrix}$$

该曲面是一双曲抛物面（马鞍面）。

（2）双二次 B 样条曲面的表示式为

$$P(u, v) = \frac{1}{4} \begin{bmatrix} u^2 & u & 1 \end{bmatrix} \begin{bmatrix} P(0, 0) & P(0, 1) & P(0, 2) \\ P(1, 0) & P(1, 1) & P(1, 2) \\ P(2, 0) & P(2, 1) & P(2, 2) \end{bmatrix} \begin{bmatrix} 1 & -2 & 1 \\ -2 & 2 & 1 \\ 1 & 0 & 0 \end{bmatrix} \begin{bmatrix} v^2 \\ v \\ 1 \end{bmatrix}$$

该曲面的 4 条边界是抛物线。

（3）双三次 B 样条曲面的表示式为

$$P(u, v) = \frac{1}{36} \begin{bmatrix} u^3 & u^2 & u & 1 \end{bmatrix} \begin{bmatrix} -1 & 3 & -3 & 1 \\ 3 & -6 & 3 & 0 \\ -3 & 0 & 3 & 0 \\ 1 & 4 & 1 & 0 \end{bmatrix}$$

$$\begin{bmatrix} P(0, 0) & P(0, 1) & P(0, 2) & P(0, 3) \\ P(1, 0) & P(1, 1) & P(1, 2) & P(1, 3) \\ P(2, 0) & P(2, 1) & P(2, 2) & P(2, 3) \\ P(3, 0) & P(3, 1) & P(3, 2) & P(3, 3) \end{bmatrix}$$

$$\begin{bmatrix} -1 & 3 & -3 & 1 \\ 3 & -6 & 0 & 4 \\ -3 & 3 & 3 & 1 \\ 1 & 0 & 0 & 0 \end{bmatrix} \begin{bmatrix} v^3 \\ v^2 \\ v \\ 1 \end{bmatrix}$$

其中，令

$$[F] = \begin{bmatrix} -1 & 3 & -3 & 1 \\ 3 & -6 & 3 & 0 \\ -3 & 0 & 3 & 0 \\ 1 & 4 & 1 & 0 \end{bmatrix}$$

$$[V] = \begin{bmatrix} v^3 & v^2 & v & 1 \end{bmatrix}$$

$$[U] = \begin{bmatrix} u^3 & u^2 & u & 1 \end{bmatrix}$$

则

$$P(u, v) = \frac{1}{36}[U][F][P][F]^{\mathrm{T}}[V]$$

[F]为 B 特征矩阵且为 16 个网格点的角点信息。

B 样条曲线的一些几何性质可以推广到 B 样条曲面。

5.4 习 题

1. 两条参数曲线 $r(t)=(t^2-2t, t)(0 \leqslant t \leqslant 1)$ 和 $s(t)=(t^2-1, t+1)(0 \leqslant t \leqslant 1)$ 在某点拼接,即有 $r(t_1)=s(t_2)$,求出该点,并证明两条曲线在该点达到 C^1 和 G^1 连续。

2. 已知四个控制点的坐标为 $P_0(0, 0, 0)$、$P_1(2, 2, -2)$、$P_2(2, -1, -1)$、$P_3(3, 0, 0)$,给出三次 Bézier 曲线的参数方程,并计算参数 $t(0 \leqslant t \leqslant 1)$ 为 0.5 处曲线参数方程的值。

3. 试证明对双三次 Bézier 曲面 $P(u, v)$,当 $u=v=0$ 时,$P(0, 0)=9[(P_{11}-P_{01})-(P_{10}-P_{00})]$。

4. 编程实现二次 Bézier 曲线和二次 B 样条曲线。

第6章　真实感图形

真实感图形学主要研究计算机中三维场景的真实逼真图形图像的生成算法，它与数学、物理、心理学以及人的视觉系统都有很大的联系。通常，在计算机图形设备上生成真实感图形需要以下的过程：首先，建立三维场景的数学模型，其中的物体可以由基本的几何要素构成，如点、线、多边形等；然后，进行取景变换和透视变换，将三维几何描述变换为二维画面，变换时需要选择观察场景的视点、视方向和视域；此外，还要进行消隐处理，区分所有的可见面和不可见面，以消除图形的歧义性，增强图形的远近、深浅感觉；最后，需给出各种物体的颜色信息，既可以显式地指定，也可以由特定的光照条件决定，还可以通过向物体粘贴纹理来给定。

本章将对上面提到的消除隐藏线（面）技术，以及光照技术、纹理技术和颜色视觉进行介绍。

6.1　线　消　隐

线消隐处理对象为线框模型，是以场景中的物体为处理单元，将一个物体与其余的 $k-1$ 个物体逐一比较，仅显示它可见的表面以达到消隐的目的。

1. 凸多面体的隐藏线消隐

凸多面体是由若干个平面围成的物体。假设这些平面方程为

$$a_i x + b_i y + c_i z + d_i = 0 \qquad (i = 1, 2, \cdots, n)$$

那么物体内一点 $P_0(x_0, y_0, z_0)$ 满足 $a_i x_0 + b_i y_0 + c_i z_0 + d_i < 0$，平面法矢量 (a_i, b_i, c_i) 指向物体外部。此凸多面体在以视点为顶点的视图四棱锥内，视点与第 i 个面上一点连线的方向为 (l_i, m_i, n_i)。那么第 i 个面为自隐藏面的判断方法是

$$(a_i, b_i, c_i) \times (l_i, m_i, n_i) > 0$$

对于任意凸多面体，可先求出所有隐藏面，然后检查每条边，若相交于某条边的两个面均为自隐藏面，那么根据任意两个自隐藏面的交线为自隐藏线可知该边为自隐藏边。

2. 凹多面体的隐藏线消隐

凹多面体的隐藏线消除比较复杂。假设凹多面体用它的表面多边形的集合表示，消除隐藏线的问题可归结为：一条空间线段 $P_1 P_2$ 和一个多边形 a，判断线段是否被多边形遮挡。如果被遮挡，求出隐藏部分。以视点为投影中心，把线段与多边形顶点投影到屏幕上，将各对应投影点连线的方程联立求解，即可求得线段与多边形投影的交点。

如果线段与多边形的任何边都不相交，则有两种可能，即线段投影与多边形投影分离或线段投影在多边形投影中。前一种情况下，线段完全不可见；后一种情况下，线段完全隐藏或完全可见。然后，通过线段中点向视点延伸，若此射线与多边形相交，相应线段被多边形隐藏；否则，线段完全可见。

若线段与多边形有交点，那么多边形的边把线段投影的参数区间[0，1]分割成若干个子区间，每个子区间对应一条子线段，每条子线段上的所有点具有相同的隐藏性，如图6-1所示。为进一步判断各子线段的隐藏性，首先要判断该子线段是否落在该多边形投影内。对于子线段与多边形的隐藏关系的判定方法与上述整条线段与多边形无交点时的判定方法相同。

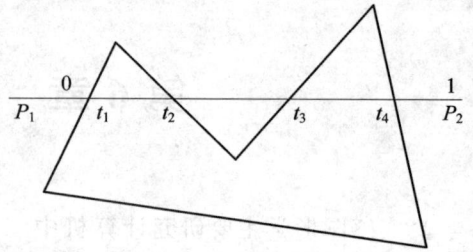

图 6-1 线段投影被分为若干子线段

把上述线段与所有需要比较的多边形依次进行隐藏性判断，记下各条边隐藏子线段的位置，最后对所有这些区域进行求并集运算，即可确定总的隐藏子线段的位置，余下的子线段则是可见子线段。

6.2 面 消 隐

面消隐处理对象为填色图模型，是以窗口内的每个像素为处理单元，确定在每一个像素处，场景中的物体哪个距离观察点最近(可见的)，从而用它的颜色来显示该像素。

6.2.1 画家算法

画家算法的原理是：先将屏幕置成背景色，再把物体的各个面按其离视点的远近进行排序，离视点远者在表头，离视点近者在表尾，排序结果存在一张深度优先级表中。然后按照从表头到表尾的顺序逐个绘制各个面。由于后显示的图形取代先显示的画面，而后显示的图形所代表的面离视点更近，因此由远及近地绘制各面，就相当于消除隐藏面。这与油画作家作画的过程类似，先画远景，再画中景，最后画近景。由于这个原因，该算法习惯上被称为画家算法或列表优先算法。

下面给出了一种建立深度优先级表的方法。首先，可根据每个多边形顶点 z 坐标的极小值 Z_{min} 的大小把多边形作一初步的排序。设 Z_{min} 最小的多边形为 P，它暂时成为优先级最低的一个多边形。把多边形序列中某一个其他多边形记为 Q，有 $Z_{min}(P) < Z_{min}(Q)$。若 $Z_{max}(P) < Z_{min}(Q)$，则 P 肯定不能遮挡 Q。若 $Z_{max}(P) > Z_{min}(Q)$，则必须进一步作以下五项检查：

(1) P 和 Q 在 oxy 平面上投影的包围盒在 x 方向上不相交；

(2) P 和 Q 在 oxy 平面上投影的包围盒在 y 方向上不相交；

(3) P 和 Q 在 oxy 平面上的投影不相交；

(4) P 的各顶点均在 Q 的远离视点的一侧；

(5) Q 的各顶点均在 P 的靠近视点的一侧。

上面的五项只要有一项成立，P 就不遮挡 Q。如果所有测试都失败，就必须对两个多边形在 xy 平面上的投影作求交运算。计算时不必具体求出重叠部分，在交点处进行深度比较，只要能判断出前后顺序即可。若遇到多边形相交或循环重叠的情况，还必须在相交处分割多边形，然后进行判断。

画家算法原理简单，其关键是如何对场景中的物体按深度排序。它的缺点是只能处理互不相交的面，而且深度优先级表中面的顺序可能出错。在两个面相交及三个以上的面重叠的情形，用任何排序方法都不能排出正确的序。这时只能把有关的面进行分割后再排序。

6.2.2　深度缓存算法

如图 6-2 所示，深度缓存算法需要两个数组：一个是深度缓存数组 ZB(Z-Buffer，Z缓冲器)，另一个是颜色属性数组 CB(Color-Buffer，帧缓冲器)。这两个数组的大小和屏幕上显示图形的区域(即视口)的大小有关，等于视口的宽度(横向像素数)m 和高度(纵向像素数)n 的乘积。

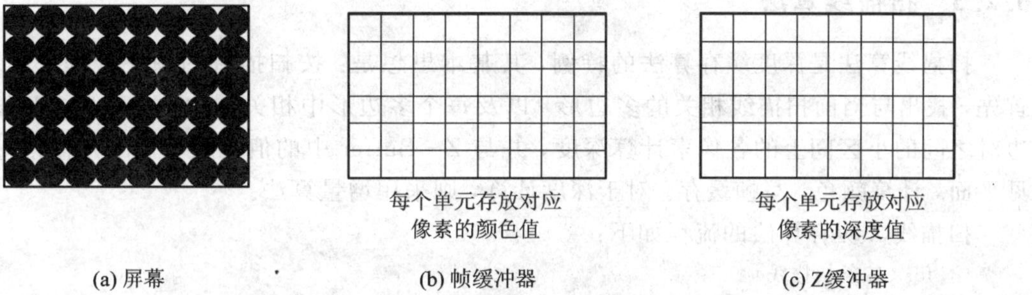

每个单元存放对应　　　　　　每个单元存放对应
像素的颜色值　　　　　　　　像素的深度值

(a) 屏幕　　　　　　　　(b) 帧缓冲器　　　　　　　　(c) Z缓冲器

图 6-2　深度缓存算法示意图

深度缓存算法的基本思想和消隐过程是：首先给深度缓存数组中的每个单元赋初值，如果视点的方向是 z 轴的反向，一般取初始值为 z 的最小值；颜色属性数组中的每个单元的初值可设成背景颜色值。图形消隐的过程就是决定 Z 缓冲器和帧缓冲器中相应单元的深度和颜色值的过程。通过扫描转换，依次把每一个面离散成为像素点，逐个将像素点的深度值(z 坐标值)和 Z 缓冲器中相应单元的值进行比较。如果前者大于后者，则用当前像素点的颜色值替换帧缓冲器的相应单元的颜色值，同时 Z 缓冲器中相应单元的值也要改成当前这个像素点的 z 坐标值；反之，如果这点的 z 坐标值小于 Z 缓冲器中的值，则说明对应像素已经显示了对象上一个点的属性，该点要比当前考虑的点更接近视点。因此，保持 Z 缓冲器和帧缓冲器中的值不变。处理完显示对象的所有面之后，帧缓冲器中便得到了消隐输出的图形。

Z-Buffer 算法流程如下：

```
for (i=0, 1, …, m)
    for (j=1, …, n)
    {
        用背景色初始化帧缓存 CB：CB(i, j)=背景色；
        用最小 Z 值初始化深度缓存：ZB(i, j)=Zmin；
    }
for(每一个多边形)
{ 将该多边形进行投影变换；
    扫描转换该多边形在视平面上的投影多边形；
    for(该多边形所覆盖的每个像素(i, j))
```

```
{ 计算该多边形在该像素的深度值 Z_{i,j};
    if(Z_{i,j}>ZB(i,j))
    {
        ZB(i,j) = Z_{i,j};
        计算该多边形在该像素的颜色值 C_{i,j};
        CB(i,j)=C_{i,j};
    }
}
}
```

6.2.3 扫描线算法

扫描线算法是深度缓存算法的特例,其基本思想是:按扫描行的顺序处理一帧画面。首先,找出与当前扫描线相关的多边形,以及每个多边形中相关的边对。然后,对每一个边对之间的小区间上的各像素计算深度,并与 Z - Buffer 中的值比较,找出各像素处的可见平面,计算颜色,写帧缓存。对于深度计算,则采用增量算法。

扫描线 Z 缓存算法的流程如下:

```
for (各条扫描线)
{
    扫描线帧缓冲器置为背景色;
    扫描线 Z 缓冲器置为最小 z 值;
    for(每一个多边形)
    { 将该多边形进行投影变换;
        求多边形与当前扫描线的二维投影之间的交点;
        for(每一对交点之间所含像素)
        { if(该像素的 z 值大于 Z 缓冲器在该处的 z 值)
            {
                用多边形在该像素处的 z 值取代 Z 缓冲器在该处的值;
                用多边形在该像素处的亮度值取代帧缓冲器在该处的值;
            }
        }
    }
    显示当前扫描线帧缓冲器的内容;
}
```

本算法不包含任何排序运算,但如果用每一条扫描线对所有多边形进行检查,效率仍然很低。算法在具体实现时,可采用有序边表的一种变化形式,即 Y 桶分类、活化多边形表和活化多边表,以提高算法的效率。这样,数据表必须进行如下一些预处理:

(1) 求出与每一多边形相交的最高扫描线;

(2) 将多边形链入对应该扫描线的 Y 桶中;

(3) 将每一多边形的下述数据存入链表中:穿过该多边形的扫描线条数 Δy,多边形边表,多边形所在平面方程系数(a,b,c,d),多边形的绘制属性(每个像素的亮度值)。

6.3 光 照 模 型

光照模型,又称为明暗模型,主要用于物体表面某点处的光强计算。光照射到物体表面时,光线可能被吸收、反射和透射。被物体吸收的那部分光转化为热。反射、透射的光进入人的视觉系统,使人们能看见物体。为模拟这一现象,常用一些相对简单的数学模型来替代复杂的物理模型。在已知物体的物理形态和光源性质的条件下,计算场景的光照效果所用的数学模型称为光照模型。

6.3.1 简单光照模型

简单光照模型假定光源为点光源,即光源尺寸小于物体的尺寸,并且离物体足够远;假定物体是非透明的,透视光可忽略不计;假定物体表面是光滑的且由理想材料构成;仅考虑光源照射在物体表面产生的反射光,而物体间的光反射作用只用环境光来表示。下面介绍简单光照模型中的各个组成部分。

1. 漫反射光

粗糙、无光泽的物体表面呈现漫反射。漫反射光是由表面的粗糙不平引起的,它均匀地向各方向传播,与视点无关,因而漫反射光的空间分布是均匀的。如果入射光强为 I_p,物体表面上点 P 的法向为 N,从点 P 指向光源的向量为 L,两者间的夹角为 θ,由 Lambert 定律,可知一个完全漫反射体上反射出来的光强同入射光与物体表面法线之间夹角的余弦成正比,即

$$I_d = I_p K_d \cos\theta$$

其中,K_d 是漫反射系数,$0 \leqslant K_d \leqslant 1$,取决于物体表面的材料。

2. 镜面反射光

光滑的物体表面呈现镜面反射。对于理想镜面,反射光集中在一个方向,并遵守反射定律。对一般的光滑表面,反射光集中在一个范围内,且由反射定律决定的反射方向光强最大。因此,对于同一点来说,从不同位置所观察到的镜面反射光强是不同的。如果入射光强为 I_p,物体表面上点 P 的视线方向为 V,点 P 的反射方向为 R,两者间的夹角为 α,则镜面反射光强可表示为

$$I_s = I_p K_s (\cos\alpha)^n$$

其中,K_s 是与物体有关的镜面反射系数;n 为反射指数,反映了物体表面的光泽程度,一般为 $1 \sim 2000$,n 越大,物体表面越光滑。在反射方向附近形成的很亮的光斑,称为高光现象,是由于镜面反射光沿反射方向汇聚的结果。

3. 环境光

环境光是指光源间接对物体的影响,是在物体和环境之间多次反射,最终达到平衡时的一种光。我们近似地认为同一环境下的环境光,其光强分布是均匀的,它在任何一个方向上的分布都相同。例如,透过厚厚云层的阳光就可以称为环境光。在简单光照模型中,可以用一个常数来模拟环境光,即表示为

$$I_e = I_a K_a$$

其中，I_a 是环境光的光强，K_a 是物体对环境光的反射系数。

4. 简单光照模型的计算

已知简单光照模型为

$$I = I_a K_a + I_p K_d \cos\theta + I_p K_s (\cos\alpha)^n$$

也就是说，物体表面上一点 P 反射到视点的光强 I 为环境光的反射光强 I_e、漫反射光强 I_d 和镜面反射光强 I_s 的总和。简单光照模型中的几何量分布如图 6-3 所示。

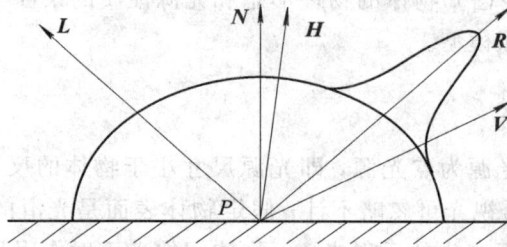

图 6-3 简单光照模型中的几何量分布

采用简单光照模型生成的图像可以模拟出不透明物体表面的明暗过渡，具有一定的真实感效果。但是在实际应用中，由于它是一个经验模型，还存在以下一些问题：显示出的物体如塑料，没有质感；环境光是常量，没有考虑物体之间相互的反射光；镜面反射的颜色是光源的颜色，与物体的材料无关；镜面反射的计算在入射角很大时会产生失真等。在后面的一些光照模型中，对上述的这些问题都作了一定的改进。

6.3.2 增量式光照模型

当今流行的显示系统是采用多边形表示物体，每一个多边形法向一致，因而多边形内部的像素的颜色都是相同的。在不同法向的多边形邻接处不仅有光强突变，还会产生马赫带效应，即人类视觉系统夸大不同光强的两个相邻区域之间的光强不连续性。为了保证多边形之间的光滑过渡，使连续的多边形呈现匀称的光强，应采用增量式光照模型。

增量式光照模型是在每一个多边形的顶点处计算出合适的光照强度或参数，然后在各个多边形内部进行均匀插值，得到多边形的光滑颜色分布。它的算法主要有两个：双线性光强插值和双线性法向插值，又分别被称为 Gouraud 明暗处理和 Phong 明暗处理。

1. Gouraud 明暗处理

Gouraud 明暗处理是先计算物体表面多边形各顶点的光强，然后用双线性插值，求出多边形内部区域中各点的光强。基本算法描述如下：

1）顶点法向计算

一个顶点由 3 个及以上的面汇集，将这些面的法向平均值近似为该顶点的法向量（此法向与该多边形物体近似的曲面的切平面法向比较接近）。假设顶点 V 相邻的多边形有 k 个，法向量分别为 N_1, N_2, $\cdots$, N_k，则顶点 V 的法向量取为

$$N_V = \frac{N_1 + N_2 + \cdots + N_k}{k}$$

2）顶点光强计算

在求出顶点 V 的法向量 N_V 后，可用光照模型计算出该顶点处的光强，并用此法求出

多边形各个顶点的光强。

　3）光强插值

　　用多边形顶点的光强进行双线性插值，先由顶点的光强插值计算各边的光强，然后由各边的光强插值计算出多边形内部点的光强。如图 6-4 所示，采用扫描线算法，参照直线的参数方程，计算出当前扫描线像素 P 处的光强值为

$$I_{L_1} = I_{V_1} + (I_{V_2} - I_{V_1})u \quad (0 \leqslant u \leqslant 1;\ u = 0,\ I_{L_1} = I_{V_1};\ u = 1,\ I_{L_1} = I_{V_2})$$

$$I_{L_2} = I_{V_2} + (I_{V_3} - I_{V_2})v \quad (0 \leqslant v \leqslant 1;\ v = 0,\ I_{L_2} = I_{V_2};\ v = 1,\ I_{L_2} = I_{V_3})$$

$$I_P = I_{L_1} + (I_{L_2} - I_{L_1})t \quad (0 \leqslant t \leqslant 1;\ t = 0,\ I_P = I_{L_1};\ t = 1,\ I_P = I_{L_2})$$

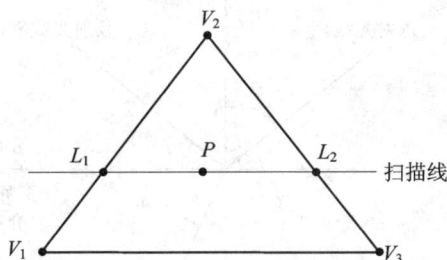

图 6-4　Gouraud 双线性光强插值算法

　　在这个算法中，线性插值与扫描线算法相互结合，扫描线上各点光强的计算可用增量算法加速。

　　设两相邻扫描线参数分别为 t_1 和 t_2，有

$$I_{P_1} = I_{L_1} + (I_{L_2} - I_{L_1})t_1 \quad 和 \quad I_{P_2} = I_{L_1} + (I_{L_2} - I_{L_1})t_2$$

两式相减得到沿扫描线的增量计算公式，即

$$I_{P_2} = I_{P_1} + (I_{L_2} - I_{L_1})(t_2 - t_1)$$

　　Gouraud 明暗处理的计算量分为两部分：计算初值（各顶点的光强）和插值。光强的线性插值可以利用扫描线算法快速完成，计算速度比以往的简单光照模型有了很大的提高，同时解决了相邻多边形之间的颜色突变问题，产生的真实感图像颜色过渡均匀，因此 Gouraud 明暗处理算法应用甚广，尤其在应用于简单的漫反射光照模型时会有较好的效果。

　2. Phong 明暗处理

　　由于采用光强插值，Gouraud 明暗模型的镜面反射效果不太理想，而且相邻多边形的边界处的马赫带效应不能被完全消除。

　　为了修正这些问题，Phong 提出先对多边形面上的每个点的法向量进行线性插值，然后依据该法向量对每个点重新计算光强。这种算法将镜面反射引进到明暗处理中，解决了高光问题，得到的效果要比 Gouraud 插值算法的好，但由于对每个点都要应用光照模型计算光强，运算量也就增大了很多。

　　插值公式与 Gouraud 明暗处理插值公式相似，将计算光强值式子中的 I 改为法向量 $\boldsymbol{N}$ 即可

$$\boldsymbol{N}_{L_1} = \boldsymbol{N}_{V_1} + (\boldsymbol{N}_{V_2} - \boldsymbol{N}_{V_1})u \quad (0 \leqslant u \leqslant 1;\ u = 0,\ \boldsymbol{N}_{L_1} = \boldsymbol{N}_{V_1};\ u = 1,\ \boldsymbol{N}_{L_1} = \boldsymbol{N}_{V_2})$$

$$\boldsymbol{N}_{L_2} = \boldsymbol{N}_{V_2} + (\boldsymbol{N}_{V_3} - \boldsymbol{N}_{V_2})v \quad (0 \leqslant v \leqslant 1;\ v = 0,\ \boldsymbol{N}_{L_2} = \boldsymbol{N}_{V_2};\ v = 1,\ \boldsymbol{N}_{L_2} = \boldsymbol{N}_{V_3})$$

$$N_P = N_{L_1} + (N_{L_2} - N_{L_1})t \ (0 \leqslant t \leqslant 1; \ t = 0, \ N_P = N_{L_1}; \ t = 1, \ N_P = N_{L_2})$$

6.3.3 透明处理

自然界中许多物体是透明的，例如，玻璃、明胶板、水等。Snell 定律指出：折射光与入射光位于同一平面内，且折射角和入射角之间存在下列关系：

$$\eta_1 \sin\theta = \eta_2 \sin\theta'$$

其中，θ 为入射角，θ' 为折射角，η_1 和 η_2 分别为光线在第一种介质和第二种介质中的折射率，如图 6-5 所示。

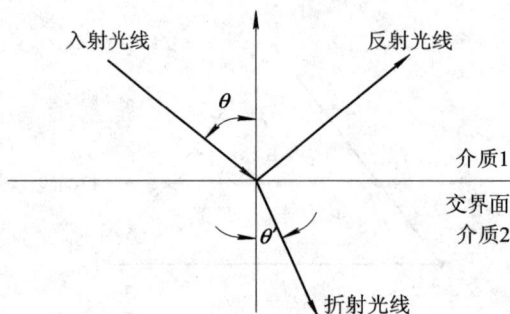

图 6-5 光线的反射与折射

最简单的透明算法不考虑折射的影响，也不考虑光线在介质中所经路径长度对光强的影响。这种简单算法是由 Newell 提出的，可描述如下：

对透明的多边形或表面注以标记。若可见面是透明面，则应取它与同它相距最近的另一表面光强的线性组合，并将所得如下光强写入帧缓冲器，可表示为

$$I = tI_1 + (1-t)I_2 \qquad (0 \leqslant t \leqslant 1)$$

式中，I_1 为可见面的光强，I_2 为可见面后第一个表面上的光强，t 为 I_1 所对应表面的透明度。$t = 0$，对应不可见面；$t = 1$，为不透明面。若 I_2 所对应表面也是透明面，则此算法可递归地进行下去，直到取到一个不透明面或背景时为止。

上述线性近似算法并不适用于曲面物体。这是因为在曲面的侧影线上，介质厚度增加，透明度降低。例如，在玻璃杯的边缘处，透明度明显比中间处低。为了更好地模拟这种透明效果，Kay 提出了一个基于曲面法矢量的 z 分量的简单非线性近似方法，即取透明系数为

$$t = t_{\min} + (t_{\max} - t_{\min})[1 - (1 - |\ n_z\ |^p)]$$

式中，$t_{\min}$ 和 $t_{\max}$ 分别为物体上的最小和最大透明度，n_z 为表面单位法矢量的 z 分量，而 p 为透明幂指数，t 为任一像素或物体上任一点处的透明度。

6.3.4 整体光照模型与光线跟踪

1980 年，Whitted 提出的整体光照模型在简单光照模型中增加了镜面反射和折射光两个因素，它除了考虑光源照射引起的反射光到达观察者的亮度之外，还考虑从场景中其他景物镜面反射或透视来的光亮度，因此需要采用光线跟踪算法。Whitted 整体光照模型将景物表面 P 点向观察者辐射的光亮度分为三部分，可以表示为

$$I = I_c + K_s I_s + K_t I_t$$

其中，I_c 是光源直接照射 P 点时产生的反射光强，由简单光照模型计算；I_s 是其他景物的镜面反射光到达 P 点而产生的光强；K_s 是 P 点的反射系数；I_t 是其他景物的折射光到 P 点而产生的光强；K_t 为 P 点的折射系数。

最基本的光线跟踪算法是跟踪镜面反射和折射。从光源发出的光射到物体的表面时，会发生反射和折射，光也就改变方向，沿着反射方向和折射方向继续前进，直到遇到新的物体。光源发出的光经反射与折射，只有很少部分可以进入人的眼睛。因此实际光线跟踪算法的跟踪方向与光的传播方向是相反的，是视线跟踪。

光线跟踪算法利用了光线的可逆性原理，即并不是从光源出发，而是从视点出发，沿视线方向进行追踪。考虑图 6-6(a)，观察者沿视线 V 出发，通过屏幕上一像素 e 的投射光线，求此光线与场景中最近物体的交点 P_1，在交点 P_1 处，光线沿 r_1 方向反射和沿 t_1 方向折射，于是在点 P_1 处生成两支光线，再继续追踪这两支光线，找出它们与场景中表面 2 的交点 P_2 和表面 3 的交点 P_3，在交点 P_2 和 P_3 处生成的两支光线分别为 r_2、t_2 和 r_3、t_3。重复以上追踪过程，直到每一支光线都不再与场景中的物体相交为止。整个追踪过程可用一棵树（称为光线树）来描述，如图 6-6(b) 所示。树的每一结点表示光线与表面的交点（根结点除外），其左子树表示表面的反射光线，右子树表示折射光线。

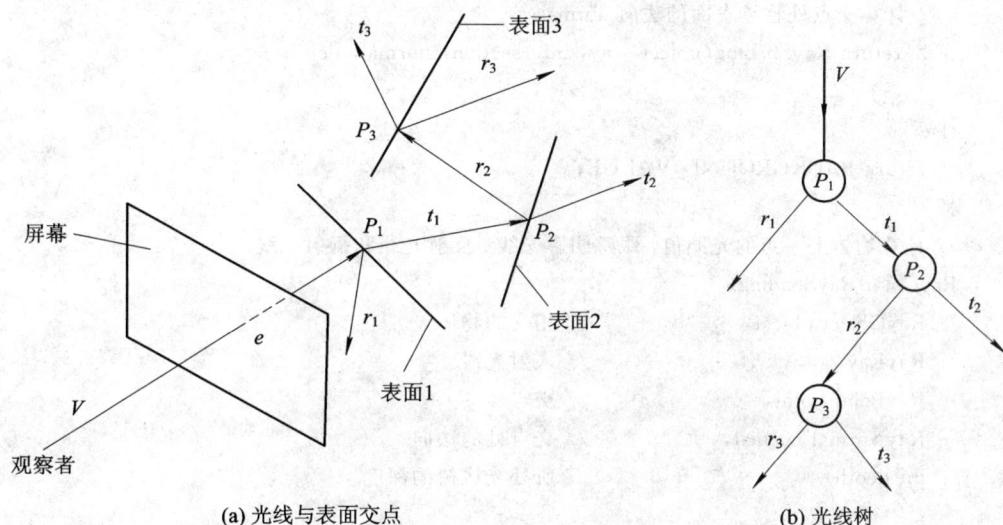

(a) 光线与表面交点　　　　　　　　　　　(b) 光线树

图 6-6　表面反射和折射的光线追踪

追踪过程从光线树的叶结点开始，累计光强贡献以确定像素 e 处的光强大小。树中每个结点处的光强由树中子结点处继承而来，但光强大小随距离长短而衰减。像素光强是光线树根结点处的衰减光强的总和。若像素光线与所有物体均不相交，光线树为空，该像素为背景光强。光线追踪的最大深度可由用户设定。

理论上，在理想的场景下，光线可以在景物之间进行无限的反射和折射，但是在算法的实际执行过程中不可能进行无穷的光线跟踪，因而需要给出一些跟踪的终止条件。一般可有以下几种终止条件：该光线未碰到任何景物；该光线碰到了背景；光线在经过许多次反射和折射以后，就会产生衰减，光线对于视点的光强贡献很小（小于某个设定值）；光线反射或折射次数即跟踪深度大于一定值。

最后，用伪代码的形式给出简单递归光线跟踪算法。光线跟踪的方向与光传播的方向相反，从视点出发。对于视屏上的每一个像素点，从视点作一条到该像素点的射线，调用该算法函数就可以确定这个像素点的颜色。算法描述如下：

```
选择投影中心以及视图平面上的窗口；
for(图像的每条扫描线)
{
    for(扫描线上的每个像素 pixel)
    { 确定从投影中心穿过 pixel 的光线 ray；
        pixel＝RayTracing(ray，1)；
    }
}
// 计算与物体的交点并计算最近交点的光照值
// depth 是光线树的当前深度
RayColor RayTracing(RayTracing ray，int depth)
{ 确定光线与某个物体 object 的最近交点 intersection；
    if(命中物体)
    { 计算交点处物体表面的法向 normal；
        return RayShading(object，ray，intersection，normal，depth)；
    }
else
    return BACKGROUND_VALUE；
}
// 计算物体上一点的光照值，跟踪阴影光线、反射光线和折射光线
RayColor RayShading(
    RayObject object，              // 相交的物体
    RayRay ray，                   // 入射光线
    RayPoint point，               // 交点
    RayNormal normal，             // 交点处的法向
    int depth)                    // 所处光线树的深度
{
    RayColor color；               // 光线的颜色
    RayRay rRay，tRay，sRay；       // 反射光线，折射光线，阴影光线
    RayColor rColor，tColor；       // 反射光线颜色和折射光线颜色
    color＝环境光颜色；
    for(每个光源)
    { sRay＝从交点到光源的光线；
        if(法向到光源方向的点积为正)
        { 计算被不透明物体和透明物体遮挡的光的量，
            并用该值乘漫射项和镜面反射项，然后加到 color；
        }
    }
```

```
if(depth＜maxDepth)                    // 如果深度太深，则返回
  {
    if(物体是发射体)
    { rRay＝从交点向反射方向发射的光线；
        rColor＝RayTracing(rRay, depth＋1)；
        将 rColor 与镜面反射系数相乘，并加到 color；
    }
    if(物体是透明体)
    {
        tRay＝从交点向折射方向发射的光线；
        if(没有发生全反射)
        { tColor＝RayTracing(tRay, depth＋1)；
            将 tColor 与镜面透视系数相乘，并加到 color；
        }
    }
  }
  return color；                        //返回光线的颜色值
}
```

6.4　纹　理

计算机图形学中，物体的表面细节称为纹理。纹理一般又分为两类：一类是颜色纹理，指光滑表面的花纹、图案，如刨光的木材木纹表面、大理石表面、墙上的贴画等，它们是通过颜色色彩或明暗度变化体现出来的表面细节；另一类是凹凸纹理或几何纹理，指粗糙的表面，如橘子表面的褶皱表皮、高尔夫球面、混凝土墙面等，它们是由不规则的细小凹凸造成的，是基于物体表面的微观几何形状的表面纹理。

从根本上说，纹理是物体表面的细小结构，可以用纹理映射的方法给计算机生成的图像加上纹理。纹理映射就是将在纹理空间中的 uv 平面上预先定义的二维纹理（图像、图形、函数等）映射到景物空间的三维物体表面，再进一步映射到图像空间的二维图像平面上，一般将两个映射合并为一个映射。因此纹理映射本质上是从一个坐标系到另一个坐标系的变换，如图 6-7 所示。

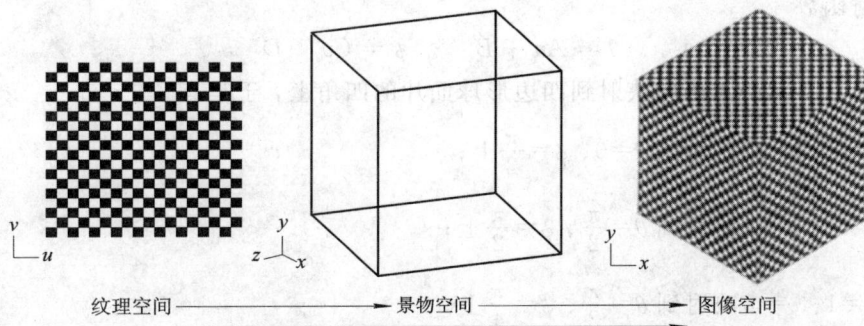

图 6-7　从纹理空间到景物空间，再到图像空间的映射

6.4.1　颜色纹理

生成颜色纹理的一般方法是：预先定义纹理模式，然后建立物体表面的点与纹理模式的点之间的对应关系。当物体表面的可见点确定之后，以纹理模式的对应点结合光照模型进行计算，就可将纹理模式附加到物体表面上。这种方法称为纹理映射。

假定花纹图案定义在纹理空间中的一个正交坐标系(u, v)中，而表面定义在另一个正交坐标系(θ, ϕ)中，这样，我们必须在两个空间中定义一个映射函数，即

$$\theta = f(u, v) \qquad \phi = g(u, v)$$

或

$$u = r(\theta, \phi) \qquad v = s(\theta, \phi)$$

通常假定映射函数是一个线性函数，如

$$\theta = Au + B \qquad \phi = Cv + D$$

式中，A、B、C、D为待定系数，它们可由两个坐标系中已知点之间的关系而得到。

考虑图6-8(a)所示图案为相交直线组成的二维网格，图6-8(b)为位于一卦限之内的球面片，现在要将该图案映射到球面片上。

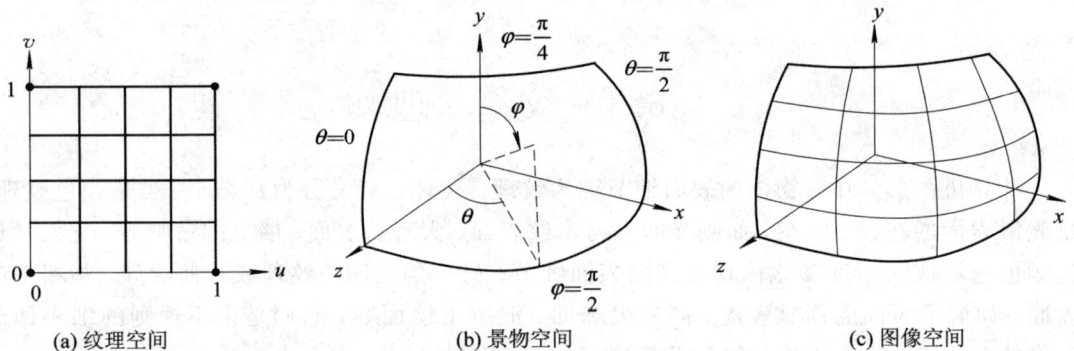

(a) 纹理空间　　　　　　　　(b) 景物空间　　　　　　　　(c) 图像空间

图6-8　纹理映射

球面片的参数表示式为

$$\begin{cases} x = \sin\theta \, \sin\phi \\ y = \cos\phi \\ z = \cos\theta \, \sin\phi \end{cases} \qquad 0 \leqslant \theta \leqslant \frac{\pi}{2} \qquad \frac{\pi}{4} \leqslant \phi \leqslant \frac{\pi}{2}$$

取线性映射函数

$$\theta = Au + B \qquad \phi = Cv + D$$

并假定四边形图案的四角点映射到四边形球面片的四角上，于是有

(1) $u=0$、$v=0$ 映射到 $\theta=0$、$\phi=\dfrac{\pi}{2}$ 上；

(2) $u=1$、$v=0$ 映射到 $\theta=\dfrac{\pi}{2}$、$\phi=\dfrac{\pi}{2}$ 上；

(3) $u=1$、$v=1$ 映射到 $\theta=\dfrac{\pi}{2}$、$\phi=\dfrac{\pi}{4}$ 上。

将它们代入映射函数，可解得

$$A = \frac{\pi}{2}, \quad B = 0, \quad C = -\frac{\pi}{4}, \quad D = \frac{\pi}{2}$$

可知由 uv 空间到 $\theta\phi$ 空间的线性映射函数为

$$\theta = \frac{\pi}{2}u, \quad \phi = \frac{\pi}{2} - \frac{\pi}{4}v$$

由 $\theta\phi$ 空间到 uv 空间的逆映射函数为

$$u = \frac{\theta}{\frac{\pi}{2}}, \quad v = \frac{\frac{\pi}{2} - \phi}{\frac{\pi}{4}}$$

最后将 uv 空间中的一条直线 $u = \frac{1}{4}(0 \leqslant v \leqslant 1)$ 映射到 $\theta\phi$ 空间，然后代入球面片的参数方程换算到 xyz 坐标系，运算结果如表 6-1 所示。映射的完整结果见图 6-8(c)。

表 6-1　映射的运算结果

参数	u	v	θ	ϕ	x	y	z
	1/4	0	$\pi/8$	1/4	0.38	0	0.92
	—	1/4		$7\pi/16$	0.38	0.20	0.91
值	—	1/2	—	$3\pi/8$	0.35	0.38	0.85
	—	3/4		$5\pi/16$	0.32	0.56	0.77
	—	1		$\pi/4$	0.27	0.71	0.65

显示在表面上的花纹图案除了考虑由纹理空间到物体（对象）空间的坐标变换外，还涉及物体空间到图像空间的映射，此外还需进行适当的视图变换。

6.4.2　凹凸纹理

虽然纹理映射可用于添加精致的表面细节，但它用于模拟粗糙的物体表面时，如橘子、草莓和葡萄干皮等，则不合适。纹理图案的光照细节通常与场景中的光照方向不一一对应。生成物体表面凹凸效果的较好方法是在光照模型计算中使用扰动法向量，该技术被称为凹凸映射。

假定物体表面为一参数曲面 $P(u, v)$，现考虑其表面上任一点处的法矢量 N，显然有

$$N = P^u \times P^v$$

式中，P^u、P^v 分别为沿 u 方向和 v 方向的偏导矢量。

为了在表面上产生凹凸纹理，我们在表面上的每一采样点处沿法线方向附加一个以扰动函数 $b(u, v)$ 作为分量的矢量，从而得到一个新的表面 $Q(u, v)$，其任一点的位置矢量为

$$Q(u, v) = P(u, v) + b(u, v)n$$

其中，$n = \dfrac{N}{|N|}$，是表面单位法矢量。

新表面 $Q(u, v)$ 在表面任一点处的法矢量为

$$N' = Q^u \times Q^v$$

式中，偏导矢量 Q^u、Q^v 可分别写为

$$Q^u = \frac{\partial(P+bn)}{\partial u} = P^u + b^u n + b n^u$$

$$Q^v = \frac{\partial(P+bn)}{\partial v} = P^v + b^v n + b n^v$$

由于粗糙表面的凹凸高度相对于表面尺寸一般要小得多，也就是扰动函数 $b(u, v)$ 很小，因此上式的最后一项可以略去，从而得到

$$Q^u = P^u + b^u n$$

$$Q^v = P^v + b^v n$$

扰动后的表面法矢量为

$$N' = Q^u \times Q^v = (P^u + b^u n) \times (P^v + b^v n)$$

$$= P^u \times P^v + b^u(n \times P^v) + b^v(P^u \times n) + b^u b^v(n \times n)$$

因为 $n \times n = 0$，故上式最后一项为 0，于是有

$$N' = P^u \times P^v + b^u(n \times P^v) + b^v(P^u \times n)$$

上式中的第一项为扰动前的表面法矢量 N，而后两项为原表面法矢量的扰动项，N' 经单位规范化后用于光照模型中产生扰动作用。图 6-9 用一个一维参数空间的例子说明这个凹凸纹理模拟的概念，法矢量的方向和长度都被扰动。

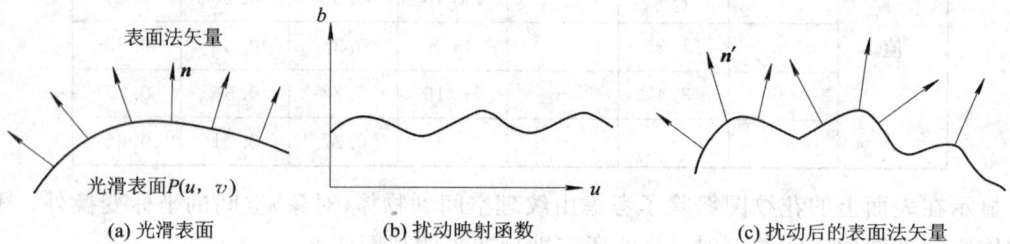

(a) 光滑表面　　　　　(b) 扰动映射函数　　　　　(c) 扰动后的表面法矢量

图 6-9　一维的扰动映射模拟

偏导数存在的任一函数几乎都可作为纹理扰动函数，它可以是简单的网格图案、字符位映射、Z 缓冲器以及随意手描的花纹图案，等等。

6.5　颜　色　模　型

6.5.1　基本概念

颜色是外来的光刺激作用于人的视觉器官而产生的主观感觉，因此物体的颜色不仅取决于物体本身，还与光源、周围环境的颜色，以及观察者的视觉系统有关系。

可以从两个方面来描述颜色的特性。从心理学和视觉的角度出发，颜色有如下三个特性：色调（Hue）、饱和度（Saturation）和亮度（Lightness）。色调是一种颜色区别于其他颜色的因素，也就是我们平常所说的红、绿、蓝、紫等；饱和度是指颜色的纯度，鲜红色的饱和度高，而粉红色的饱和度低；亮度就是光的强度，是光给人的刺激的强度。从光学物理学的角度出发，颜色的三个特性分别为：主波长（Dominant Wavelength）、纯度（Purity）和明度（Luminance）。主波长是产生颜色光的波长，对应于视觉感知的色调；光的纯度对应于饱

和度；明度就是光的亮度。

在三维空间中，我们可以用一个纺锤体把颜色的三种基本特性表示出来（见图 6 - 10）。在颜色纺锤体的垂直轴线上表示白黑系列的亮度变化，顶部是白色，沿着灰度过渡，到底部是黑色。在垂直轴线的上下方向上，越往上，亮度越大。色调由水平的圆周表示，圆周上的不同角度的点代表了不同色调的颜色，如红、橙、黄、绿、青、蓝、紫等；圆周中心的色调是中灰色，它的亮度和该水平圆周上各色调的亮度相同。从圆心向圆周过渡表示同一色调下饱和度的提高。在颜色纺锤体的一个平面圆形上，它们的色调和饱和度不同，但亮度是相同的。

由于颜色是因外来光刺激而使人产生的某种感觉，因此我们有必要了解一些光的知识。从根本上讲，光是人的视觉系统能够感知到的电磁波，它的波长在 400～700 nm 之间，正是这些电磁波使人

图 6 - 10　颜色纺锤体

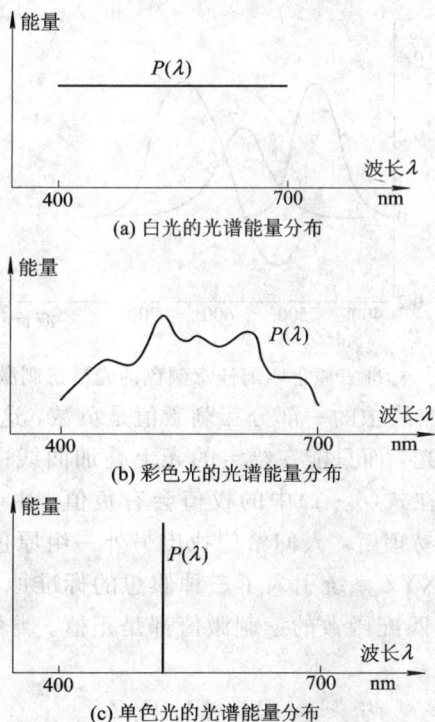

产生了红、橙、黄、绿、青、蓝、紫等的颜色感觉。某种光可以由它的光谱能量分布 $P(\lambda)$ 来表示，其中 λ 是波长，当一束光的各种波长的能量大致相等时，我们称其为白光；若其中各波长的能量分布不均匀，则称它为彩色光；一束光只包含一种波长的能量，而其他波长都为零时，称它是单色光。它们的光谱能量分布如图 6 - 11 所示。

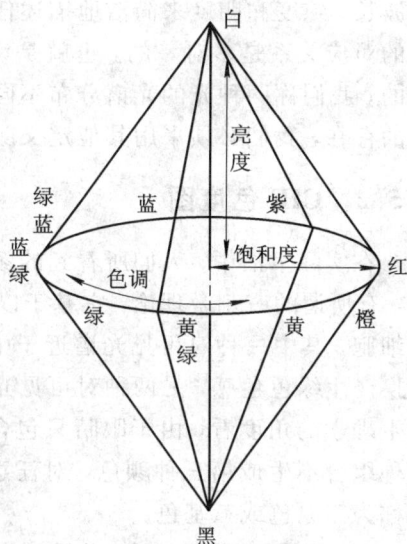

(a) 白光的光谱能量分布

(b) 彩色光的光谱能量分布

(c) 单色光的光谱能量分布

图 6 - 11　光谱能量分布

由光线的光谱能量分布来定义我们所看到的颜色是十分麻烦的，事实上，我们可以用主波长、纯度和明度来简洁地描述任何光谱分布的视觉效果。由实验结果知道，光谱与颜色的对应关系是多对一的，也就是说，具有不同光谱分布的光产生的颜色感觉有可能是一样的。我们称两种光的光谱分布不同、而颜色相同的现象为"异谱同色"。也是由于这种现象的存在，我们必须采用其他定义颜色的方法，使光本身与颜色一一对应。

6.5.2 CIE 色度图

在实际生活中，人们所看到的颜色几乎都是混合色，纯的单色光很少见。关于颜色混合，有所谓的三刺激理论，它基于以下假设：人的眼睛中央部位有三种类型的颜色敏感锥状细胞，其中一种对可见光谱近于中间位置的光波敏感，这种光波经过人的眼睛视觉系统转换产生绿色色感，另两种对可见光谱的上、下端的光波敏感，它们分别识别红色和蓝色。从生理学的角度看，由于眼睛只包含三种不同类型的锥状细胞，因此只要三种颜色中任意两种组合不生成第三种颜色，对任意三种颜色适当混合都可以产生白光的视觉。这三种颜色称为三原色或三基色。

CIE（国际照明委员会）选取的标准红、绿、蓝三种光的波长分别为：红光（R），$\lambda_1 = 700$ nm；绿光（G），$\lambda_2 = 546$ nm；蓝光（B），$\lambda_3 = 435.8$ nm。光颜色的匹配函数定义为

$$c = rR + gG + bB \tag{6-1}$$

其中，权值 r、g、b 为颜色匹配中所需要的 R、G、B 三色光的相对量，也就是三刺激的值。1931 年，CIE 给出了用等能标准三原色来匹配任意颜色的光谱三刺激值曲线（见图6-12），这样的一个系统被称为 CIE-RGB 系统。

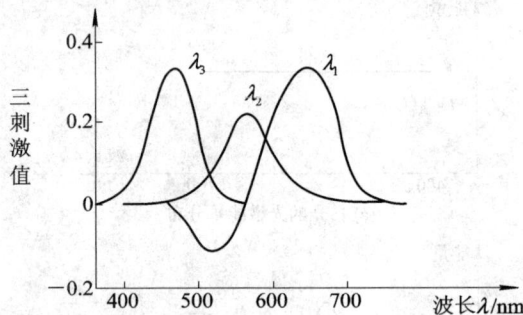

图 6-12 标准三原色匹配任意颜色的光谱三刺激值曲线

我们发现，图6-12的曲线中的一部分三刺激值是负数，这表明我们不可能靠混合红、绿、蓝三种光来匹配对应的光，而只能在给定的光上叠加曲线中负值对应的原色，来匹配另两种原色的混合，对应于在式（6-1）中的权值会有负值。由于实际上不存在负的光强，而且这种计算极不方便，不易理解，人们希望找出另外一组原色，用于代替 CIE-RGB 系统，因此，1931 年的 CIE-XYZ 系统引入了三种假想的标准原色 X（红）、Y（绿）、Z（蓝），以便使我们能够得到的颜色匹配函数的三刺激值都是正值。类似地，该系统的光颜色匹配函数可定义为

$$c = xX + yY + zZ$$

在这个系统中，任何颜色都能由三个标准原色的混合（三刺激值是正的）来匹配。这样

我们就解决了用怎样的三原色比例混合来复现给定的颜色光的问题。下面我们来解释一下得到的上述比例是否唯一的问题。

我们知道，用 R、G、B 三原色(实际上是 CIE－XYZ 标准原色)的单位向量可以定义一个三维颜色空间(见图 6－13)，一个颜色刺激(C)就可以表示为这个三维空间中一个以原点为起点的向量。我们把该三维向量空间称为(R，G，B)三刺激空间，该空间落在第一象限，该空间中的向量的方向由三刺激的值确定，因而向量的方向代表颜色。为了在二维空间中表示颜色，我们在三个坐标轴上对称地取一个截面，该截面通过 R、G、B 三个坐标轴上的单位向量，因而可知截面的方程为 R＋G＋B＝1。该截面与三个坐标平面的交线构成一个等边三角形，被称为色度图。每一个颜色刺激向量与该平面都有一个交点，因而色度图可以表示三刺激空间中的所有颜色值，同时交点的个数是唯一的，说明色度图上的每一个点代表不同的颜色，它的空间坐标表示为该颜色在标准原色下的三刺激值，该值是唯一的。对于三刺激空间中坐标为 X、Y、Z 的颜色刺激向量 Q，它与色度图交点的坐标 $(x，y，z)$ 即三刺激值也被称为色度值，有如下的表示：

$$x = \frac{X}{X+Y+Z}, \quad y = \frac{Y}{X+Y+Z}, \quad z = \frac{Z}{X+Y+Z}$$

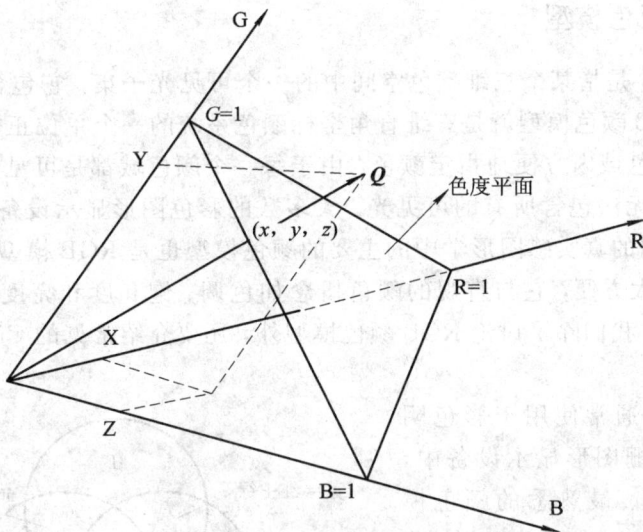

图 6－13　三刺激空间和色度图

我们把色度图投影到 XY 平面上，所得到的马蹄形区域称为 CIE 色度图(见图 6－14)。马蹄形区域的边界和内部代表了所有可见光的色度值(因为 $x+y+z=1$，所以只要知道二维 x、y 的值就可确定色度值)，色度图的边界弯曲部分代表了光谱在某种纯度为百分之百的色光，图中央的一点 C 表示标准白光。CIE 色度图有多种用途，如计算任何颜色的主波长和纯度，定义颜色域来显示颜色混合效果等；色度图还可用于定义各种图形设备的颜色域等。由于篇幅所限，我们在这里就不再做详细介绍了。

虽然色度图和三刺激值给出了描述颜色的标准精确方法，但是它的应用还是比较复杂的。在计算机图形学中，通常使用一些通俗易懂的颜色系统。

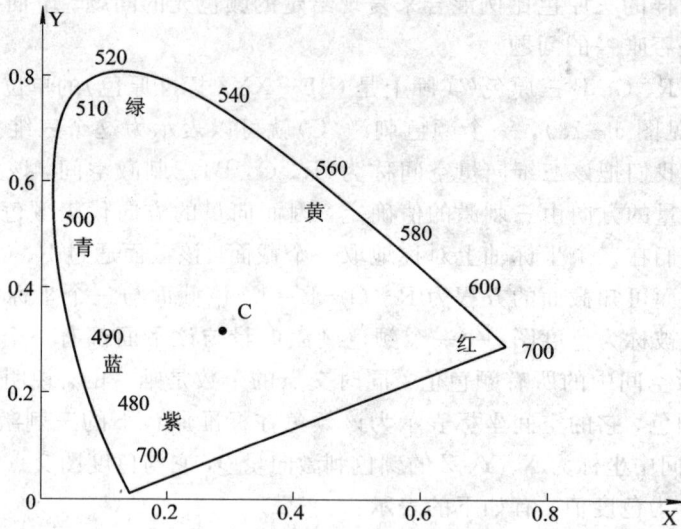

图 6 - 14　CIE 色度图

6.5.3　常用的颜色模型

所谓颜色模型，是指某个三维颜色空间中的一个可见光子集，它包含某个颜色域的所有颜色。例如，RGB 颜色模型就是三维直角坐标颜色系统的一个单位正方体。颜色模型的用途就是在某个颜色域内方便地指定颜色，由于每一个颜色域都是可见光的子集，因此任何一个颜色模型都无法包含所有的可见光。大多数的彩色图形显示设备一般都是使用红、绿、蓝三原色，我们的真实感图形学中的主要的颜色模型也是 RGB 模型，但是红、绿、蓝颜色模型用起来不太方便，它与直观的颜色概念如色调、饱和度和亮度等没有直接联系。因此，在本小节中，我们除了讨论 RGB 颜色模型外，还要介绍常见的 CMY、HSV 等颜色模型。

RGB 颜色模型通常使用于彩色阴极射线管等彩色光栅图形显示设备中，它是我们使用最多、最熟悉的颜色模型。它采用三维直角坐标系。红、绿、蓝原色是加性原色，各个原色混合在一起可以产生复合色，如图 6 - 15 所示。RGB 颜色模型通常用图 6 - 16 所示的单位立方体来表示。在正方体的主对角线上，各原色的强度相等，产生由暗到明的白色，也就是不同的灰度值。图中，

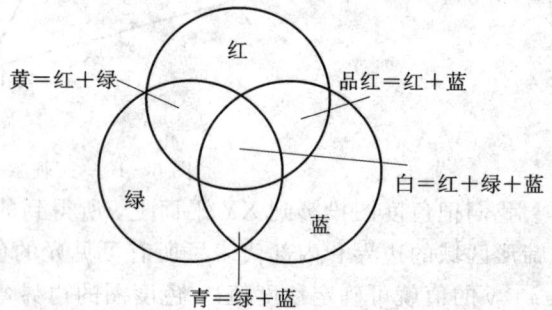

图 6 - 15　RGB 三原色混合效果

(0, 0, 0) 为黑色，(1, 1, 1) 为白色。正方体的其他六个角点分别为红、黄、绿、青、蓝和品红。需要注意的一点是，RGB 颜色模型所覆盖的颜色域取决于显示设备荧光点的颜色特性，是与硬件相关的。

以红、绿、蓝的补色青(Cyan)、品红(Magenta)、黄(Yellow)为原色构成的 CMY 颜色

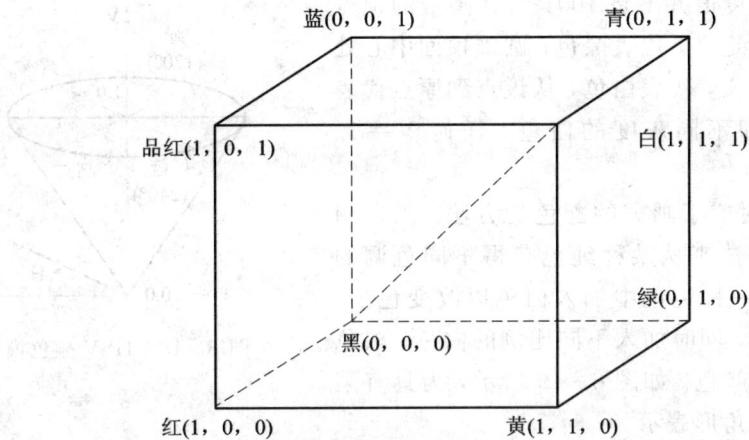

图 6 - 16　RGB 立方体

模型，常用于从白光中滤去某种颜色，又被称为减性原色系统。CMY 颜色模型对应的直角坐标系的子空间与 RGB 颜色模型所对应的子空间几乎完全相同。差别仅在于前者的原点为白，而后者的原点为黑。前者是通过在白色中减去某种颜色来定义一种颜色，而后者是通过从黑色中加入某种颜色来定义一种颜色。

　　了解 CMY 颜色模型对于我们认识某些印刷硬拷贝设备的颜色处理很有帮助，因为在印刷行业中，基本上都在使用这种颜色模型。下面我们简单地介绍一下颜色是如何涂到纸张上的。当我们在纸面上涂青色颜料时，该纸面就不反射红光，青色颜料从白光中滤去红光。也就是说，青色是白色减去红色。品红色吸收绿光，黄色吸收蓝光。现在假如我们在纸面上涂了黄色和品红色，那么纸面上将呈现红色，因为白光中的蓝光和绿光被吸收了，所以只能反射红光了。如果在纸面上涂了黄色、品红和青色，那么所有的红、绿、蓝光都被吸收，那么表面将呈黑色。有关的结果如图 6 - 17 所示。

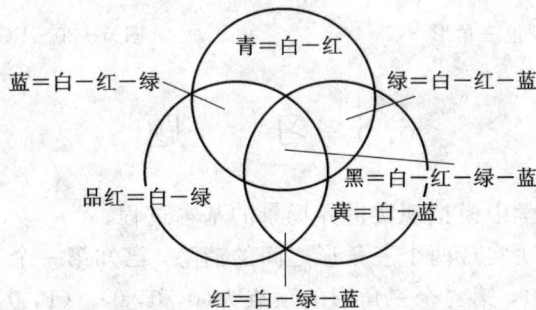

图 6 - 17　CMY 原色的减色效果

　　RGB 和 CMY 颜色模型都是面向硬件的，而 HSV（Hue，Saturation，Value）颜色模型是面向用户的，该模型对应于圆柱坐标系的一个圆锥形子集（见图 6 - 18）。圆锥的顶面对应于 V＝1，它包含 RGB 模型中的 R＝1、G＝1、B＝1 三个面，因而代表的颜色较亮。色彩 H 由绕 V 轴的旋转角给定，红色对应于角度 0°，绿色对应于角度 120°，蓝色对应于角度 240°。在 HSV 颜色模型中，每一种颜色和它的补色相差 180°。饱和度 S 取值从 0 到 1，由圆心向圆周过渡。由于 HSV 颜色模型所代表的颜色域是 CIE 色度图的一个子集，它的最大饱和度的颜色的纯度值并不是 100%。在圆锥的顶点处，V＝0，H 和 S 无定义，代表黑色；圆锥顶面中心处 S＝0，V＝1，H 无定义，代表白色，从该点到原点代表亮度渐暗的白色，即不同灰度的白色。任何 V＝1、S＝1 的颜色都是纯色。

HSV 颜色模型对应于画家的配色的方法。画家用改变色浓和色深的方法来从某种纯色获得不同色调的颜色。其做法是：在一种纯色中加入白色以改变色浓，加入黑色以改变色深，同时加入不同比例的白色、黑色即可得到不同色调的颜色。如图 6-19 所示，为具有某个固定色彩的颜色三角形表示。

图 6-18 HSV 颜色模型

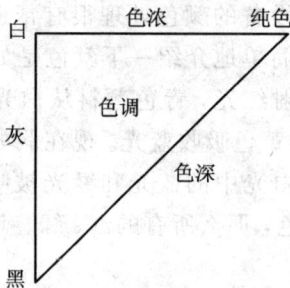

从 RGB 立方体的白色顶点出发，沿着主对角线向原点方向投影，可以得到一个正六边形，如图 6-20 所示。容易发现，该六边形是 HSV 圆锥顶面的一个真子集。RGB 立方体中所有的顶点在原点，侧面平行于坐标平面的子立方体往上述方向投影，必定为 HSV 圆锥中某个与 V 轴垂直的截面的真子集。因此，可以认为 RGB 空间的主对角线对应于 HSV 空间的 V 轴，这是两个颜色模型之间的一个联系关系。

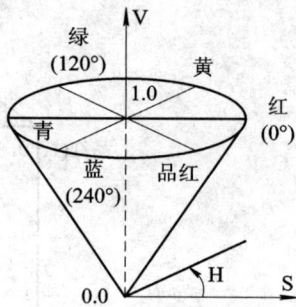

图 6-19 颜色三角形

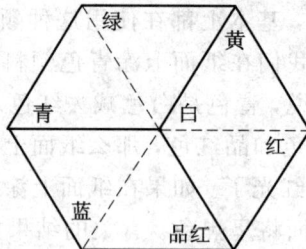

图 6-20 RGB 正六边形

6.6 习　　题

1. 解释真实感图形学中模拟现实世界场景的基本过程。

2. 采用深度缓存算法实现两个三角形之间的消隐，已知第一个三角形的顶点为 $(1,0,0)$、$(0,2,0)$、$(0,0,1)$，第二个三角形的顶点为 $(0,0,0)$、$(1,0,1)$、$(0,2,1)$。

3. 用 Gourand 明暗处理方法生成一个圆球的真实感显示图。

4. 在颜色视觉中如何唯一确定某颜色的三原色混合比例。

5. 介绍常用的颜色模型。

第 2 篇　计算机图形学的应用

第 7 章　VC++图形程序设计

　　Visual C++自问世以来一直是 Windows 环境下最主要的应用程序开发系统。由于 Windows 是基于图形用户接口界面(Graphical User Interface，GUI)的操作系统，而 Visual C++提供了丰富的图形接口 GDI(Graphical Device Interface，图形设备接口)函数，使得应用 Visual C++开发 Windows 系统下的图形应用程序简单、方便。

　　本章讲述利用 Visual C++开发图形应用程序的基础知识，介绍图形程序设计的步骤和方法，并介绍了一个绘图工具应用程序编程实例。

7.1　VC++可视化编程概要

7.1.1　概述

　　Visual C++是一个基于 Windows 操作系统的可视化集成开发环境(Integrated Development Environment，IDE)，将程序和资源的编辑、编译、调试和运行融为一体，是开发 Windows 应用程序的最佳选择。

　　Visual C++捆绑了微软基础类库(Microsoft Foundation Class Library，MFC)，其中定义了进行 Win32 编程所需要的各种类，以类的形式封装了所有图形用户界面的元素，如窗口、菜单和按钮等。编程时，利用 C++类的继承性，用户可以从 MFC 类中派生出自己的类，实现标准 Windows 应用程序的功能，大大降低了 Windows 应用程序设计的难度和工作量，提高了代码的可靠性和可重用性。

　　MFC 类库的层次结构见表 7-1，与绘图有关的一些关键类的说明如下。

表 7-1　MFC 类库的层次结构

分　类		主要相关类名
MFC 应用结构类	应用和线程支持类	CWinApp、CThread
	命令类	CCmdTarget
	文档类	CDocument
	视图类	CView
	框架类	CFrameWnd
对话和控件类	对话框类	CDialog
	控件类	CButton、CEdit、CListCtrl
	控件栏类	CControlBar
绘图类	设备环境类	CDC
	绘画对象类	CFont、CPen、CBrush
数据结构类	数组类	CArray
	列表类	CList、CStringList
	映射类	CMap
文件和数据库类	文件类	CFile
	归档类	CArchive
	数据库类	CDatabase、CDaoDatabase
	数据集类	CRecord、CDaoRecord
Internet 和网络类	ISAPI 类	CHttpServer、CHttpFilter
	Windows 套接字类	CSockets、CAsyncSockets
	Win32 Internet 类	CInternetSession、CHttpSession、CFtpSession
OLE 类	OLE 包容器类	COleDocument、COleClientDoc
	OLE 服务器类	COleServerItem、COleServerDoc
	OLE 拖放和数据传输类	COleDropSource、COleDataSource、COleDropTarget、COleDataObject
	OLE 通用对话框类	COleDialog
	OLE 自动类	COleDispatchDriver、COleDispatchException
	OLE 控件类	COleControlModule
调试和异常类	调试异常类	CDumpContext
	异常类	CException

1. CObject 类

　　CObject 类是 MFC 库的抽象基类，是 MFC 中多数类和用户自定义子类的抽象根类。该类为程序员提供了许多编程所需的公共操作，完成动态空间的分配与回收，支持一般的诊断、出错信息处理和文档序列化等。

需要注意的是，CObject 类不支持多继承。从 CObject 类派生的类仅可以拥有一个 CObject 基类。

2. 应用结构类

应用结构类用于构造框架应用程序的结构，它提供多数应用程序公用的功能。图 7-1 解释了一些 MFC 类的层次关系。箭头的方向是从派生类指向基类。其中，CCmdTarget 命令类主要负责将系统事件(消息)和窗口事件(消息)发送给响应这些事件的对象，完成消息发送、等待和派遣(调度)等工作，实现应用程序的对象之间协调运行。CWinApp 类是应用程序的主线程类，它是从 CWinThread 类派生而来。CWinThread 类用来完成对线程的控制，包括线程的创建、运行、终止和挂起等。CDocument 类是文档类，包含了应用程序在运行期间所用到的数据。CWnd 类是一个通用的窗口类，用来提供 Windows 中的所有通用特性。CView 是用于让用户通过窗口来访问文档以及负责文档内容的显示。CFrameWnd 类是从 CWnd 继承来的，并实现了标准的框架应用程序。CMDIFrameWnd 和 CMDIChildWnd 类分别用来显示和管理多文档应用程序的主框架窗口和文档子窗口。CMiniFrameWnd 类是一种简化的框架窗口，它没有最大化和最小化窗口按钮，也没有窗口系统菜单，一般很少用到它。

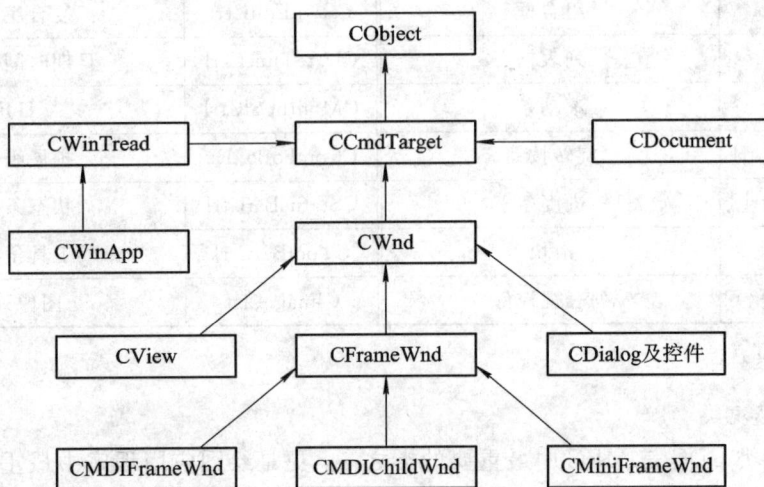

图 7-1　一些 MFC 类的层次关系

3. 对话框和控件类

1) 对话框类

MFC 提供了一系列对话框类，并实现了对话框消息响应和处理机制。CDialog 类是最重要的对话框类，也是其他所有对话框类的基类。

对话框有两种，即模态对话框和无模态对话框。模态对话框在关闭之前，不允许用户切换到程序的其他窗口。因为当弹出模态对话框时，它就获得了程序的控制权，并且模态对话框拥有自己的消息循环，因此其窗口中所有产生的消息都不会送到主窗口的消息循环。非模态对话框弹出后，用户不需要关闭它就可以在非模态对话框和应用程序的其他窗口之间进行切换。常用的 Find(查找)和 Replace(替换)对话框就是非模态对话框。如果关闭非模态对话框的父窗口，则非模态对话框一般也会自动关闭。

对话框子层次结构包括通用对话框类 CDialog，以及支持文件选择、颜色选择、字体选择、打印和替换文本的通用对话框子类。

2）控件类

控件是嵌入在对话框中或其他父窗口中的一个特殊的小窗口，它用于完成不同的输入、输出功能。控件分为两类，即标准控件和公共控件。标准控件有静态控件、编辑框、按钮、列表框、组合框和滚动条等，它们可以满足大部分用户界面程序设计的要求。公共控件有滑块、进度条、列表视控件、树视控件和标签控件等，它们可以实现应用程序用户界面风格的多样性。

表 7-2 给出了常用的 MFC 控件类，它们大部分是从 CWnd 类直接派生而来的。

表 7-2 常用的 MFC 控件类

MFC 类	控件	MFC 类	控件
CStatic	静态文本、图片控件	CTreeCtrl	树视控件
CEdit	编辑框	CTabCtrl	标签
CButton	按钮、复选框、单选按钮、组框	CAnimateCtrl	动画控件
CComboBox	组合框	CRichEditCtrl	复合编辑框
CListBox	列表框	CDateTimeCtrl	日期时间选取器
CScrollBar	滚动条	CMonthCalCtrl	日历
CSpinButtonCtrl	旋转按钮	CComboBoxEx	扩展组合框
CProgressCtrl	进度条	CStatusBarCtrl	状态条控件
CSliderCtrl	滑块	CToolBarCtrl	工具条控件
CListCtrl	列表视控件	CImageList	图像列表

4. 绘图类

1）设备环境类

设备环境类 CDC 是 MFC 中最重要的类之一，更是绘图应用程序中最重要的类，它包含了与绘图有关的方方面面，如坐标系、绘图方法、各种 GDI 对象的管理等。通过 CDC 类的成员函数可以进行与设备无关的绘图。在 Windows 环境中可以获得的设备环境的数量是有限的，使用完成后，必须在适当的时候将其删除。如果太多的 CDC 对象没有被删除，则计算机的资源将很快被耗尽，VC++也会在调试窗口中报错。

为了特殊应用，MFC 提供了几个 CDC 类的派生类。CPaintDC 类封装了对 BeginPaint 和 EndPaint 的调用，CClientDC 类管理与窗口客户区对应的显示场景，CWindowDC 类管理整个程序窗口设备环境。

2）绘图对象类

绘图对象类由 CGdiObject 派生而来，主要有以下几种：

(1) CBitmap：位图对象。

(2) CBrush：画刷，用于表示区域填充的颜色和样式。

（3）CPen：画笔，用于指定线和边框的性质，如颜色、线宽、线型等。

（4）CRgn：区域是由多个多边形和椭圆组成的组合形状，可以进行填充、裁剪等操作以及判断鼠标是否位于某一点。

（5）CFont：字体是具有一定大小和风格的一套字符集。

（6）CPalette：调色板是一字符映射表，将逻辑颜色和设备的实际颜色相互联系起来。

7.1.2　MFC 应用程序框架

用于生成一般的应用程序所必需的各种面向对象的软件组件的集合，称为应用程序框架。

应用程序框架是类库的超集。一般的类库只是一种可以嵌入任何程序中的孤立的类的集合，而应用程序框架定义了程序的结构。

将 MFC 中的各种类结合起来，就构成了一个 MFC 应用程序框架，它的目的是让程序员在此基础上更容易地建立 Windows 下的应用程序。这个框架定义了应用程序的轮廓，并提供了用户接口的标准实现方法，程序员所要做的就是通过预定义的接口把具体应用程序特有的东西填入这个轮廓。Microsoft Visual C＋＋提供了相应的工具来完成这个工作：AppWizard 可以用来生成初步的框架文件（代码和资源等）；资源编辑器用于帮助直观地设计用户接口；ClassWizard 用来协助添加代码到框架文件；最后，编译，则通过类库实现了应用程序特定的逻辑。

MFC 框架的基本结构包括应用程序对象、主框窗口、文档、视等，框架通过命令和消息将它们结合在一起，共同对用户的操作作出响应。图 7－2 描述了 MFC 框架结构和各对象之间的关系。应用程序管理着一个（SDI）或多个（MDI）文档模板，文档模板创建和管理着文档。用户通过主框窗口中的视来观察和处理数据。

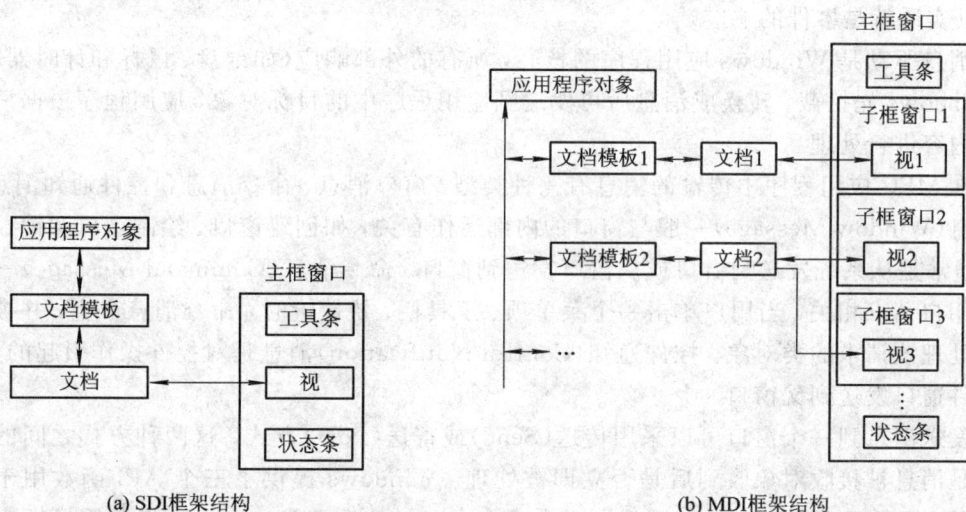

(a) SDI框架结构　　　　　　　　　　(b) MDI框架结构

图 7－2　MFC 框架结构

一个应用程序有且仅有一个应用程序对象，由 CWinApp 派生，它负责应用程序实例的初始化和进程结束时的资源清除，以及创建和管理应用程序所支持的所有文档模板。一个应用程序对象就代表一个应用程序。当用户启动应用程序时，Windows 调用应用程序框架内置的 WinMain( )函数，并且 WinMain 寻找一个由 CWinApp 派生的全局构造的应用程序对象，全局对象在应用程序之前构造。

MFC 应用程序框架的核心是"文档－视图"结构，它为应用程序提供了一种将数据与视图相分离的存储方式。文档类的作用是将应程序的数据保存在文档类对象中，以及从磁盘文件中读或向磁盘文件中写数据。视图类的作用是显示数据和编辑数据。

文档类和视图类的划分是把数据的存储和维护与它的显示分开。当视图类准备重绘窗口或使用数据时，能够通过下面的方法得到文档类的操作数据：首先，在视图类的 OnDraw( )函数中，调用其 GetDocument( )成员函数获得一个文档类的指针；然后，视图类利用文档指针访问文档类里的任何一个数据成员，视图类将数据成员传递给设备环境变量，并且选择 GDI 对象，将获得的数据按特定的需求显示在视图里，用户就可以"看到文档里的数据"了。

视图类也可以通过响应鼠标和键盘来选择或编辑数据。假设用户在一个可以管理文本的视图中输入了一串字符串。视图类首先获得一个指向文档的指针，并使用指针把新数据传递给文档，然后视图将调用文档的 UpdateAllViews( )成员函数，通知该文档中所有其他的视图更新数据，这样，所有的视图就可以保持数据同步了。

使用 MFC 类库中的文档/视图类结构可以在一个文档中支持多个视图。比如，对于同样的文档类的数据，用户既可以通过表格来查看数据，也可以通过文本来查看数据，又可以通过图表来查看数据。

7.1.3　MFC 的消息映射

所谓消息，就是用于描述某个事件发生的信息，而事件是对于 Windows 的某种操作。事件和消息密切相关，事件是因，消息是果；事件产生消息，消息对应事件。所谓消息的响应，其实质就是事件的响应。

消息驱动是 Windows 应用程序的核心，所有的外部响应（如键盘、鼠标和计时器等）都被 Windows 先拦截，转换成消息后再发送到应用程序中的目标对象，应用程序根据消息的具体内容进行处理。

在 MFC 应用程序中传输的消息有三种类型：窗口消息、命令消息和控件通知消息。窗口消息（Window Message）一般与窗口的内部运作有关，如创建窗口、绘制窗口和销毁窗口等，通常是从系统发送到窗口或从窗口发送到窗口。命令消息（Command Message）一般与处理用户请求相关，当用户单击一个菜单项、工具栏、快捷键时，命令消息产生，并被发送到能处理该请求的类对象。控件通知（Control Notification）消息是对控件操作引起的消息，由控件窗口发送到父窗口。

发送消息到一个窗口可以采用传送（Send）或寄送（Post）方式，这两种方式之间的主要区别是消息被接收对象收到后是否立即被处理。Windows 提供了三个 API 函数用于消息的发送。函数 SendMessage( )用于向一个或多个窗口传送消息，该函数将调用目标窗口的窗口函数，直到目标窗口处理完收到的消息，该函数才返回。函数 PostMessage( )用于向一个或多个窗口寄送消息，它把消息放在指定窗口创建的线程的消息队列中，然后不等消息处理完就返回。函数 SendDlgItemMessage( )函数用于向对话框中指定的控件发送消息，直到目标控件处理完收到的消息，该函数才返回。MFC 将这三个函数封装为 CWnd 窗口类的成员函数,封装了目标窗口句柄,它们将向调用它的窗口对象发送或寄送消息,如 pMyView→SendMessage()的调用形式表示向 pMyView 所指对象发送消息。与用户输入相关的消息(如鼠标消息和键盘消息)通常是以寄送(Post)的方式发送的,以便这些用户输入可以由运行较缓慢的系统进行缓冲处理,而其他消息通常是以传送(Send)的方式发送。

在 MFC 中,一个消息的处理往往是通过独特的 MFC 消息映射(Message Map)机制来进行的。消息映射机制,是指 MFC 类中将消息与消息处理函数联系起来,一一对应的机制。任何一个从类 CCmdTarget 派生的类理论上均可处理消息,且都有相应的消息映射函数。

按照 MFC 的消息映射机制,映射一个消息的过程由三个部分组成:一是在处理消息的类中,使用消息宏 DECLARE_MESSAGE_MAP()声明对消息映射的支持,并在该宏之前声明消息处理函数;二是使用 BEGIN_MESSAGE_MAP 和 END_MESSAGE_MAP 宏在类声明之后的地方定义该类支持的消息映射入口点,所有消息映射宏都添加在这里。当然,不同的消息 MFC 都会有不同的消息映射宏;三是定义消息处理函数。

MFC 的 ClassWizard(类向导)能自动完成消息的上述映射过程。ClassWizard 在创建新类时将为其创建一个消息映射,并为每个类能响应的消息和命令增加对应的处理函数。在源代码中,消息映射开始于 BEGIN_MESSAGE_MAP 宏,结束于 END_MESSAGE_MAP 宏,中间由一系列预定义的被称为条目宏的宏组成,其基本格式如下:

```
BEGIN_MESSAGE_MAP(classname, parentclassname)
// {{AFX_MSG_MAP(classname)
条目宏 1
条目宏 2
    ⋮
// }}AFX_MSG_MAP
END_MESSAGE_MAP()
```

其中,classname 为拥有消息映射的当前类名,parentclassname 为当前类的父类名。条目宏定义了类所处理的消息及与其对应的函数,常用的条目宏的类型如表 7-3 所示。

表 7-3　消息映射条目宏

消息类型	宏　格　式	说　　　明
Windows 消息	ON_WM_XXXX	WM_XXXX 为 Windows 消息名
命令	ON_COMMAND(ID, Function)	ID 为命令标识号,Function 为处理函数名
更新命令	ON_UPDATE_COMMAND_UI(ID, Function)	ID 为命令标识号,Function 为处理函数名
控制通知	ON_XXXX(ID, Function)	ID 为控制标识号,Function 为处理函数名
用户定义消息	ON_MESSAGE(ID, Function)	ID 为消息标识号,Function 为处理函数名
用户注册消息	ON_REGISTERED_MESSAGE(ID, Function)	ID 为消息标识号,Function 为处理函数名

通过 ClassWizard 在派生类中用同样的原型定义处理函数并为该函数生成消息映射条目，然后编写处理函数代码，便在派生类中覆盖了其父类的消息处理函数。在有些情况下，必须在派生类的消息处理函数中调用其父类的消息处理函数，使 Windows 和基类能对消息进行处理。ClassWizard 将在生成的处理函数中建议是否应调用父类的消息处理函数及调用的次序。

用户定义和注册的消息、命令和控制通知都没有缺省的处理函数，需要在定义时声明，一般建议根据其 ID 名称来为函数命名。

7.1.4　VC++可视化编程

Visual C++提供了一种完善的可视化编程方法。程序员可以利用 AppWizard 创建应用程序框架结构，利用资源编辑器以所见即所得的形式直接编辑程序用户界面，为所有资源分配 ID 标识号，利用 ClassWizard 把对话框模板与生成类定义或已有的类代码关联起来，为菜单项、控制等资源生成空的处理模板，创建消息映射条目，并将资源 ID 与处理函数关联起来。用 Visual C++进行 Win32 可视化编程的基本流程如下：

(1) 生成框架。运行 AppWizard，并按需要指定生成应用程序的选项，指定框架中视类的基类（CView、CEditView、CFormView、CScrollView、CTreeView 等）。AppWizard 将按指定的选项生成应用程序框架和相关的文件，包括包含项目（project）的工作空间（workspace）文件和源文件，主要是应用程序（application）、文档（document）、视（view）和主框窗口（main frame）的 C++代码文件（∗.cpp，∗.h），以及缺省包含标准界面接口的资源文件（∗.rc）。

(2) 设计用户界面。利用 Visual C++资源编辑器可视化地直观编辑资源文件，定制菜单、对话框、工具条、字符串、加速键、位图、图标、光标等接口资源。

(3) 连接界面和代码。利用 ClassWizard 把资源文件中定义的界面资源标识（如菜单项、工具条和对话框中的控制等）在指定的源文件中映射成相应的函数模板。

(4) 编写、修改函数代码。利用 ClassWizard 可以方便地在源码编辑器（source code editor）中跳转到指定的函数代码处。

(5) 根据需要创建新类和编写代码。用 ClassWizard 创建新类，并生成相应的源文件。如新类是对话框类，可先用资源编辑器生成对话框模板，然后用 ClassWizard 创建对话框类代码，并与模板连接，编写与新类相关的源代码。

(6) 实现文档类。在 AppWizard 生成的框架基础上设计文档数据的数据结构，在文档类中增加相应的成员数据、成员函数，实现对数据的操作和文档与数据的接口。

(7) 实现框架中标准的文件操作命令，即 Open、Save 和 Save As 命令。框架已完成标准的文件操作命令的所有接口，程序员要做的仅仅是编写文档类的串行化（Serialize()）成员函数。

(8) 实现视类。框架已构造好了文档与视的关系，视能够方便地访问文档中的 public 数据成员。可以根据文档的需要构造一个或多个视类，通过 ClassWizard 把视的用户接口资源映射成函数模板，并编写函数代码。

(9) 如需要，增加分割窗口。在 SDI 的主框窗口类或 MDI 的子窗口类中添加一个 CSplitterWnd 对象，并在窗口类的 ONCreateClient() 成员函数中对 CSplitterWnd 对象进行创建和初始化。如果用户分割了一个窗口，则框架将给文档创建并增加附加的视对象。

（10）建立、调试、修改应用程序。如有问题，可根据需要重复步骤(2)～(10)。

（11）测试应用程序。如有问题，可根据需要重复步骤(2)～(11)。

（12）结束。

7.2　图形程序设计步骤和方法

7.2.1　图形程序设计步骤

图形程序设计工作一般分为需求分析、设计、编程、测试和运行等几个阶段，分别有其明确的任务。设计工作首先要满足可靠、正确和简单清晰的基本设计要求，然后在满足结构程序设计模块化要求的前提下，尽可能做到程序结构合理、占用内存单元少、程序运行速度快。另外，编写的程序应该满足可读性强、修改调试方便、通用性好和移植性强等要求。

1. 明确绘图程序的功能

在图形程序设计之初，首先要明确设计内容和功能需求，对设计所需的资料、数据和设计规模都要有一个初步的了解。这将关系到后续的设计工作，比如怎样设置调用函数和参数个数、如何选择绘图方式、程序如何获得输入数据（直接赋值或交互输入）、如何确定数据存储结构等。

2. 分析图形几何关系

在绘制一个图形时，有时需要分析清楚它的几何关系，即弄明白这个图形是怎样形成的，然后才能在此基础上得到绘图的算法，研究图形的几何关系。这对于绘制复杂图形是大有帮助的，进而自己也可以构造图形。

3. 模块设计

模块设计阶段的目的是确定整个程序系统的轮廓及其组成和相互关系，并确定功能块的输入与输出。可以采用自顶向下设计法组成程序系统的结构图。结构图的作用是指明程序系统由哪些功能块组成，它们可分成群、组、分支等。有了功能块的结构图，整个系统的全部计算及相互关系就有了一个清晰的表示，一看便明白。结构图通常是树结构，即一个模块只被一个高于它的模块调用，所以是层次结构。也有网状结构的情况，即一个模块由多于一个较高层次的模块调用。编写程序时，一个模块就是一个子程序。设计程序应尽量使更多的模块与一个具体的设计任务无关，这样使它成为通用或较为通用，可以被其他的设计任务调用。模块的功能越明确单一，程序的语句就越少。

4. 算法设计

算法即运算方法，它包括对图形数据（如点的坐标等）的加减乘除四则运算，以及对数据进行的链接、变换、循环等操作。绘制一个图形，一般都要写出绘制算法，给出图形数据的计算公式和各种变量、参数应满足的关系式。计算机通过计算式和关系式等对图形数据进行处理，最后才可以绘制出图形。图形算法中体现了严格的数学表示，因此，正确合理的算法是绘制程序能够得到正确结果的前提。

5. 编写图形程序

编写程序时，建议采用以下的程序风格：

（1）程序总体上是模块化结构，即程序开始为数据说明，然后为各功能函数，最后主程序体基本上是由调用函数语句组成。

（2）编写程序时，语句要对齐。语句套语句时，被套语句应该往右移3或4个字符。复合语句应与相应的列对齐。对变量或参数，有的要加注释；对函数功能，有的要作简述。这些做法使程序条理清晰、可读性强。

（3）编写的程序还要便于调试。虽然 C++ 允许多条语句写在同一行，但是那样做不便于准确定位出错的语句。建议一条语句占一行。

（4）将程序分解成合理的模块，即分割成几个甚至很多个简单函数，每一个简单函数实现一个单独功能，把各功能模块分别调试好，再组装进程序。

（5）尽量多使用参数，少使用全局变量。

6. 调试、运行和绘图

对编写好的程序，首先要在纸上进行认真、仔细的检查，再上机调试、编译，不要匆匆忙忙上机。初学者容易忽略这一点，在计算机上浪费大量时间。

编译时，可根据提示的信息，找出程序中错误程序段的位置及错误类型并加以修改。有时提示的错误信息位置有误，提示的出错类型也并非绝对准确，也有可能因为错误较多而相互关联，所以要善于分析，真正找到错误所在。当遇到提示的错误信息很多（一大片）时，往往使人感到问题很严重。事实上，也许只是因为所使用的变量未定义，编译时会对所有使用这一变量的语句发出出错信息。只要添加相应变量的定义，所有错误可能都会消除。另一方面，也不要轻易认为程序运行输出一个正确结果就没有问题了。例如，if 语句有多个分支，可能在流程经过一个分支时是正确的，而经过另一个分支时可能会出错，因此要考虑全面。

具体地，在 Visual C++ 集成开发环境下调试程序时，可以按以下方法操作：

（1）利用功能键 F9 在需要行设置断点（同样在已设置断点的行上按住 F9 键可取消断点）。

（2）可用功能键 F11 一次执行一条语句，一步步跟踪；可以跟踪进入某行中调用的函数，如果不想跟踪进入函数，则用功能键 F10。

（3）打开 Watch 窗口（按 Alt+F3 组合键）或 QuickWatch 窗口（按 Shift+F9 组合键），也可打开运算窗口或通过主菜单中的 Debug 菜单的选项来观察已经执行过的一段程序中的变量值。在 Watch 窗口中有几个 Watch 子窗口，在每个子窗口的 Name 列任意一行键入变量名后回车，就能够在相应的 Value 列中得到程序中此变量的值。这样可以观察程序运行中变量值的计算与传递是否正确，常常能找到不容易发现的问题，还可利用窗口值来修改变量的值，测试程序对各种情况的响应。

7.2.2　图形程序设计方法

任何一个图形都是由若干个简单的几何图形构成的，而简单图形又是由点、线、弧等基本的几何元素构成的。用计算机绘图就是要根据最基本图形信息（点、线、弧、坐标值等）在图形中的几何位置以及相互之间的关系进行数学描述，即构造出图形的数学关系式，设计出绘图程序，绘制出图形。图形的数学关系要准确、合理、简洁，绘图程序要求通用、方便、可移植。一般采用模块化设计方法。

1．图形层次结构和程序模块结构

1）图形层次结构

一般物体均可分解成许多不同形体元素的集合，即物体可分层来表示。例如，一张床由床头和床屉不同形体组成，这就是一个分层的结构。在工程设计中，高层与低层之间的关系实际上是物体—子物体、部件—子部件、图形—子图形的关系，这种关系也反映了它们之间的装配、调用关系。那些最底层的形体一般用基本形体来表示，而表示形体的图形是由简单的图元组成较复杂的图形，再由较复杂图形构成更复杂的图形，一层一层地构造下去，从而得到整个图形。

几何图形或其他形式数据构成的图形一般都有层次结构，利用图形层次结构可以方便地实现模块化的绘图程序设计。

2）程序模块结构

程序模块指一个单独的函数，或是逻辑组合在一起的有关函数的集合，或是有关语句的集合。模块化程序设计是指在编写程序时把一个程序分成几个部分，分别编写成函数形式。由于函数的编写、测试可独立进行，从而使程序的编写和维护更方便，同时又便于编写出优良的程序。这些部分也就是程序中的模块。

Visual C＋＋绘图程序中的主要模块可分为两种：主函数模块和函数模块。一个简单的程序中没有函数，就只有模块，这一模块就是主函数模块。程序中的函数就叫函数模块，是独立的代码，可通过参数接收数据。程序中的每条语句都属于一个特定的模块，C＋＋语言能很好地支持模块化程序。

模块化编程设计有助于计算机绘图程序生成各种各样的图形。图形中一层子图形可用程序中一个模块生成，整个图形由程序全部模块生成。例如，现有一画花瓣的模块，通过调用花瓣模块同时加上方向、位置参数的变化就可以生成一朵花，即将方向、位置各不相同的花瓣组合起来画出一朵花。这朵花也是一个模块，将方向、位置各不相同的花组合成为花丛，进一步组成花园。这里按层次构成图形（图像）即花园，其程序模块结构描述为：一个花园图的程序多次调用画花丛的模块，画花丛的程序多次调用画花朵的模块，画花朵的程序多次调用画花瓣的模块，最后，一幅花园的图形就这样通过调用模块画出来了。

2．面向对象程序设计

面向对象程序设计与传统的结构程序设计方法不同，代表了新的程序设计方式，使计算机问题更符合人类自身的思维方式和方法，从而提高了软件的重用性和扩充性，并能有效控制软件的复杂性和软件维护的开销。

在面向对象的图形软件设计中，一些基本的图元，如点、线、面、弧等被定义成基本的图元类，图元的操作通过定义相应的数据成员和成员函数来提供。MFC 类库提供了许多基本图元类，通过类的继承机制，使面向对象程序设计更好地支持图形的层次结构，即问题在不同层次上的抽象。例如，将图元类的直线定义为一个基类，即可从这一基类导出折线类、多边形类等第一级导出类，由第一级导出类又可产生圆类、椭圆类、圆弧类等第二级导出类，再往下还可以导出 B 样条曲线类、NURBS 曲线类等。这样就可产生一个非常清楚的类的体系结构，有利于用户掌握和使用，同时也可以很方便地从其中的某一个类中导出特殊需要的类。在进行程序设计时，提取类的方法有利于解决复杂问题，即搞清楚所涉及的问题以及体系结构的逻辑关系和层次关系，将程序中多次出现的、具有共性的部分提出来而归成类。

3. 绘图子程序和主程序

1）绘图子程序

编写绘图程序时，需要编制一定数量的绘图子程序，根据其功能不同，绘图子程序可分为如下三类：

（1）基本子程序：指绘制点、直线、圆弧及各种线型、字符等的绘图程序。必要时，我们可利用 MFC 类库提供的基本子程序。

（2）功能子程序：指经常需要的绘图功能程序，如绘制三角形、四边形、圆、椭圆等子程序，又称二级子程序。必要时，我们也可利用 MFC 类库提供的功能子程序。

（3）应用子程序：指基于上面两类子程序开发的、可以为某一类程序设计所引用的、通用性相对较小的子程序，又称三级子程序。

因此，在编写大型绘图程序的过程中，一般需要按照模块化程序设计方法的要求，把复杂程序分成几个较易调试的子程序，即模块来编写。对于更大、更复杂的程序，可画出绘图程序的模块结构图，明确程序由哪些模块组成，然后编写每个模块的程序。一个模块就是一个子程序。程序设计中尽可能采用模块子程序，以至最后的程序由调用各个模块子程序构成。

2）绘图主程序

绘图主程序即程序执行体。在模块子程序（函数）编写好的基础上，编写主程序（主函数）较容易，有时只需调用各个模块子程序即可构成主程序，这是典型的模块结构程序。主程序中还可采用人机对话形式，即根据运行时提示图形的几何参数或结构参数，由用户一次输入，这是编写较为通用的绘图程序常用的方法。如果一个几百条语句以上的程序逻辑关系复杂，整个程序又没有用模块子程序（即函数），这样的程序可能会运行很长时间也得不出结果，千万不要以为系统出现问题。若将同样程序划分为一定功能模块的几个子模块，然后通过主程序调用来运行，则将很快得到结果。这说明采用主程序和子程序会提高工作效率。

4. 绘图方法

根据所绘图形的复杂程度，编程绘图可以边计算边画图，也可以先计算后画图。一般绘制平面图形采用前者，绘制复杂曲面图形采用后者。计算机编程绘图可以采用以下方法。

1）解析法

根据图形的解析表达式或参数表达式，先计算出图形中各点的坐标值等，然后用绘制函数绘出其图形。这种方法的关键是要将图形用解析式表达，同时，如何用解析式取图形上的点，以及取多少个点都很重要。这将影响绘图质量，主要是影响图形的光滑程度。

解析式是绘制图形时常用的方法，尤其是在绘制一般几何图形时。

2）样条法

当一个物体或图形不用解析式表示，或者不能用解析精确表示时，往往是用物体或图形的一些实际数据值(亦称型值点)构造曲面或曲面拟合它,或者用样条曲线来逼近它,同时通过不断调整、修正样条曲线或曲面,绘制出这些图形。用样条法绘制图形,是工程中绘制自由曲线和曲面的实用方法。

3) 变形法

变形法是对基本图形(或称单元图形)进行各种几何变换(比如平移、对称、旋转等),从而形成新的或更复杂的图形。例如,对基本图形矩形进行多次比例变换、平移变换即可绘制一座小屋。变形法是计算机绘制图形的重要方法之一,它可使绘制者不必逐笔、逐线、逐个形体进行绘制,而只需找出图形之间的内在关系,对基本图形进行各种几何变换,重新组合排列便可获得所需图形。

4) 拼合法

拼合法是将图形分解成若干个基本图形元素(简称图元),将相同部分的图元编写成通用的子程序。绘制图形时可根据实际需要设立图元,一般要考虑其独立性、常用性和可组合性。

5) 创造法

通常,绘图是指按照一个物体(或景物)绘制出它的图形或是根据原图形绘制出图形。创造法绘图则不同,例如生成分形图,是利用算法创造性地绘制图形。我们预先很难想象出算法所绘制的图形,当且仅当程序运行完毕,才能知道图形的全貌。创造法为图形领域开辟了一个美妙的新世界。

一般来说,图形处理程序要比一般非图形程序复杂,但及早掌握完好的体系结构和清晰的相关概念,将可以克服绘图程序设计中可能出现的混乱现象。

7.3　绘图工具应用程序编程实例

运行绘图工具应用程序可得到如图 7-3 所示的主界面。

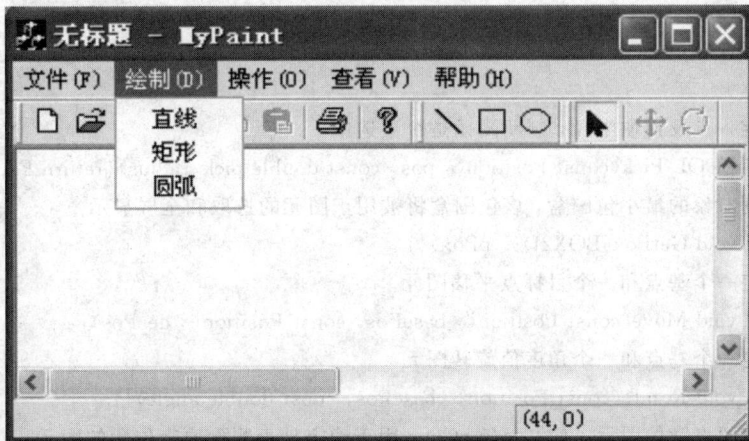

图 7-3　绘图工具应用程序主界面

该应用程序可以绘制直线、矩形、圆弧三种简单图元,并可以对这三种图元进行拾取、平移、旋转三种操作,还提供存储和加载文件的功能。虽然该绘图工具所绘制的图元种类和对图元的操作都很有限，但是它实现了一个完整的绘图工具框架，是视图文档类应用程序的典型应用，是面向对象的概念、编程思想的充分体现。

7.3.1　图元基类和各种图元类的组织

复杂的图形系统都是由一些最基本的图形元素组成的。图元基类是将各种图元所具有的共性抽象出来。在头文件 ENTITY.H 中定义一个图元基类 CEntity，其代码如下：

```
class CEntity: public CObject
{
    DECLARE_SERIAL(CEntity)

protected:
    int         m_type;                              //图元类型(EEntityType)
    COLORREF    m_color;                             //图元颜色
    UINT        m_lineStyle;                         //图元的线型
    int         m_lineWidth;                         //图元的线宽
public:
    CEntity();
    CEntity(const CEntity& entity);
    ~CEntity() {}

    CEntity operator=(const CEntity& entity);        //重载等号
    virtual CEntity * Copy() { return NULL; }        //指针拷贝

    virtual void Init();                             //初始化成员变量值
    virtual int GetType(){return m_type; }           //返回图元的类型(EEntityType)
    COLORREF GetColor(){ return m_color; }           //返回图元颜色
    voidSetColor(COLORREF color){m_color=color; }    //设置图元颜色
    virtual void Draw(CDC * pDC, int drawMode=dmNormal ){};   //绘制图元对象

    //给定一点及拾取半径，判断图元是否被选中
    virtual BOOL Pick(const Position& pos, const double pick_radius){return FALSE; }
    //得到对象的最小包围盒，该包围盒将被用于图元的选取和全屏显示
    virtual void GetBox(BOX2D * pBox){}
    //给定一个基点和一个目标点平移图元
    virtual void Move(const Position& basePos, const Position& desPos){}
    //给定一个基点和一个角度值旋转图元
    virtual void Rotate(const Position& basePos, const double angle){}
    //给定两点镜像图元，布尔变量 bCopy 用于确定是否删除原来位置的图元
    virtual void Mirror(const Position& pos1, const Position& pos2){}
    //改变光标
    virtual void LoadPmtCursor(){}
    //Note: if true, the giving pos is reset to the feature position
```

```
    virtual BOOL GetSnapPos(Position& pos){ return FALSE; }
    //图元对象串行化
    virtual void Serialize(CArchive& ar);
};
```

把各类图元所具有的一些相同的属性和操作组织存放在图元基类中,程序中的直线、矩形和圆弧再由图元基类派生。

1. 直线类

CLine 直线类继承了其父类 CEntity 类的基本参数(颜色、线型、线宽等),覆盖了其父类 CEntity 类的所有虚函数,并定义了两个描述直线所必需的成员变量:直线的起点和终点坐标。CLine 类的声明如下:

```
    class CLine: public CEntity
    {
        DECLARE_SERIAL(CLine)
    protected:
        Position m_begin , m_end;            //起点和终点
    public:
        CLine();
        CLine(const CLine& line);
        CLine(const Position& begin, const Position& end);
        ~CLine();

        CLine& operator=(const CLine& line);
        CEntity * Copy();

        int GetType();
        void Init();
        Position GetBeginPos();               //返回起点值
        Position GetEndPos();                 //返回终点值

        void Draw(CDC * pDC, int drawMode=dmNormal );

        //对直线的编辑操作:拾取、平移、旋转、镜向和获得最小包围盒
        BOOL Pick(const Position& pos, const double pick_radius);
        void GetBox(BOX2D * pBox);

        void Move(const Position& basePos, const Position& desPos);
        void Rotate(const Position& basePos, const double angle);
        void Mirror(const Position& pos1, const Position& pos2);

        BOOL GetSnapPos(Position& pos);
        void LoadPmtCursor();
```

```
        void Serialize(CArchive& ar);
    };
```

在源文件 LINE. CPP 中，CLine 的 Draw()成员函数实现对直线的绘制。该函数对设备环境变量的绘图模式进行设置，创建相应的画笔，调用设备环境类的成员函数，并绘制直线。实现代码如下：

```
    void CLine::Draw(CDC * pDC, int drawMode)
    {
        CPoint pt_begin, pt_end;                     //屏幕坐标的起点和终点
        g_pView->WorldtoScreen(m_begin, pt_begin);   //将世界坐标转化为屏幕坐标
        g_pView->WorldtoScreen(m_end, pt_end);

        intn=GetROP2(pDC->GetSafeHdc());             //得到原来的绘图模式
        CPenpen;
        if(drawMode==dmNormal)          //如果为正常状态的绘制，根据成员变量创建画笔
        pen. CreatePen(m_lineStyle, m_lineWidth, m_color);
        else        //非正常状态调用 SetDrawEnvir 函数来设置绘图环境
        ::SetDrawEnvir(pDC, drawMode, &pen);

        CPen * pOldPen=pDC->SelectObject(&pen);      //得到原来的画笔
        pDC->SetMapMode(MM_LOENGLISH);
        pDC->MoveTo(pt_begin);                       //根据屏幕坐标绘制图元
        pDC->LineTo(pt_end);
        pDC->SelectObject(pOldPen);                  //恢复原来的画笔
        pDC->SetROP2(n);                             //恢复原来的绘图模式
    }
```

在源文件 LINE. CPP 中，CLine 的 Pick()成员函数实现了对该直线图元是否被选中的判断。实现代码如下：

```
    BOOL CLine::Pick(const Position& pos, const double pick_radius)
    {
        Position objPos=pos;
        BOX2D sourceBox, desBox;
        GetBox(&sourceBox);             //得到直线段的最小包围盒
        //将最小包围盒向四周放大，得到测试包围盒
        desBox. min[0]=sourceBox. min[0]-pick_radius;
        desBox. min[1]=sourceBox. min[1]-pick_radius;
        desBox. max[0]=sourceBox. max[0]+pick_radius;
        desBox. max[1]=sourceBox. max[1]+pick_radius;
        //判断拾取点是否在测试包围盒中，如果不是，则图元未被选中
        if(!objPos. IsInBox(desBox))
            return FALSE;
        double angle=::GetAngleToXAxis(m_begin, m_end);
        //DIST=fabs(X * cos(a)+Y * sin(a)-P)
```

```
Position dp＝objPos—m_begin;
double dist＝fabs(dp. x * cos(angle)＋dp. y * sin(angle)
                        —objPos. Distance(m_begin));
if(dist<＝pick_radius)
    return TRUE;
return FALSE;
}
```

在源文件 LINE. CPP 中，CLine 的 Move()成员函数实现对直线图元的平移。该函数有基准点坐标和目标点坐标两个参数，根据这两个参数的相对值，对直线的起始坐标和终止坐标进行平移。实现代码如下：

```
void CLine: :Move(const Position& basePos, const Position& desPos)
{
m_begin＝m_begin. Offset(desPos—basePos);
m_end＝m_end. Offset(desPos—basePos);
}
```

在源文件 LINE. CPP 中，CLine 的 Rotate()成员函数实现对直线图元的旋转。该函数有基准点坐标和旋转角度两个参数，对直线的起始坐标和终止坐标进行旋转。实现代码如下：

```
void CLine: :Rotate(const Position& basePos, const double angle)
{
m_begin＝m_begin. Rotate(basePos, angle);
m_end＝m_end. Rotate(basePos，angle);
}
```

2. 矩形类

CRectangle 矩形类继承了其父类 CEntity 类的基本参数(颜色、线型、线宽等)，覆盖了其父类 CEntity 类的所有虚函数，并定义了两个描述矩形所必需的成员变量：左上角坐标和右下角坐标。CRectangle 类的声明如下：

```
class CRectangle: public CEntity
{
DECLARE_SERIAL(CRectangle)
protected:
Positionm_LeftTop, m_RightBottom;              //起点和终点
public:
CRectangle();
CRectangle(const CRectangle& rect);
CRectangle(const Position& LeftTop, const Position& RightBottom);
~CRectangle();

CRectangle&operator＝(const CRectangle& rect);
CEntity * Copy();

int GetType();
```

```
        void Init();
        Position GetLeftTopPos();              //返回左上角的值
        Position GetRightBottomPos();          //返回右下角的值

        void Draw(CDC * pDC, int drawMode＝dmNormal );

        //对直线的编辑操作、拾取、平移、旋转、镜向和获得最小包围盒
        BOOL Pick(const Position& pos, const double pick_radius);
        void GetBox(BOX2D * pBox);

        void Move(const Position& basePos, const Position& desPos);
        void Rotate(const Position& basePos, const double angle);
        void Mirror(const Position& pos1, const Position& pos2);

        BOOL GetSnapPos(Position& pos);
        void LoadPmtCursor();

        void Serialize(CArchive& ar);
    };
```

在源文件 RECTANGLE. CPP 中，CRectangle 的 Draw()成员函数实现对矩形的绘制。该函数对设备环境变量的绘图模式进行设置，创建相应画笔，调用设备环境类的成员函数，绘制矩形。实现代码如下：

```
        void CRectangle::Draw(CDC * pDC, int drawMode)
        {

        CPoint sltp, srbp;

        g_pView ->WorldtoScreen(m_LeftTop, sltp);
        g_pView ->WorldtoScreen(m_RightBottom, srbp);

        intn＝GetROP2(pDC ->GetSafeHdc());
        CPen pen;
        if( drawMode＝＝dmNormal )
          pen. CreatePen(m_lineStyle, m_lineWidth, m_color);
        else
          ::SetDrawEnvir(pDC, drawMode, &pen);

        CPen * pOldPen＝pDC ->SelectObject(&pen);
        pDC ->SetMapMode(MM_LOENGLISH);
        pDC ->MoveTo(sltp);
        pDC ->LineTo(sltp. x, srbp. y);
        pDC ->LineTo(srbp);
```

```
pDC->LineTo(srbp. x, sltp. y);
pDC->LineTo(sltp);

pDC->SelectObject(pOldPen);
pDC->SetROP2(n);
}
```

在源文件 RECTANGLE.CPP 中，CRectangle 的 Pick 成员函数实现对该矩形图元是否被选中的判断。实现代码如下：

```
BOOL CRectangle::Pick(const Position& pos, const double pick_radius)
{
    Position objPos=pos;
    BOX2D sourceBox, desBox;
    GetBox(&sourceBox);                 //得到直线段的最小包围盒
    //将最小包围盒向四周放大，得到测试包围盒
    desBox. min[0]=sourceBox. min[0]-pick_radius;
    desBox. min[1]=sourceBox. min[1]-pick_radius;
    desBox. max[0]=sourceBox. max[0]+pick_radius;
    desBox. max[1]=sourceBox. max[1]+pick_radius;
    //判断拾取点是否在测试包围盒中，如果不是，则图元未被选中
    if(!objPos. IsInBox(desBox) )
        return FALSE;

    //如果选中了矩形的四条边之一，则认为矩形被选中
    Position left_bottom(m_LeftTop. x, m_RightBottom. y);
    Position right_top(m_RightBottom. x, m_LeftTop. y);
    CLine line1(m_LeftTop, left_bottom);
    CLine line2(left_bottom, m_RightBottom);
    CLine line3(m_RightBottom, right_top);
    CLine line4(right_top, m_LeftTop);
    if(line1. Pick(pos, pick_radius) ||
        line2. Pick(pos, pick_radius) ||
        line3. Pick(pos, pick_radius) ||
        line4. Pick(pos, pick_radius) )
        return TRUE;

    return FALSE;
}
```

在源文件 RECTANGLE.CPP 中，CRectangle 的 Move() 成员函数实现对矩形图元的平移。该函数有基准点坐标和目标点坐标两个参数，根据这两个参数的相对值，对矩形的左上角坐标和右下角坐标进行平移。实现代码如下：

```
void CRectangle::Move(const Position& basePos, const Position& desPos)
{
```

```
    m_LeftTop＝m_LeftTop. Offset(desPos－basePos);
    m_RightBottom＝m_RightBottom. Offset(desPos－basePos);
}
```

在源文件 RECTANGLE. CPP 中，CRectangle 的 Rotate()成员函数实现对矩形图元的旋转。该函数有基准点坐标和旋转角度两个参数，对矩形的左上角坐标和右下角坐标进行旋转。实现代码如下：

```
void CRectangle：: Rotate(const Position& basePos, const double angle)
{
    m_LeftTop＝m_LeftTop. Rotate(basePos, angle);
    m_RightBottom＝m_RightBottom. Rotate(basePos，angle);
}
```

3. 圆弧类

CArc 圆弧类继承了其父类 CEntity 类的基本参数(颜色、线型、线宽等)，覆盖了其父类 CEntity 类的所有虚函数，并定义了三个描述圆弧所必须的成员变量：圆心坐标、起点坐标和终点坐标。CArc 类的声明如下：

```
class CArc : public CEntity
{
    DECLARE_SERIAL(CArc)
protected:
    Positionm_center;
    Positionm_begin;
    Position m_end;

public:
    CArc();
    CArc(const CArc& arc);
    CArc(const Position& center, const Position& startPos, const Position& endPos);
    ～CArc();

    CEntity * Copy();

    int GetType();
    void Init();                    //初始化成员变量
    Position GetStartPos();
    Position GetEndPos();
    Position GetCenterPos();
    BOOL GetSnapPos(Position& pos);

    void Draw(CDC * pDC, int drawMode＝dmNormal);

    //对直线的编辑操作：拾取、平移、旋转、镜像和获得最小包围盒
    BOOL Pick(const Position& pos, const double pick_radius);
    void Move(const Position& basePos, const Position& desPos);
```

```
        void Rotate(const Position& basePos, const double angle);
        void Mirror(const Position& FstPos, const Position& SecPos);
        void GetBox(BOX2D * pBox);

        void LoadPmtCursor();
        void Serialize(CArchive& ar);
    };
```

在源文件 ARC.CPP 中，CArc 的 Draw() 成员函数实现对圆弧的绘制。该函数对设备环境变量的绘图模式进行设置，创建相应画笔，调用设备环境类的成员函数，绘制圆弧。实现代码如下：

```
    void CArc::Draw(CDC * pDC, int drawMode)
    {
        if(m_begin.IsSame(m_end))
            return;
        double radius=m_center.Distance(m_begin);

        Position offset(-radius, radius);
        Position ltpos=m_center+offset;
        Position rbpos=m_center-offset;

        CPoint sltp, srbp, ssp, sep;

        g_pView->WorldtoScreen(m_end, sep);
        g_pView->WorldtoScreen(m_begin, ssp);

        g_pView->WorldtoScreen(ltpos, sltp);
        g_pView->WorldtoScreen(rbpos, srbp);

        intn=GetROP2(pDC->GetSafeHdc());
        CPen pen;
        if( drawMode==dmNormal )
            pen.CreatePen(m_lineStyle, m_lineWidth, m_color);
        else
            ::SetDrawEnvir(pDC, drawMode, &pen);

        CPen * pOldPen=pDC->SelectObject(&pen);
        pDC->SetMapMode(MM_LOENGLISH);
        pDC->SelectStockObject(NULL_BRUSH);
        pDC->Arc(sltp.x, sltp.y, srbp.x, srbp.y, ssp.x, ssp.y, sep.x, sep.y);

        pDC->SelectObject(pOldPen);
        pDC->SetROP2(n);
    }
```

在源文件 ARC. CPP 中，CArc 的 Pick()成员函数实现对该圆弧图元是否被选中的判断。实现代码如下：

```
BOOL CArc::Pick(const Position& pos, const double pick_radius)
{
    Position objPos=pos;
    BOX2D sourceBox, desBox;
    GetBox(&sourceBox);                    //得到圆弧的最小包围盒
    //将最小包围盒向四周放大，得到测试包围盒
    desBox. min[0]=sourceBox. min[0]−pick_radius;
    desBox. min[1]=sourceBox. min[1]−pick_radius;
    desBox. max[0]=sourceBox. max[0]+pick_radius;
    desBox. max[1]=sourceBox. max[1]+pick_radius;
    //判断拾取点是否在测试包围盒中，如果不是，则图元未被选中
    if(!objPos. IsInBox(desBox))
        return FALSE;
    else{
    //计算圆弧半径
    double radius=m_center. Distance(m_begin);
    //计算圆弧的起始角（相对于 x 轴）
    double angle1=GetAngleToXAxis(m_center, m_begin);
    //计算圆弧的终止角（相对于 x 轴）
    double angle2=GetAngleToXAxis(m_center, m_end);
    //计算拾取点和圆弧中心连线与 x 轴的夹角
    double angle=GetAngleToXAxis(m_center, pos);
    //拾取点到圆心的距离
    double distance=m_center. Distance(pos);
    //拾取点和圆弧中心连线与 x 轴的夹角应该存在于
    //起始角和终止角范围之外，并且拾取点到圆心的距离
    //和圆弧半径之差的绝对值小于给定值时，返回 TRUE
    if(angle1>angle2){
        if(!(angle<(angle1−pick_radius)&&angle>(angle2+pick_radius))
            &&fabs( radius−distance)<=50 * pick_radius)
            return TRUE;
    }
    //否则按照正常的判断条件
    if( (angle>(angle1−pick_radius)&&angle<(angle2+pick_radius))
        &&fabs( radius−distance)<=50 * pick_radius)
            return TRUE;

    return FALSE;
    }
}
```

在源文件 ARC. CPP 中，CArc 的 Move()成员函数实现对圆弧图元的平移。该函数有

基准点坐标和目标点坐标两个参数，根据这两个参数的相对值，对圆弧的圆心坐标、起点坐标和终止坐标进行平移。实现代码如下：

```cpp
void CArc::Move(const Position& basePos, const Position& desPos)
{
    m_center=m_center.Offset(desPos−basePos);
    m_end=m_end.Offset(desPos−basePos);
    m_begin=m_begin.Offset(desPos−basePos);
}
```

在源文件 ARC.CPP 中，CArc 的 Rotate() 成员函数实现对圆弧图元的旋转。该函数有基准点坐标和旋转角度两个参数，对圆弧的圆心坐标、起点坐标和终止坐标进行旋转。实现代码如下：

```cpp
void CArc::Rotate(const Position& basePos, const double angle)
{
    if(angle>DISTANCE_ZERO)
    {
        m_center=m_center.Rotate(basePos, angle);
        m_end=m_end.Rotate(basePos, angle);
        m_begin=m_begin.Rotate(basePos, angle);
    }
}
```

7.3.2　命令基类和各种命令类的组织

用户对各种图元的绘制与操作都可以看做是对命令(动作)的执行，如移动鼠标或单击鼠标。命令基类是将所有命令的共有特征抽象出来，作为所有具体命令类的父类。在头文件 COMMAND.H 中，定义一个命令基类 CCommand，并定义成员虚函数。实现代码如下：

```cpp
class CCommand
{
protected:
    intm_nStep;                    //步进值

public:
    CCommand() {}
    ~CCommand() {}

    virtual int GetType()=0;        //返回命令类型 ECommandType
    virtual int OnLButtonDown(UINT nFlags, const Position& pos)=0;
    virtual int OnMouseMove(UINT nFlags, const Position& pos)=0;
    virtual int OnRButtonDown(UINT nFlags, const Position& pos)=0;
    virtual int Cancel()=0;
};
```

1. 直线绘制命令类

CCreateLine 直线绘制命令类覆盖其父类 CCommand 类中的所有虚函数，并定义了两个绘制直线所必须的成员变量：直线的起点坐标和终点坐标。CCreateLine 类声明如下：

```
class CCreateLine : public CCommand
{
private：
    Position m_begin；        //直线的起点
    Position m_end；          //直线的终点
public：
    CCreateLine()；
    ～CCreateLine()；

    int GetType()；
    int OnLButtonDown(UINT nFlags, const Position& pos)；
    int OnMouseMove(UINT nFlags, const Position& pos)；
    int OnRButtonDown(UINT nFlags, const Position& pos)；

    int Cancel()；
};
```

在 OnLButtonDown() 函数中，对计数器 m_nStep 进行判断。如果 m_nStep 值为 1，则将当前坐标保存到成员变量 m_begin 中；如果 m_nStep 值为 2，就得到视图类的设备环境变量指针，擦除在拖动状态时显示的最后一条橡皮线，绘制最终的直线。实现代码如下：

```
intCCreateLine::OnLButtonDown(UINT nFlags, const Position& pos)
{
    m_nStep++；              //每次单击鼠标左键时步进值加 1
    switch(m_nStep)         //根据操作步骤执行相应的操作
    {
    case 1：
    {
        m_begin=m_end=pos；
        ::Prompt("请再点击鼠标，选择线段末尾坐标")；
        break；
    }
    case 2：
    {
        CDC * pDC=g_pView->GetDC()；        //得到设备环境指针

        //擦除在拖动状态时显示的最后一条线
        CLine * pTempLine=new CLine(m_begin, m_end)；
        pTempLine->Draw(pDC, dmDrag)；
        delete pTempLine；
```

```
        //如果在按鼠标左键的过程中同时按下了 Shift 键,那么根据鼠标单击位置绘制水平线
        //或竖直线
        if( nFlags & MK_SHIFT ){
            double dx=pos. x—m_begin. x;
            double dy=pos. y—m_begin. y;

            if(fabs(dx)<=fabs(dy))                //如果鼠标单击位置在 x 方向靠近起点
                m_end. Set(m_begin. x, pos. y);   //那么终点的 x 坐标与起点的相同
            else
                m_end. Set(pos. x, m_begin. y);
        }
        else {
            m_end=pos;                            //如果未按下 Shift 键,则终点为鼠标单击位置
        }

        CLine * pNewLine=new CLine(m_begin, m_end);   //根据起点和终点创建直线
        pNewLine ->Draw(pDC, dmNormal);               //绘制直线
        g_pDoc ->m_EntityList. AddTail(pNewLine);      //将直线指针添加到图元链表
        g_pDoc ->SetModifiedFlag(TRUE);

        g_pView ->ReleaseDC(pDC);                     //释放设备环境指针
        m_nStep=0;

        break;
        }

    }
    return 0;
}
```

2. 矩形绘制命令类

CCreateRect 矩形绘制命令类覆盖其父类 CCommand 类中的所有虚函数,并定义了两个绘制矩形所必须的成员变量:左上角坐标和右下角坐标。CCreateRect 类声明如下:

```
class CCreateRect : public CCommand
{
private:
    Position m_LeftTop;
    Position m_RightBottom;
public:
    CCreateRect();
    ~CCreateRect();

    int GetType();
```

```
    int OnLButtonDown(UINT nFlags, const Position& pos);
    int OnMouseMove(UINT nFlags, const Position& pos);
    int OnRButtonDown(UINT nFlags, const Position& pos);

    int Cancel();
};
```

在 OnLButtonDown() 函数中，对计数器 m_nStep 进行判断。如果 m_nStep 值为 1，将当前坐标保存到成员变量 m_LeftTop 中；如果 m_nStep 值为 2，就得到视图类的设备环境变量指针，擦除在拖动状态时显示的最后矩形橡皮线，绘制最终的矩形。实现代码如下：

```
intCCreateRect::OnLButtonDown(UINT nFlags, const Position& pos)
{
    m_nStep++;              //每次单击鼠标左键时操作步加 1
    switch(m_nStep)        //根据操作步骤执行相应的操作
    {
    case 1:
        {
            m_LeftTop=m_RightBottom=pos;
            ::Prompt("请输入矩形的右下角点：");
            break;
        }
    case 2:
        {
            CDC * pDC=g_pView->GetDC();           //得到设备环境指针

            //擦除在拖动状态时显示的橡皮线
            CRectangle * pTempRect=
                        new CRectangle(m_LeftTop, m_RightBottom);
            pTempRect->Draw(pDC, dmDrag);
            delete pTempRect;

            m_RightBottom=pos;

            //根据两点创建矩形
            CRectangle * pRect=new CRectangle(m_LeftTop, m_RightBottom);
            pRect->Draw(pDC, dmNormal);
            g_pDoc->m_EntityList.AddTail(pRect);   //将指针添加到图元链表
            g_pDoc->SetModifiedFlag(TRUE);         //set modified flag;

            g_pView->ReleaseDC(pDC);               //释放设备环境指针

            m_nStep=0;                             //将操作步重置为 0
            ::Prompt("请输入矩形的左上角点：");
```

```
            break;
        }


    }
    return 0;
}
```

3. 圆弧绘制命令类

CCreateArc 圆弧绘制命令类覆盖其父类 CCommand 类中的所有虚函数，并定义了三个绘制圆弧所必须的成员变量：圆心坐标、起点坐标和终点坐标。CCreateArc 类声明如下：

```
class CCreateArc : public CCommand
{
private：
    Position m_center;
    Position m_begin;
    Position m_end;
public：
    CCreateArc();
    ~CCreateArc();

    int GetType();
    int OnLButtonDown(UINT nFlags, const Position& pos);
    int OnMouseMove(UINT nFlags, const Position& pos);
    int OnRButtonDown(UINT nFlags, const Position& pos);

    int Cancel();
};
```

在 OnLButtonDown() 函数中，对计数器 m_nStep 进行判断。如果 m_nStep 值为 1，则将当前坐标保存到成员变量 m_center 中；如果 m_nStep 值为 2，则将当前坐标保存到成员变量 m_begin 中；如果 m_nStep 值为 3，就得到视图类的设备环境变量指针，擦除在拖动状态时显示的最后圆弧橡皮线，绘制最终的圆弧。实现代码如下：

```
intCCreateArc：:OnLButtonDown(UINT nFlags, const Position& pos)
{
    m_nStep++;              //每次单击鼠标左键时操作步加 1
    switch(m_nStep)
    {
    case 1：
    {
        m_center＝pos;
        ：:Prompt("请输入圆弧的起始点：");
        break;
    }
```

```
case 2 :
{
        m_begin＝m_end＝pos;
        ::Prompt("请输入圆弧的终点：");
        break;
}
case 3 :
{
         CDC * pDC＝g_pView ->GetDC();

        //擦除在拖动状态时显示的橡皮线
        CLine * pTempLine1＝new CLine(m_center, m_begin);
        CLine * pTempLine2＝new CLine(m_center, m_end);
        CArc * pTempArc＝new CArc(m_center, m_begin, m_end);
        pTempLine1 ->Draw(pDC, dmDrag);
        pTempLine2 ->Draw(pDC, dmDrag);
        pTempArc ->Draw(pDC, dmDrag);
        delete pTempLine1;
        delete pTempLine2;
        delete pTempArc;

        m_end＝pos ;

        CArc × pNewArc＝new CArc(m_center, m_begin, m_end);
        pNewArc ->Draw(pDC, dmNormal);
        g_pDoc ->m_EntityList. AddTail(pNewArc);
        g_pDoc ->SetModifiedFlag(TRUE);
        g_pView ->ReleaseDC(pDC);

        m_nStep＝0;
        ::Prompt("请输入圆弧的中心点：");
        break;
}
}
return 0;
}
```

4. 平移命令类和旋转命令类

CMove 平移命令类和 CRotate 旋转命令类都覆盖其父类 CCommand 类中的所有虚函数，并定义了图元平移或旋转所必须的两个成员变量：基准点坐标和目标点坐标。

CMove 类声明如下：

```
class CMove：public CCommand
{
private：
  Position m_basePos；
  Position m_desPos；
public：
  CMove()；
  ～CMove()；

  int GetType()；
  int OnLButtonDown(UINT nFlags, const Position& pos)；
  int OnMouseMove(UINT nFlags, const Position& pos)；
  int OnRButtonDown(UINT nFlags, const Position& pos)；

  int Cancel()；
};
```

CRotate 类声明如下：

```
class CRotate：public CCommand
{
private：
  Position m_basePos；
  Position m_desPos；
public：
  CRotate()；
  ～CRotate()；

  int GetType()；
  int OnLButtonDown(UINT nFlags, const Position& pos)；
  int OnMouseMove(UINT nFlags, const Position& pos)；
  int OnRButtonDown(UINT nFlags, const Position& pos)；

  int Cancel()；
};
```

在 OnLButtonDown() 函数中，对计数器 m_nStep 进行判断。如果 m_nStep 值为 1，则将当前坐标保存到成员变量 m_basePos 中；如果 m_nStep 值为 2，就得到视图类的设备环境变量指针，擦除原来位置上的图元，重画新的图元。实现代码如下：

```
intCMove：:OnLButtonDown(UINT nFlags, const Position& pos)
{
m_nStep++；
switch(m_nStep)
{
case 1：
```

```
                m_basePos＝m_desPos＝pos;
                ::Prompt("请输入移动的目标点：单击鼠标右键取消");
                break;
            case 2:
            {
                m_desPos＝pos;
                CDC * pDC＝g_pView ->GetDC();            //获得视类的设备环境指针

                CLine * pTempLine＝new CLine(m_basePos, m_desPos);
                pTempLine ->Draw(pDC, dmDrag);
                delete pTempLine;

                int i, n;
                for(n＝g_pDoc ->m_selectArray. GetSize(), i＝0; i<n; i++)
                {
                    CEntity * pEntity＝(CEntity * )g_pDoc ->m_selectArray[i];
                    pEntity ->Draw(pDC, dmInvalid);      //清除原来位置上的图元
                    pEntity ->Move(m_basePos, m_desPos); //将图元移动到目标位置
                    pEntity ->Draw(pDC, dmNormal);       //在目标位置上绘制图元
                }
                g_pDoc ->m_selectArray. RemoveAll();     //清空选择集
                g_pDoc ->SetModifiedFlag(TRUE);          //标志文档数据已被修改
                g_pView ->ReleaseDC(pDC);                //释放视类的设备环境指针
                m_nStep＝0;
                break;
            }
            default:
                break;
        }

        return 0;
    }
```

函数 int CRotate::OnLButtonDown(UINT nFlags, const Position& pos){}的代码与上述代码类似。

7.3.3　实现图元的绘制与操作

1. 菜单项的响应

为菜单项 ID_CREATE_LINE、ID_CREATE_RECT ANGLE、ID_CREATE_ARC 的 COMMAND_RANGE 消息添加响应函数 OnCreateEntity()，在该函数中将当前操作命令指针 m_pCmd 设置为相应的值。实现代码如下：

```
    void CMyPaintView::OnCreateEntity(int m_nID)
    {
```

```
if( m_pCmd ){
    m_pCmd ->Cancel();
    delete m_pCmd ;
    m_pCmd=NULL;
}
//下面根据不同的菜单命令创建不同的命令对象
switch(m_nID)
{
    case ID_CREATE_LINE:               //直线
    {
        m_pCmd=new CCreateLine();
        break;
    }
    case ID_CREATE_RECTANGLE:          //矩形
    {
        m_pCmd=new CCreateRect();
        break;
    }
    case ID_CREATE_ARC:                //圆弧
    {
        m_pCmd=new CCreateArc();
        break;
    }
}
```

为菜单项 ID_OPTION_PICK 的 COMMAND 消息添加响应函数 OnOptionPick()。在该函数中，将当前操作命令指针 m_pCmd 设置为空。实现代码如下：

```
void CMyPaintView::OnOptionPick()
{
    if(m_pCmd){
    delete m_pCmd;
    m_pCmd=NULL;
    }
}
```

2. 单击鼠标左键的响应

在视图类 CMyPaintView 类中，添加消息 WM_LBUTTONDOWN 的消息响应函数 OnLButtonDown()。在 OnLButtonDown() 函数中，判断保存当前操作命令的指针 m_pCmd 是否为空：如果 m_pCmd 不为空，则调用当前操作命令类的 OnLButtonDown() 函数，完成相应的命令操作；如果 m_pCmd 为空，则调用视图类的 OnLButtonDown() 函数，完成图元的选取操作。实现代码如下：

```
void CMyPaintView::OnLButtonDown(UINT nFlags, CPoint point)
{
```

```
CMyPaintDoc * pDoc=GetDocument();
ASSERT_VALID(pDoc);

Position pos;
ScreentoWorld(point, pos);                  //将设备坐标转换为世界坐标

if(m_pCmd)
  m_pCmd->OnLButtonDown(nFlags, pos);
else
  pDoc->OnLButtonDown(nFlags, pos);

CView::OnLButtonDown(nFlags, point);
}
```

3. 鼠标移动的响应

在视图类 CMyPaintView 类中，添加消息 WM_MOUSEMOVE 的消息响应函数 OnMouseMove()。在 OnMouseMove()函数中，判断保存当前操作命令的指针 m_pCmd 是否为空：如果 m_pCmd 不为空，则调用当前操作命令类的 OnMouseMove()函数，完成相应的命令操作；如果 m_pCmd 为空，则调用视图类的 OnMouseMove()函数，完成图元的选取操作。实现代码如下：

```
void CMyPaintView::OnMouseMove(UINT nFlags, CPoint point)
{
  CMyPaintDoc * pDoc=GetDocument();
  ASSERT_VALID(pDoc);

  Position pos;
  ScreentoWorld(point, pos);                  //将设备坐标转换为世界坐标

  //获得状态条的指针
  CStatusBar * pStatus=(CStatusBar * )

  AfxGetApp()->m_pMainWnd->GetDescendantWindow(ID_VIEW_STATUS_BAR);
  if(pStatus)
  {
    CString str;
    str.Format("(%d, %d)", point.x, point.y);
    //在状态条的第二个窗格中输出当前鼠标的位置
    pStatus->SetPaneText(1, str);
  }
  if(m_pCmd)
    m_pCmd->OnMouseMove(nFlags, pos);
  else
```

```
        pDoc->OnMouseMove(nFlags, pos);

    CView::OnMouseMove(nFlags, point);
}
```

4. 单击鼠标右键的响应

在视图类 CMyPaintView 类中，添加消息 WM_RBUTTONDOWN 的消息响应函数 OnRButtonDown()。在 OnRButtonDown()函数中，判断保存当前操作命令的指针 m_pCmd 是否为空：如果 m_pCmd 不为空，则调用当前操作命令类的 OnRButtonDown 函数，完成相应的命令操作。实现代码如下：

```
    void CMyPaintView::OnRButtonDown(UINT nFlags, CPoint point)
    {
    Position pos;
    ScreentoWorld(point, pos);              //将设备坐标转换为世界坐标

    if(m_pCmd)
      m_pCmd->OnRButtonDown(nFlags, pos);

    CView::OnRButtonDown(nFlags, point);
    }
```

5. 实现文档的管理功能

为文档类 CMyPaintDoc 类添加成员函数 OnLButtonDown()，实现选择图元的操作。实现代码如下：

```
    void CMyPaintDoc::OnLButtonDown(UINT nFlags, const Position& pos)
    {
    CDC * pDC=g_pView->GetDC();             //得到视的设备环境指针

    if(m_pPmtEntity){
      if(!(nFlags & MK_CONTROL))            //若没有按下 Ctrl 键，则首先清空选择集
        RemoveAllSelected();
      m_pPmtEntity->Draw(pDC, dmSelect);    //将图元绘制为选中状态
      m_selectArray. Add(m_pPmtEntity);     //将图元放入选择集中
    }
    else{
      if(!(nFlags & MK_CONTROL))            //如果没有按下 Ctrl 键，则清空选择集
        RemoveAllSelected();
    }
    m_pPmtEntity=NULL;                      //将提示图元对象设置为空
    g_pView->ReleaseDC(pDC);                //释放视的设备环境指针
    }
```

为文档类 CMyPaintDoc 类添加成员函数 OnMouseMove()，实现判断是否有图元被拾取到的功能。该函数遍历图元链表，依次调用每个图元的 Pick()成员函数。如果发现有图

元被拾取到，则将该图元放到选择集中。实现代码如下：

```
void CMyPaintDoc::OnMouseMove(UINT nFlags, const Position& pos)
{
    if(m_EntityList.GetCount()==0)
        return;
    ::Prompt("拾取图元");

    BOOL bPicked=FALSE;
    CEntity * pickedEntity=NULL;

    POSITION position=m_EntityList.GetHeadPosition();
    while(position !=NULL){
        CEntity * pEntity=(CEntity * )m_EntityList.GetNext(position);

        double curRadius=PICK_RADIUS / g_pView ->GetScale();
        if(pEntity ->Pick(pos, curRadius) ){
            bPicked=TRUE;
            pickedEntity=pEntity;
            break;
        }
    }

    CDC * pDC=g_pView ->GetDC();           //得到视的设备环境指针
    if( bPicked ){                         //如果某个图元被拾取到
        if(m_pPmtEntity ){
            m_pPmtEntity->Draw(pDC, dmNormal);
            m_pPmtEntity=NULL;
        }

        m_pPmtEntity=pickedEntity;

        if(!IsSelected(m_pPmtEntity) ){
            //设置光标状态；
            m_pPmtEntity->LoadPmtCursor();
            m_pPmtEntity->Draw(pDC, dmPrompt);
        }
        //如果提示图元已存在于选择集中，那么将它恢复为空
        else
            m_pPmtEntity=NULL;
    }
    else{ //如果没有图元被拾取到
        if(m_pPmtEntity){
            m_pPmtEntity->Draw(pDC, dmNormal);
```

```
                m_pPmtEntity＝NULL；
        }
    }
    g_pView－＞ReleaseDC(pDC)；          //释放视的设备环境指针
}
```

为文档类 CMyPaintDoc 类添加成员函数 IsSelected()，判断某一图元是否已经在选择集中。实现代码如下：

```
    BOOL CMyPaintDoc：：IsSelected(CEntity ＊ pEntity)
    {
        //判断图元对象是否已经在选择集中
        if(pEntity)
        {
            for(int i＝0 ； i＜m_selectArray. GetSize() ； i＋＋)
            {
                if(pEntity＝＝(CEntity ＊)m_selectArray[i] )
                    return TRUE；
            }
        }
        return FALSE；
    }
```

为文档类 CMyPaintDoc 类添加成员函数 RemoveAllSelected()，实现清空所有选择集的操作。实现代码如下：

```
    void CMyPaintDoc：：RemoveAllSelected()
    {
        //首先选择集中的元素绘制为正常状态，然后清空选择集
        CDC ＊ pDC＝g_pView －＞GetDC()；
        for( int i＝0 ； i＜m_selectArray. GetSize() ； i＋＋){
            CEntity ＊ pSelEntity＝(CEntity ＊) m_selectArray[i]；
                pSelEntity －＞Draw(pDC，dmNormal)；
        }
        m_selectArray. RemoveAll()；
        g_pView －＞ReleaseDC(pDC)；
    }
```

为文档类 CMyPaintDoc 类添加成员函数 DeleteContents()，实现清空图元链表的操作。实现代码如下：

```
    void CMyPaintDoc：：DeleteContents()
    {
        m_selectArray. RemoveAll()；

        //清除图元链表中的图元对象
        POSITION pos＝m_EntityList. GetHeadPosition()；
        while(pos！ ＝NULL)
```

```
    {
        CEntity * pEntity=(CEntity * ) m_EntityList. GetNext(pos);
        delete pEntity ;
    }

        m_EntityList. RemoveAll();

        CDocument::DeleteContents();
    }
```

为文档类 CMyPaintDoc 类添加成员函数 Draw(),依次调用各种图元的 Draw()函数,实现窗口重绘的操作。实现代码如下:

```
    void CMyPaintDoc::Draw(CDC * pDC)
    {
        //绘制链表中的图元
        POSITION pos=m_EntityList. GetHeadPosition();
        while(pos!=NULL)
        {
            CEntity * pEntity=(CEntity * ) m_EntityList. GetNext(pos);
            pEntity ->Draw(pDC, dmNormal);
        }
        //绘制选择集中的图元
        for( int i=0 ; i<m_selectArray. GetSize() ; i++){
            CEntity * pSelEntity=(CEntity * ) m_selectArray[i];
                pSelEntity ->Draw(pDC, dmSelect);
        }
    }
```

为文档类 CMyPaintDoc 类添加成员函数 Serialize(),实现文件存取的操作。实现代码如下:

```
    void CMyPaintDoc::Serialize(CArchive& ar)
    {
        m_EntityList. Serialize(ar);
    }
```

7.4 实验:在 MFC 中编写绘图程序

实验目的 建立 MFC Windows 程序设计的形象概念,激发设计工作者对程序设计的兴趣。

实验要求 掌握 MFC 应用程序框架的建立、MFC 菜单的编写、类的建立、响应消息的编写。

实验内容 编写简单 CAD 绘图系统程序,实现直线、矩形、圆弧的绘制、拾取、平移和旋转,提供文件的存取。

主要思想　利用 AppWizard 创建应用程序框架结构,利用资源编辑器直观设计程序用户界面;利用 ClassWizard 创建图元基类和图元类,添加函数实现图元的绘制和操作。

实验步骤:

(1) 创建 MFC 应用程序框架。在 Visual C++ 中,选择"New → Project → MFC AppWizard(exe)"选项,即可以新建一个基于单文档的工程,例如,新建名称为 MyPaint 的文档。选择需要初始化的工具栏、状态栏、打印及打印预览功能,设置应用程序的主框架具有系统菜单最大化按钮和最小化按钮。旋转程序视图类是具有滚动条功能的 CScrollView 类。

(2) 添加资源。

① 利用 Visual C++资源编辑器添加一个图元工具栏 ID_ENTITY,为其添加 3 个按钮,分别表示绘制直线、绘制矩形和绘制圆弧,用来选择需要绘制的图元。

② 利用 Visual C++资源编辑器添加一个操作工具栏 ID_OPTION,为其添加 3 个按钮,分别表示图元拾取操作、图元平移操作和图元旋转操作,用来选择需要对图元进行的操作。

③ 利用 Visual C++资源编辑器对工程的 IDR_MAINFRAME 菜单进行编辑,为其添加"绘制"和"操作"两个下拉菜单,菜单的名称和对应关系见表 7-4。

表 7-4　工程菜单资源清单

菜单名称	子菜单名称	菜单用途
绘制	直线	绘制直线
	矩形	绘制矩形
	圆弧	绘制圆弧
操作	拾取	图元拾取操作
	平移	图元平移操作
	旋转	图元旋转操作

(3) 初始化应用程序框架。

主框架类的 OnCreate()函数创建工程所需的工具栏和状态栏,并对工具栏进行停靠设置。实现代码如下:

```
int CMainFrame::OnCreate(LPCREATESTRUCT lpCreateStruct)
{
if (CFrameWnd::OnCreate(lpCreateStruct)==-1)
    return-1;

//创建工具栏 IDR_MAINFRAME
if (!m_wndToolBar.CreateEx(this, TBSTYLE_FLAT,
    WS_CHILD | WS_VISIBLE | CBRS_TOP | CBRS_GRIPPER |
    CBRS_TOOLTIPS | CBRS_FLYBY | CBRS_SIZE_DYNAMIC) ||
    !m_wndToolBar.LoadToolBar(IDR_MAINFRAME))
    {
```

```
    TRACE0("Failed to create toolbar\n");
    return−1;              //创建失败
}


//创建状态栏
if (!m_wndStatusBar. Create(this) ||
   !m_wndStatusBar. SetIndicators(indicators,
   sizeof(indicators)/sizeof(UINT)))
{
    TRACE0("Failed to create status bar\n");
    return−1; //创建失败
}


//创建工具栏 IDR_ENTITY
if(!m_wndEntityBar. CreateEx(this, TBSTYLE_FLAT,
   WS_CHILD | WS_VISIBLE | CBRS_TOP| CBRS_GRIPPER |
   CBRS_TOOLTIPS | CBRS_FLYBY | CBRS_SIZE_DYNAMIC) ||
   ! m_wndEntityBar. LoadToolBar(IDR_ENTITY))
{
    TRACE0("Failed to create modify toolbar\n");
    return−1;              //创建失败
}


//创建工具栏 IDR_OPTION
if(!m_wndOptionBar. CreateEx(this, TBSTYLE_FLAT,
   WS_CHILD | WS_VISIBLE | CBRS_TOP| CBRS_GRIPPER |
   CBRS_TOOLTIPS | CBRS_FLYBY | CBRS_SIZE_DYNAMIC) ||
   !m_wndOptionBar. LoadToolBar(IDR_OPTION))
{
    TRACE0("Failed to create modify toolbar\n");
    return−1;              // 创建失败
}


//对工具栏的停靠属性进行设置
m_wndToolBar. EnableDocking(CBRS_ALIGN_ANY);
m_wndEntityBar. EnableDocking(CBRS_ALIGN_ANY);
m_wndOptionBar. EnableDocking(CBRS_ALIGN_ANY);
EnableDocking(CBRS_ALIGN_ANY);


//以指定顺序停靠工具栏
DockControlBar(&m_wndToolBar);
DockControlBarLeftOf(&m_wndEntityBar, &m_wndToolBar);
DockControlBarLeftOf(&m_wndOptionBar, &m_wndEntityBar);
```

```
    return 0;
    }
```

CMyPaintView 类的 OnInitialUpdate( )函数设置滚动条的滚动范围，完成滚动条的初始化工作。实现代码如下：

```
    void CMyPaintView::OnInitialUpdate()
    {
        CScrollView::OnInitialUpdate();

        CSize sizeTotal;
        sizeTotal.cx=800;                      //滚动区域的宽度
        sizeTotal.cy=600;                      //滚动区域的高度
        SetScrollSizes(MM_TEXT, sizeTotal);    //设置区域
    }
```

（4）创建图元类。参见 7.3.1 节。

（5）实现图元的绘制与操作。参见 7.3.3 节。

第 8 章 OpenGL 图形程序设计

OpenGL(Open Graphics Library，开放性图形库)是图形硬件的一个软件接口，是以 SGI 的 GL 三维图形库为基础制定的一个开放式三维图形标准。SGI 公司在 1992 年 7 月发布了 OpenGL 1.0 版，后来成为国际通用的工业标准，由 OpenGL ARB(OpenGL Architecture Review Board，OpenGL 结构评审委员会)负责管理。目前，加入 OpenGL ARB 的成员有 SGI、Microsoft、Intel、IBM、Sun、Compaq 和 HP 等公司，它们都采用了 OpenGL 图形标准。由于 Microsoft 公司在 Windows NT 和 Windows 95/98 中捆绑了 OpenGL 图形标准，使得 OpenGL 在微机中得到了广泛的应用。尤其是在 OpenGL 三维图形加速卡和微机图形工作站推出后，人们可以在微机上实现 CAD 设计、仿真模拟、三维游戏等，从而使得应用 OpenGL 及其应用软件来创建三维图形变得更有机会、更为方便。

OpenGL 是从事三维图形开发工作的技术人员所必须掌握的开发工具。本章主要讲述 OpenGL 的编程基础、主要功能以及在 Windows 环境下开发 OpenGL 绘图程序的方法。

8.1 OpenGL 编程基础

8.1.1 OpenGL 概述

1. OpenGL 的概念

在计算机发展初期，人们就开始从事计算机图形的开发。到 20 世纪 80 年代末 90 年代初，三维图形开始迅速发展，各种三维图形工具软件包相继推出，如 GL、RenderMan 等。这些三维图形工具软件包有些侧重于使用方便，有些侧重于绘制效果或与应用软件的连接，但没有一种软件包能在交互式三维图形建模能力和编程方便程度上能与 OpenGL 相比拟。

OpenGL 独立于硬件平台和窗口系统(Windows System)，可以运行在当前各种流行的操作系统上，如 Mac OS、UNIX、Windows 95/98、Windows NT/2000、Linux、OPENStep、Python、BeOS 等，其目的是将用户从具体的硬件系统和操作系统中解放出来，可以完全不去理解这些系统的结构和指令，只要按照规定的格式书写应用程序就可以在任何支持 OpenGL 的硬件平台上执行。

各种流行的编程语言都可以调用 OpenGL 中的库函数，如 C、C++、FORTRAN、Ada、Java 等。OpenGL 应用程序具有广泛的移植性。

OpenGL 是一个优秀的专业化 3D API(Application Programming Interface，应用编程接口)。对程序员而言，OpenGL 是一些指令或函数的集合。这些指令允许用户对二维几何对象或三维几何对象进行说明，允许用户对对象实施操作以便把这些对象着色(Render)到帧存(Framebuffer)上。OpenGL 的大部分指令提供立即接口操作方式以便使说明的对象能够马上被画到帧存上。一个使用 OpenGL 的典型描绘程序首先在帧存中定义一个窗口，然后在此窗口中进行各种操作。在所有的指令中，有些调用用于画简单的几何对象，另一些调用将影响这些几何对象的描绘，包括如何光照、如何着色以及如何从用户的二维或三维模型空间映射到二维屏幕。

作为图形硬件的软件接口，OpenGL 由几百个指令或函数组成。对 OpenGL 的实现者而言，OpenGL 是影响图形硬件操作的指令集合。如果硬件仅仅包括一个可以寻址的帧存，那么 OpenGL 就不得不几乎完全在 CPU 上实现对象的描绘。图形硬件可以包括不同级别的图形加速器，从能够画二维的直线到多边形的网栅系统再到包含能够转换和计算几何数据的浮点处理器，OpenGL 可以保持数量较大的状态信息。这些状态信息可以用来指示 OpenGL 如何往帧存中画物体，一些状态用户可以直接使用，通过调用即可获得状态值；而另一些状态只能根据它作用在所画物体上产生的影响才可见。

OpenGL 完全独立于各种网络协议和网络拓扑结构，是网络透明的，它既可以通过网络发送图形信息至远程机，也可以发送图形信息至多个显示屏幕，或者与其他系统共享处理任务。

2. OpenGL **的工作结构**

如图 8-1 所示，一个完整的窗口系统的 OpenGL 图形处理系统的结构为：最底层的图形硬件、第二层的操作系统、第三层的窗口系统、第四层的 OpenGL、第五层的应用软件。

图 8-1　OpenGL 图形处理系统的层次结构

OpenGL 指令的解释模型是客户/服务器（Client/Server）模式，即客户（试图用 OpenGL 进行绘制工作的应用程序）向服务器（OpenGL 内核）发布命令，服务器解释 OpenGL 命令。在大多数情况下，客户和服务器是运行在同一台计算机上的。基于客户/服务器模式，在网络环境中很容易使用 OpenGL，且在不同计算机上的多个客户可以得到在其他计算机上服务器的服务。

OpenGL 的库函数被封装在 opengl32.dll 动态链接库中。从客户应用程序发布的对 OpenGL 函数的调用首先被 opengl32.dll 处理，再传给服务器被 winsrv.dll 进一步处理，然后传递给 DDI（Device Driver Interface），最后传递给视频显示驱动程序。图 8-2 显示了这一过程。

3. OpenGL **的功能**

OpenGL 严格按照计算机图形学原理设计而成，符合光学和视觉原理，非常适合可视化仿真系统。从个人计算机到工作站和超级计算机，OpenGL 都能实现高性能的三维图形

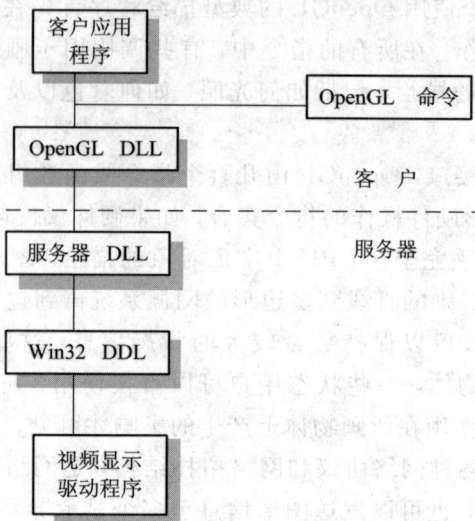

图 8-2 OpenGL 的运行机制

功能：

1）绘制模型

OpenGL 图形库提供了绘制点、线和多边形的函数，应用这些基本几何图形可以绘制出用户需要的三维模型。而且，OpenGL 库提供了球、锥、多面体和茶壶等复杂的三维物体以及贝塞尔和 NURBS 等复杂曲线、曲面的绘制函数。

2）各种变换

在现实世界中，所有的物体都是三维的，因此，OpenGL 通过一系列的变换来实现将三维的物体显示在二维的显示设备上。OpenGL 图形库提供了基本变换和投影变换。基本变换有平移、旋转、变比和镜像四种变换，投影变换包括平行投影和透视投影两种。在算法上，它们是通过矩阵操作来实现的。

3）着色模式

OpenGL 提供了两种颜色的显示方式：一种是 RGBA 模式，另一种是颜色索引方式。在 RGBA 模式下，每一像素的颜色值由红、绿、蓝色值和可能存在的 A 值来描述。在颜色索引模式下，每个像素的颜色值由颜色索引表中的颜色索引值来指定，颜色索引表是一个定义了 R、G 和 B 值的特定集合。

4）光照处理

在自然界我们所看见的物体都是由其材质和光照相互作用的结果，OpenGL 提供了辐射光（Emitted light）、环境光（Ambient light）、漫反射光（Diffuse light）和镜面光（Specular light）。材质是指物体表面对光的反射特性，在 OpenGL 中用光的反射率来表示材质。

5）纹理映射

纹理是数据的简单矩阵排列，数据有颜色数据、亮度数据和 Alpha 数据。OpenGL 应用纹理映射（Texture mapping）将真实感的纹理粘贴在物体表面，使物体逼真生动。

6）位图和图像

OpenGL 提供了一系列函数来实现位图和图像的操作。位图和图像数据均采用像素的矩阵形式表示。位图主要应用于各字体中的字符，只保存像素的信息，可以用于遮盖其他图像，类似于掩码。图像可通过扫描和计算得到，图像数据包含每一像素的多个信息。位图和图像数据可以在屏幕和内存间进行传递。

7）制作动画

OpenGL 提供了双缓存(Double buffering)技术来实现动画绘制。双缓存即前台缓存和后台缓存，前台缓存用来显示后台缓存已经画好的画面，后台缓存用来计算场景和生成画面。当画完一帧时，交互两个缓存，这样循环交替以产生平滑动画。

8）选择和反馈

OpenGL 为支持交互式应用程序设计了选择模式和反馈模式。在选择模式下，可以确定用户鼠标指定或拾取的是哪一个物体，可以决定将把哪些图元绘入窗口的某个区域。而在反馈模式下，OpenGL 把即将光栅化的图元信息反馈给应用程序，而不是用于绘图。

此外，OpenGL 还提供了多种多样的图形绘制方式：

（1）线框绘制方式(Wire frame)：绘制三维物体的网格轮廓线。

（2）深度优先线框绘制方式(Depth cued)：采用线框方式绘图，使远处的物体比近处的物体暗一些，以模拟人眼看物体的效果。

（3）反走样线框绘制方式(Antialiased)：采用线框方式绘图，绘制时采用反走样技术，以减少图形线条的参差不齐。

（4）平面明暗处理方式(Flat shading)：对模型的平面单元按光照进行着色，但不进行光滑处理。

（5）光滑明暗处理方式(Smooth shading)：对模型按照光照绘制的过程进行光滑处理，这种方式更接近于现实。

（6）加阴影和纹理的方式(Shadow and Texture)：在模型表面贴上纹理甚至加上光照阴影效果，使三维场景像照片一样逼真。

（7）运动模糊绘制方式(Motion blured)：模拟物体运动时人眼观察所觉察到的动感模糊现象。

（8）大气环境效果(Atmosphere effects)：在三维场景中加入雾等大气环境效果，使人有身临其境之感。

（9）深度域效果(Depth effects)：类似于照相机镜头效果，模拟在聚集点处清晰。

4. OpenGL 的开发环境

OpenGL 对硬件的要求是：CPU 为 Pentinum 或 Pentinum Pro，时钟频率为 90 MHz以上，内存为 16 MB/32 MB/64 MB 以上，硬盘为 512 MB 以上，其他可选。

OpenGL 对软件环境的最低要求是：操作系统为 Windows NT 4.0 以上或 Windows 95 以上。

OpenGL 可以用 Microsoft Visual C++ 开发环境运行。所有开发 OpenGL 应用程序的库文件都由三大部分组成：

（1）函数的说明文件：gl. h、glu. h、glut. h 和 glaux. h；

（2）静态链接库文件：glu32. lib、glut32. lib、glaux. lib 和 opengl32. lib；

（3）动态链接库文件：glu. dll、glu32. dll、glut. dll、glut32. dll 和 opengl32. dll。

在正式开始编程之前，请按如下步骤设置 OpenGL 的编程环境：

（1）将 OpenGL 开发库中的 .h 文件拷贝到 VC 的 \Include\GL 目录中；

（2）将 .lib 文件拷贝到 VC 的 \Lib 目录中；

（3）将 .dll 文件拷贝到操作系统对应的目录中。

8.1.2 OpenGL 的基本数据类型和函数

OpenGL 的数据类型主要是描述三维物体空间位置及其属性的整数和浮点数。虽然 OpenGL 的数据类型可以用其他语言的相应数据类型来表达，但是建议在 OpenGL 编程时采用 OpenGL 定义的数据类型。OpenGL 中定义的数据类型均以 GL 开头，与 C 语言中的数据类型的对照关系如表 8-1 所示。

表 8-1 OpenGL 中的数据类型

缩写字符	数据类型	C 语言中的数据类型	OpenGL 中的数据类型
b	8 位整数	signed char	GLbyte
ub	8 位无符号整数	unsigned char	Glubyte、GLboolean
s	16 位整数	short	GLshort
us	16 位无符号整数	unsigned short	GLushort
i	32 位整数	long	GLint、GLsizei
ui	32 位无符号整数	unsigned long	GLuint、GLenum、GLbitfield
f	32 位浮点数	float	GLfloat、GLclampf
d	64 位浮点数	double	GLdouble、GLclampd
		void	GLvoid

OpenGL 中定义了大量的符号常数，所有这些常数都以 GL_ 开头，全部采用大写字母，常数的各部分之间采用下划线分隔，表 8-2 列出了 OpenGL 中的部分符号常数及其含义。

表 8-2 OpenGL 中的部分符号常数及其含义

缩 写 字 符	数 据 类 型
GL_POINTS	绘制单个顶点集
GL_LINES	绘制多组独立的双顶点线段
GL_POLYGONS	绘制单个连线多边形
GL_AMBIENT	设置 RGBA 模式下的环境光
GL_POSITION	设置光源位置
GL_SPOT_DIRECTION	点光源聚光方向矢量
GL_CONSTANT_ATTENUATION	设置常数衰减因子
GL_FLAT	设置平面明暗处理模式
GL_SMOOTH	设置光滑明暗处理模式

OpenGL 库函数的命名方式非常有规律，每个库函数均有前缀 gl、glu、aux，分别表示该函数属于 OpenGL 核心库、实用库和辅助库。

OpenGL 的库函数大致可以分为六类：

1. OpenGL 核心库

OpenGL 核心库有 115 个函数，函数名的前缀为 gl。

这部分函数用于常规的、核心的图形处理。由于许多函数可以接收不同数据类型的参数，因此派生出来的函数原形多达 300 多个。

2. OpenGL 实用库

OpenGL 实用库有 43 个函数，函数名的前缀为 glu。

这部分函数通过调用核心库的函数，为开发者提供相对简单的用法，来实现一些较为复杂的操作。如坐标变换、纹理映射、绘制椭球、茶壶等简单多边形。

OpenGL 中的核心库和实用库可以在所有的 OpenGL 平台上运行。

3. OpenGL 辅助库

OpenGL 辅助库有 31 个函数，函数名前缀为 aux。

这部分函数提供窗口管理、输入/输出处理以及绘制一些简单三维物体。

OpenGL 中的辅助库不能在所有的 OpenGL 平台上运行。

4. OpenGL 工具库

OpenGL 工具库包含大约 30 多个函数，函数名前缀为 glut。

这部分函数主要提供基于窗口的工具，如多窗口绘制、空消息和定时器，以及一些绘制较复杂物体的函数。由于 glut 中的窗口管理函数是不依赖于运行环境的，因此 OpenGL 中的工具库可以在所有的 OpenGL 平台上运行。

5. Windows 专用库

Windows 专用库包含有 16 个函数，函数名前缀为 wgl。

这部分函数主要用于连接 OpenGL 和 Windows 95/NT，以弥补 OpenGL 在文本方面的不足。Windows 专用库只能用于 Windows 95/98/NT 环境中。

6. Win32 API 函数库

Win32 API 函数库包含有 6 个函数，函数名无专用前缀。

这部分函数主要用于处理像素存储格式和双帧缓存。这 6 个函数将替换 Windows GDI 中原有的同名函数。Win32 API 函数库只能用于 Windows 95/98/NT 环境中。

8.1.3　OpenGL 工作流程

OpenGL 的绘制主要是将二维或三维的物体模型描绘至帧缓存，这些物体由一系列的描述物体几何性质的顶点（Vertex）或描述图像的像素（Pixel）组成。OpenGL 执行一系列的操作把这些数据最终转化为像素数据并在帧缓存中形成最后的结果，其工作流程如图 8-3 所示。

OpenGL 指令从左侧进入 OpenGL，有两类数据，分别是由顶点描述的几何模型和由像素描述的位图、影像等模型，其中后者经过像素操作后直接进入光栅化。求值器用于处理输入的模型数据，例如对顶点进行转换、光照，并把图元剪切到视景体中，为下一步光

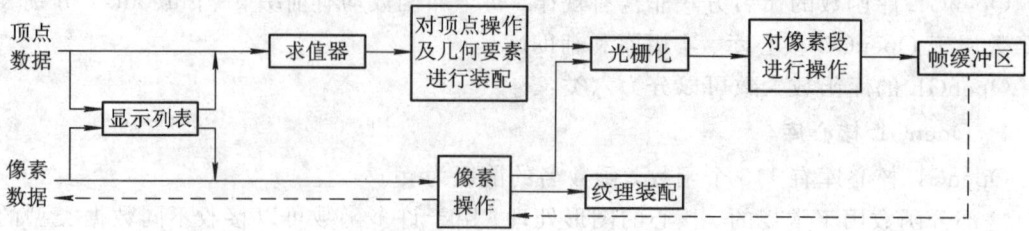

图 8 - 3　OpenGL 工作流程

栅化做好准备。显示列表用于存储一部分指令，待合适时间以便于快速处理。光栅化将图元转化成二维操作，并计算结果图像中每个点的颜色和深度等信息，产生一系列图像的帧缓存描述值，其生成结果称为像素段。

1. 几何操作

1）针对每个顶点的操作

每个顶点的空间坐标需要经过模型取景矩阵变换与法向矢量矩阵变换。若允许纹理自动生成，则由变换后的顶点坐标所生成的新纹理坐标替代原有的纹理坐标，再经过当前纹理矩阵变换，传递到几何要素装配步骤。

2）几何要素装配

不同的几何要素类型决定采取不同的几何要素装配方式。若使用平直明暗处理，线或多边形的所有顶点颜色则相同；若使用裁剪平面，裁剪后的每个顶点的空间坐标由投影矩阵进行变换，并由标准取景平面进行裁剪，再进行视口和深度变换操作。如果几何要素是多边形，则还要做剔除检验，最后生成点图案、线宽、点尺寸的像素段，并赋上颜色、深度值。

2. 像素操作

由主机读入的像素首先解压缩成适当的组份数目，然后进行数据放大、偏置，并经过像素映射处理，根据数据类型限制在适当的取值范围内，最后将像素写入纹理内存，使用纹理映射或光栅化生成像素段。如果像素数据由帧缓冲区读入，则执行放大、偏置、映射、调整等像素操作，再以适当的格式压缩。像素拷贝操作相当于解压缩和传输操作的组合，只是压缩和解压缩不是必须的，数据写入帧缓冲区前的传输操作只发生一次。

3. 像素段操作

当使用纹理映射时，每个像素段将产生纹素，再进行雾效果计算、反走样处理。接着进行裁剪处理、一致性检验（只在 RGBA 模式下使用）、模板检验、深度缓冲区检验和抖动处理。若采用颜色索引模式，像素还要进行逻辑操作；在 RGBA 模式下则进行混合操作。

根据着色模式不同，决定像素段采取颜色屏蔽还是指数屏蔽，屏蔽操作之后的像素段将被写入适当的帧缓冲区。如果像素被写入模板或深度缓冲区，则进行模板和深度检验屏蔽，而不用执行混合、抖动和逻辑操作。

4. 帧缓冲区

屏幕上所绘的图形都是由像素组成的，每个像素都有一个固定的颜色或带有相应点的其他信息，如深度等。在绘制图形时，内存为每个像素均匀地保存数据。为所有像素保存数据的内存区称为缓冲区，又叫缓存（Buffer）。OpenGL 系统中，所有的缓存统称为帧缓存

(Framebuffer)，由颜色缓存、深度缓存、模板缓存和累积缓存组成，可以利用这些不同的缓存进行颜色设置、隐藏面消除、场景反走样和模板等操作。

1) 颜色缓存(Color Buffer)

颜色缓存通常指的是图形要画入的缓存，其中内容可以是颜色索引，也可以是 RGB 颜色数据(也可包含 Alpha 值)。若系统支持立体视图，则 OpenGL 提供左、右两个缓存；若系统不支持立体视图，则只有左缓存。OpenGL 还提供前后缓存技术，以实现动画操作。在显示前台缓存内容中的一帧画面时，后台缓存正在绘制下一帧画面；当绘制完毕，则后台缓存内容便在屏幕上显示出来，而前台正好相反，又在绘制下一帧画面内容。这样循环反复，屏幕上显示的总是已经画好的图形，于是看起来所有的画面都是连续的。

与颜色缓存相关的主要函数有：

(1) 清除颜色缓存：glClear(GL_COLOR_BUFFER_BIT)，用于清除当前显示缓冲区内容，为开始新的绘制做好准备。

(2) 设置清除颜色：glClearColor(red, green, blue, alpha)，用当前颜色(red, green, blue, alpha)清除当前显示缓冲区的内容，为开始新的绘制做好准备。

(3) 屏蔽颜色缓存：glColorMask()，分别设置红、绿、蓝和 Alpha 的可写属性。

(4) 选择颜色缓存：glDrawBuffer()，用于对双缓存中的一个进行选择。

(5) 交换颜色缓存：swapBuffer()，交换前后缓存中的颜色，以实现动画。

2) 深度缓存(Depth Buffer)

深度缓存保存每个像素的深度值，决定表面的可见性。深度通常用视点到物体的距离来度量，这样，带有较大深度值的像素就会被带有较小深度值的像素替代，即远处的物体被近处的物体遮挡住了。深度缓存也叫 Z-buffer，因为在实际应用中，x、y 常度量屏幕上水平与垂直距离，而 z 常被用来度量眼睛到屏幕的垂直距离。

与深度缓存相关的主要函数有：

(1) 清除深度缓存：glClear(GL_DEPTH_BUFFER_BIT)，用于清除当前显示缓冲区内容，为开始新的绘制做好准备。

(2) 设置清除值：glClearDepth(1.0)。清除值在 0.01～1.0 之间，默认为 1.0，它是清除缓冲区时用来填充缓冲区的数据

(3) 屏蔽深度缓存：glDepthMask(GL_TRUE)，表示可以写深度缓存；glDepthMask(GL_FALSE)，表示禁止写深度缓存。

(4) 启动和关闭深度测试：glEnable(GL_DEPTH_TEST)，表示开启深度测试；glDisable(GL_DEPTH_TEST)，表示禁止深度测试。

(5) 确定测试条件：glDepthFunc()，根据函数参数确定测试方式。

(6) 确定深度范围：glDepthRange(Glclampd zNear, Glclampd zFar)，参数 zNear 和 zFar 分别说明视景体的前景面和后景面向窗口坐标映射的规格化坐标。

3) 模板缓存(Stencil Buffer)

模板缓存保存像素的模板值，可以控制像素是否被改写，可以禁止在屏幕的某些区域绘图。比如说，可以通过模板缓存来绘制透过汽车挡风玻璃观看车外景物的画面。首先，将挡风玻璃的形状存储到模板缓存中，然后再绘制整个场景。这样，模板缓存挡住了通过挡风玻璃看不见的任何东西，而车内的仪表及其他物品只需绘制一次。因此，随着汽车的

移动,只有外面的场景在不断地更改。

4）累积缓存（Accumulation Buffer）

累积缓存是一系列绘制结果的累积,可以用来实现场景的反走样、景深模拟和运动模糊等。例如,为了实现全局反走样,可多次绘制场景,每次绘制时轻微移动场景（相当于在空间上抖动场景）,把多次绘制的结果进行累积并最后一次输出,结果场景的边界会变得模糊,从而实现全局反走样。

累积缓存同颜色缓存一样也保存颜色数据,但它只保存 RGBA 颜色数据,而不保存颜色索引数据（因为在颜色表方式下使用累积缓存其结果不确定）。

8.1.4 OpenGL 图形的实现

1. 渲染上下文（RC）

OpenGL 的绘图方式与 Windows 一般的绘图方式是不同的,Windows 采用的是 GDI 绘图,OpenGL 采用的是渲染上下文 RC(Render Context,渲染描述表)绘图。在 Windows 中使用 GDI 绘图时,必须指定在哪个设备的上下文(Device Context,设备描述表)中绘制。同样地,在使用 OpenGL 函数时,也必须指定一个所谓的渲染上下文。正如设备上下文 DC 要存储 GDI 的绘制环境信息,如笔、刷和字体等,渲染上下文 RC 也必须存储 OpenGL 所需的渲染信息,如像素格式等。

渲染上下文主要由以下 6 个 wgl 函数来管理,下面分别对其进行介绍:

（1）HGLRC wglCreateContext(HDC hdc):该函数用来创建一个 OpenGL 可用的渲染上下文 RC。hdc 必须是一个合法的支持至少 16 色的屏幕设备描述表 DC 或内存设备描述表的句柄。该函数在调用之前,设备描述表必须设置好适当的像素格式。成功创建渲染上下文之后,hdc 可以被释放或删除。函数返回 NULL 值表示失败,否则返回值为渲染上下文的句柄。

（2）BOOL wglDeleteContext(HGLRC hglrc):该函数删除一个 RC。一般应用程序在删除 RC 之前,应使它成为非现行 RC。删除一个现行 RC 也是可以的,OpenGL 系统冲掉等待的绘图命令并使之成为非现行 RC,然后删除它。删除一个属于别的线程的 RC 时,会导致失败。

（3）HGLRC wglGetCurrentContext(void):该函数返回线程的现行 RC,如果线程无现行 RC,则返回 NULL。

（4）HDC wglGetCurrentDC(void):该函数返回与线程现行 RC 关联的 DC,如果线程无现行 RC,则返回 NULL。

（5）BOOL wglMakeCurrent(HDC hdc, HGLRC hglrc):该函数把 hdc 和 hglrc 关联起来,并使 hglrc 成为调用线程的现行 RC。如果传给 hglrc 的值为 NULL,则函数解除关联,并置线程的现行 RC 为非现行 RC,此时忽略 hdc 参数。传给该函数的 hdc 可以不是调用 wglCreateContext 时使用的值,但是,它们所关联的设备必须相同并且拥有相同的像素格式。如果 hglrc 是另一个线程的现行 RC,则调用失败。

（6）BOOL wglUseFontBitmaps(HDC hdc, DWORD dwFirst, DWORD dwCount, DWORD dwBase):该函数使用 hdc 的当前字体,创建一系列指定范围字符的显示表。可以利用这些显示表在 OpenGL 窗口画 GDI 文本。如果 OpenGL 窗口是双缓存的,那么这是

往后缓冲区中画 GDI 文本的唯一途径。

一般地，在使用单个 RC 的应用程序中，当 WM_CREARTE 消息到来时创建 RC，当 WM_CLOSE 或 WM_DESTROY 消息到来时再删除它。在使用 OpenGL 命令向窗口中绘图之前，必须先建立一个 RC，并使之成为现行 RC。OpenGL 命令无需提供 RC，它将自动使用现行 RC。若无现行 RC，OpenGL 将简单地忽略所有的绘图命令。

一个 RC 是指现行 RC，是针对调用线程而言的。一个线程在拥有现行 RC 进行绘图时，别的线程将无法同时绘图。一个线程一次只能拥有一个现行 RC，但是可以拥有多个 RC。一个 RC 也可以由多个线程共享，但是它每次只能在一个线程中是现行 RC。

在使用现行 RC 时，不应该释放或者删除与之关联的 DC。如果应用程序在整个生命期内保持一个现行 RC，则应用程序也一直占有一个 DC 资源。Windows 系统只有有限的 DC 资源。下面介绍两种管理 RC 与 DC 的方法。

方法一：如图 8-4 所示，RC 由 WM_CREATE 消息响应时创建，创建后立即释放 DC。当 WM_PAINT 消息到来时，程序再获取 DC 句柄，并与 RC 关联起来。绘图完成后，立即解除 RC 与 DC 的关联，并释放 DC。当 WM_DESTROY 消息到来时，程序只需要简单地删除 RC 即可。

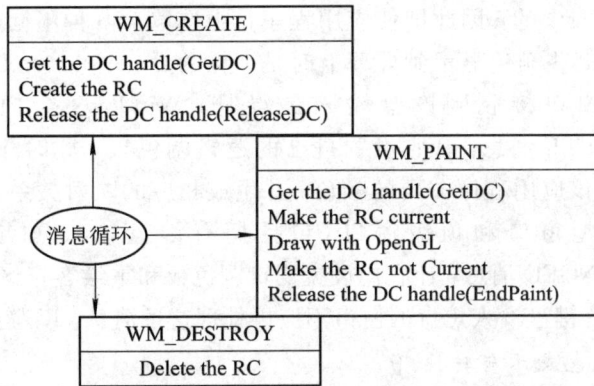

图 8-4 RC 与 DC 的管理方法一

方法二：如图 8-5 所示，RC 在程序开始时创建并成为现行 RC，它将保持为现行 RC 直至程序结束。相应地，GetDC 在程序开始时调用，ReleaseDC 在程序结束时才调用。此种方法的好处是当响应 WM_PAINT 消息时，无需调用十分耗时的 wglMakeCurrent( )函数，一般它要消耗几千个时钟周期。如果应用程序需要使用动画或实时图形，建立采用此方法。

2. OpenGL 颜色

1）Windows 下的调色板

OpenGL 可以使用 16 色、256 色、64K 和 16M 真彩色。真彩模式下不需要调色板，而在 16 色模式下不可能得到较为满意的效果，因此对 OpenGL 而言，调色板只有在 256 色模式下才有意义。

Windows 把调色板分为系统调色板和逻辑调色板。每个应用程序都拥有一套自己的逻辑调色板（或使用缺省调色板），当该应用程序拥有键盘输入焦点时可以最多使用从 16M

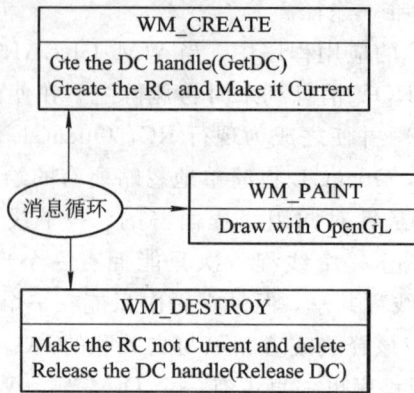

图 8-5　RC 与 DC 的管理方法二

种色彩中选取的 256 种颜色(20 种系统保留颜色和 236 种自由选取的颜色),而失去焦点的应用程序可能会有某些颜色显示不正常。系统调色板由 Windows 内核来管理,它是由系统保留的 20 种颜色和经仲裁后各个应用程序设置的颜色组成,并与硬件的 256 个调色板相对应。应用程序的逻辑调色板与硬件的调色板没有直接的对应关系,而是按照最小误差的原则映射到系统调色板中的,因此即使应用程序自由选取 256 种不同颜色构成自己的逻辑调色板,也有可能当某些颜色显示到屏幕上时是一样的。

　　当应用程序的窗口接收到键盘输入焦点时,Windows 会向它发送一条 WM_QUERYNEWPALETTE 消息,让它设置自己的逻辑调色板,此时 Windows 会在系统调色板中尽量多地加入该应用程序需要的颜色,并生成相应的映射关系。接着 Windows 会向系统中所有的覆盖型窗口和顶级窗口(包括拥有键盘输入焦点的窗口)发送一条 WM_PALETTECHANGED 消息,让它们设置逻辑调色板和重绘客户区,以便能更充分地利用系统调色板,已拥有键盘输入焦点的窗口不应再处理这条消息,以避免出现死循环。

　　2) OpenGL 的颜色表示与转换

　　OpenGL 内部用浮点数来表示和处理颜色,红、绿、蓝和 Alpha 值这四种成分中每种的最大值为 1.0,最小值为 0.0。在 256 色模式下,OpenGL 把一个像素颜色的内部值按线性关系转换为 8 比特来输出到屏幕上,其中红色占最低位的 3 比特,绿色占中间位的 3 比特,蓝色占最高位的 2 比特,Windows 将这个 8 比特值看做逻辑调色板的索引值。例如,OpenGL 的颜色值(1.0, 0.14, 0.6667)经过转换后的二进制值为 10001111(红色为 111,绿色为 001,蓝色为 10),即第 143 号调色板,该调色板指定的颜色的 RGB 值应与(1.0, 0.14, 0.6667)有相同的比率,为(255, 36, 170),如果不是该值,那么显示出来的颜色就会有误差。

　　3) 调色板的生成算法

　　OpenGL 输出的 8 比特值中直接表明了颜色的组成,为了使图形显示正常,我们应以线性关系来设置逻辑调色板,使其索引值直接表明颜色的组成。因此生成调色板时,把索引值从低位到高位分成 3-3-2 共三个部分,将每一部分映射到 0~255 中去,这样 3 比特映射为{0, 36, 73, 109, 146, 182, 219, 255},2 比特映射为{0, 85, 170, 255},最后把三部分组合成一种颜色。

　　经过上面的处理后，256 种颜色则均匀分布在颜色空间中，并没有完全包含系统保留的 20 种颜色(只包含了 7 种)，这意味着将会有数种颜色显示一样，从而影响效果。一个较好的解决办法是按照最小均方误差的原则把 13 种系统颜色纳入到逻辑调色板中。

　　从原理上来说，并非一定要使用线性映射，还可以用其他一些映射关系，如加入 Gamma 校正以便更能符合人眼的视觉特性，不过这些映射关系应用得并不广泛。

　　4) OpenGL 的颜色模式

　　在 OpenGL 中，颜色模式有两种，即 RGBA 模式和颜色索引(Color Index)模式。在 RGBA 模式下，所有的颜色定义都使用 R、G、B、A(Alpha，与透明度有关)；在颜色索引模式下，每一个像素的颜色是用颜色索引表中的某个颜色值来表示，而这个索引值指向了响应的 RGB 值。这样的一个表称为颜色映射(Color Map)。

　　在 RGBA 模式下，利用 glColor * 命令来定义当前的颜色。glColor * () 有如下几种形式：

void glColor3{b s i f d ub us ui}{r, g, b: TYPE};

void glColor4{b s i f d ub us ui}{r, g, b: TYPE; a: TYPE};

void glColor3{b s i f d ub us ui}v(r, g, b: TYPE);

void glColor4{b s i f d ub us ui}v(r, g, b: TYPE; a: TYPE);

其中，参数 a 表示透明度的 Alpha 值。后面两个带 v 后缀的命令表明它们的参数是向量，即数组。以 glColor3f 为例，其参数取值范围是 $[-1.0, 1.0]$，这是帧缓存中允许的最小值和最大值。当参数值不在该范围内时，将自动把它的取值强置于 $[-1.0, 1.0]$ 之间。其他数值类型的函数也将自动把参数均匀映射到这个区间，映射范围如表 8-3 所示。

表 8-3　函数的映射范围

后缀	类　　型	最小值	映射最小值	最大值	映射最大值
b	单字节整型	−128	−1.0	127	1.0
s	双字节整型	−32 768	−1.0	32 767	1.0
i	四字节整型	−2 147 483 648	−1.0	2 147 483 647	1.0
ub	无符号单字节整型	0	0.0	255	1.0
us	无符号双字节整型	0	0.0	65 535	1.0
ui	无符号四字节整型	0	0.0	4 294 967 295	1.0
f	浮点数	0.0	0.0	1.0	1.0
d	双精度浮点数	0.0	0.0	1.0	1.0

　　在颜色索引模式下，通过调用函数 glIndex * () 从颜色索引表中选取当前的颜色。

void glIndex{s f d i}(c: TYPE);

void glIndex{s f d i}v(c: PTYPE);

参数 c 是待设置的当前颜色索引值(调色板号)。当 c 的测定取值大于颜色索引总数时，对 c 取模。

　　在大多数应用场合，采用 RGBA 模式。尤其是对阴影、光照、雾、反走样、混合等效果的处理，采用 RGBA 模式效果会更好。还有，纹理映射只能在 RGBA 模式下进行。

采用颜色索引模式的情况有：若原来应用程序采用的是颜色索引模式，则转到 OpenGL 上时最好仍保持这种模式，以便于移植；若所用颜色不在缺省提供的颜色许可范围之内，则采用颜色索引模式；在需要其他许多特殊处理时，如颜色动画，采用这种模式会出现奇异的效果。

3. 像素格式设置

像素格式是 OpenGL 窗口的重要属性，它包括是否使用双缓存、颜色位数和类型以及深度位数等。像素格式可由 Windows 系统定义的所谓像素格式描述子结构来定义 (PIXELFORMATDESCRIPTOR)，该结构定义在 windows.h 中。像素格式属性如表 8 - 4 所示。

表 8 - 4　像素格式属性

标　识　符	解　　释
PFD_DRAW_TO_BITMAP	支持内存中绘制位图
PFD_DRAW_TO_WINDOW	支持屏幕绘图
PFD_DOUBLEBUFFER	支持双缓存
PFD_CENERIC_FORMAT	指定选择 GDI 支持的像素格式
PFD_NEED_PALETTE	指定需要逻辑调色板
PFD_NEED_SYSTEM_PALETTE	指定需要硬件调色板
PFD_STEREO	NT 不支持
PFD_SUPPORT_OPENGL	支持 OpenGL
PFD_SUPPORT_GDI	支持 GDI，此时不可使用 PFD_DOUBLEBUFFER

Windows 提供了四个像素格式管理函数，分别介绍如下：

(1) int ChoosePixelFormat(HDC hdc, PIXELFORMATDESCRIPTOR * ppdf)：该函数用来比较传过来的像素格式描述和 OpenGL 支持的像素格式，返回一个最佳匹配的像素格式索引。该索引值可传给 SetPixelFormat 为 DC 设置像素格式。返回值为 0 表示失败。

在比较像素格式时，匹配优先级顺序为像素格式描述子结构中的下述各域：dwFlags → cColorBits → cAlphaBits → cAccumBits → cDepthBits → cStencilBits → cAuxBuffers → iLayerType。硬件支持的像素格式优先。

(2) int DescribePixelFormat(HDC hdc, int iPixelFormat, UNIT nBytes, LPPIXEL-FORMATDESCRIPTOR * ppfd)：该函数用格式索引 iPixelFormat 说明的像素格式来填写由 ppfd 所指向的像素格式描述子结构，利用该函数可以枚举像素格式。

(3) int GetPixelFormat(HDC hdc)：该函数用于获取 hdc 的格式索引。

(4) BOOL SetPixelFormat(HDC hdc, int iPixelFormat, LPPIXELFORMATDE-SCRIPTOR * ppfd)：该函数用格式索引 iPixelFormat 来设置 hdc 的像素格式。在使用该函数之前应该调用 ChoosePixelFormat() 来获取像素格式索引。另外，OpenGL 窗口风格必须包含 WS_CLIPCHILDREN 和 WS_CLIPSIBLINGS 类型，否则设置失败。

应该注意的是，ChoosePixelFormat() 函数并不一定返回一个最佳的像素格式值，可以利用 DescribePixelFormat 来枚举系统所支持的所有像素格式。OpenGL 通常支持 24 种不同的像素格式，如果系统安装了 OpenGL 硬件加速器，它可能会支持其他的像素格式。

设置 DC 的像素格式的一般步骤如图 8-6 所示。

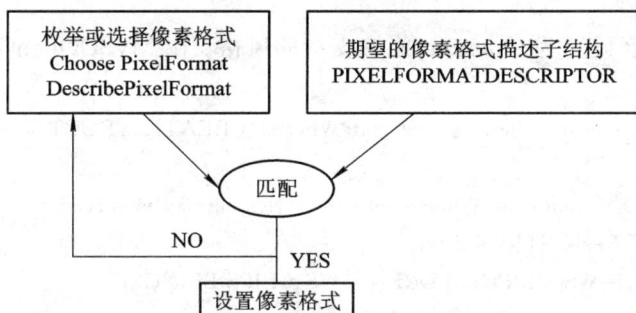

图 8-6　设置 DC 的像素格式的一般步骤

8.1.5　基于单文档的 OpenGL 图形程序的基本框架

在 Visual C++中，选择"New→Project→MFC AppWizard(exe)"选项，可以新建一个基于单文档的工程，例如，新建一个名称为 MySDOpenGL 的文档。为了在单文档中绘制 OpenGL 图形，需要适当修改 OpenGL 绘图程序代码。

1. 主要操作步骤

（1）设置像素格式、窗口属性及风格；

（2）获得 Windows 设备描述表，并与 OpenGL 渲染描述表相关联；

（3）调用 OpenGL 命令进行图形绘制；

（4）退出 OpenGL 图形窗口时，释放 OpenGL 渲染描述表 RC 和 Windows 设备描述表 DC。

2. 关键技术

1）包含有关 OpenGL 函数的头文件

在 StdAfx.h 文件中，添加代码：

```
#include<gl/gl.h>
#include<gl/glu.h>
#include<gl/glaux.h>
#include<gl/glut.h>
```

2）为 CMySDOpenGLView 类添加成员函数与成员变量

在 MySDOpenGLView.h 文件中，添加代码：

```
public：
    virtual ~CMySDOpenGLView();
    BOOL RenderScene();
    BOOL SetupPixelFormat(void);
    void SetLogicalPalette(void);
    BOOL InitializeOpenGL(CDC * pDC);
    void DrawMyObjects(void);
    HGLRC m_hRC;                    //OpenGL 渲染描述表
```

```
HPALETTE m_hPalette;          //OpenGL 调色板
CDC * m_pDC;                   //OpenGL 设备描述表
```

3）设置窗口类型

将窗口的客户区设置为 OpenGL 能够支持的风格。在 MySDOpenGLView.cpp 文件中添加代码：

```
BOOL CMySDOpenGLView::PreCreateWindow(CREATESTRUCT& cs)
{
    // TODO：Modify the Window class or styles here by modifying
    // the CREATESTRUCT cs
    cs.style |= WS_CLIPCHILDREN | WS_CLIPSIBLINGS;
    return CView::PreCreateWindow(cs);
}
```

4）设置像素格式、逻辑调色板

在 MySDOpenGLView.cpp 文件中，改造 OnCreate()函数，初始化 OpenGL，定义像素格式，创建渲染描述表，设置逻辑调色板等重要信息。实现代码如下：

```
int CMySDOpenGLView::OnCreate(LPCREATESTRUCT lpCreateStruct)
{
    if (CView::OnCreate(lpCreateStruct)==-1)
        return-1;
        // TODO：Add your specialized creation code here
     //初始化 OpenGL 和设置定时器
    m_pDC=new CClientDC(this);
    SetTimer(1, 20, NULL);
    InitializeOpenGL(m_pDC);

    return 0;
}
//初始化 OpenGL 场景
BOOL CMySDOpenGLView::InitializeOpenGL(CDC * pDC)
{
    m_pDC=pDC;
    SetupPixelFormat();
    //生成渲染描述表
    m_hRC=::wglCreateContext(m_pDC->GetSafeHdc());
    //设置当前渲染描述表
    ::wglMakeCurrent(m_pDC->GetSafeHdc(), m_hRC);

    return TRUE;
}
//设置像素格式
BOOL CMySDOpenGLView::SetupPixelFormat()
{
```

```
PIXELFORMATDESCRIPTOR pfd={
    sizeof(PIXELFORMATDESCRIPTOR),      // pfd 结构的大小
    1,                                   //版本号
    PFD_DRAW_TO_WINDOW |                 //支持在窗口中绘图
    PFD_SUPPORT_OPENGL |                 //支持 OpenGL
    PFD_DOUBLEBUFFER,                    //双缓存模式
    PFD_TYPE_RGBA,                       //RGBA 颜色模式
    24,                                  //24 位颜色深度
    0, 0, 0, 0, 0, 0,                    //忽略颜色位
    0,                                   //没有非透明度缓存
    0,                                   //忽略移位位
    0,                                   //无累加缓存
    0, 0, 0, 0,                          //忽略累加缓存
    32,                                  //32 位深度缓存
    0,                                   //无模板缓存
    0,                                   //无辅助缓存
    PFD_MAIN_PLANE,                      //主层
    0,                                   //保留
    0, 0, 0                              //忽略层, 可见性和损毁掩膜
};
    int pixelformat;
    pixelformat=∷ChoosePixelFormat(m_pDC->GetSafeHdc(), &pfd);   //选择像素格式
    ∷SetPixelFormat(m_pDC->GetSafeHdc(), pixelformat, &pfd);        //设置像素格式
    if(pfd.dwFlags & PFD_NEED_PALETTE)
        SetLogicalPalette(); //设置逻辑调色板
    return TRUE;
}
//设置逻辑调色板
void CMySDOpenGLView∷SetLogicalPalette(void)
{
    struct
    {
        WORD Version;
        WORD NumberOfEntries;
        PALETTEENTRY aEntries[256];
    } logicalPalette={ 0x300, 256 };

    BYTE reds[]={0, 36, 72, 109, 145, 182, 218, 255};
    BYTE greens[]={0, 36, 72, 109, 145, 182, 218, 255};
    BYTE blues[]={0, 85, 170, 255};

    for (int colorNum=0; colorNum<256; ++colorNum)
    {
```

```
        logicalPalette. aEntries[colorNum]. peRed=
            reds[colorNum & 0x07];
        logicalPalette. aEntries[colorNum]. peGreen=
            greens[(colorNum>>0x03) & 0x07];
        logicalPalette. aEntries[colorNum]. peBlue=
            blues[(colorNum>>0x06) & 0x03];
        logicalPalette. aEntries[colorNum]. peFlags=0;
    }

    m_hPalette=CreatePalette ((LOGPALETTE * )&logicalPalette);
}
```

5）设置窗口客户区尺寸

添加代码如下：

```
void CMySDOpenGLView：：OnSize(UINT nType, int cx, int cy)
{
    CView：：OnSize(nType, cx, cy);
        // TODO：Add your message handler code here
    //添加窗口缩放时的图形变换函数
    glViewport(0, 0, cx, cy);
     glMatrixMode(GL_PROJECTION);
    glLoadIdentity();
    glOrtho (0, cx, 0, cy, -1.0, 1.0);
    glMatrixMode(GL_MODELVIEW);
    glLoadIdentity();
}
```

6）释放占用的资源

添加代码如下：

```
void CMySDOpenGLView：：OnDestroy()
{
    CView：：OnDestroy();
    // TODO：Add your message handler code here
    //删除调色板和渲染绘制表、定时器
    ：：wglMakeCurrent(0, 0);
    ：：wglDeleteContext( m_hRC);
    if (m_hPalette)
        DeleteObject(m_hPalette);
    if ( m_pDC )
    {
        delete m_pDC;
    }
    KillTimer(1);
}
```

7）屏幕绘制

在 OnDraw（）函数中，完成每次的屏幕绘制，添加代码如下：

```
void CMySDOpenGLView：：OnDraw(CDC * pDC)
{
    CMySDOpenGLDoc * pDoc＝GetDocument();
    ASSERT_VALID(pDoc);
    // TODO：add draw code for native data here
    wglMakeCurrent(m_pDC ->GetSafeHdc(), m_hRC);    //获取设备描述表
    glClearColor(1.0, 1.0, 1.0, 0.0);//用白色清除当前显示缓冲区
    glClear(GL_COLOR_BUFFER_BIT|GL_DEPTH_BUFFER_BIT);//清除颜色缓冲区和深
度缓冲区
    DrawMyObjects();        //用户自定义绘图函数
    glFinish();             //完成图形的绘制
    RenderScene();          //渲染场景
    wglMakeCurrent(NULL，NULL);    //释放 OpenGL 渲染描述表
}
```

在 DrawMyObjects（）函数中编写具体的绘图程序。如果该程序为空，即不绘制任何对象。编译运行后，将完成一个单文档的 OpenGL 图形程序的基本框架，如图 8-7 所示。

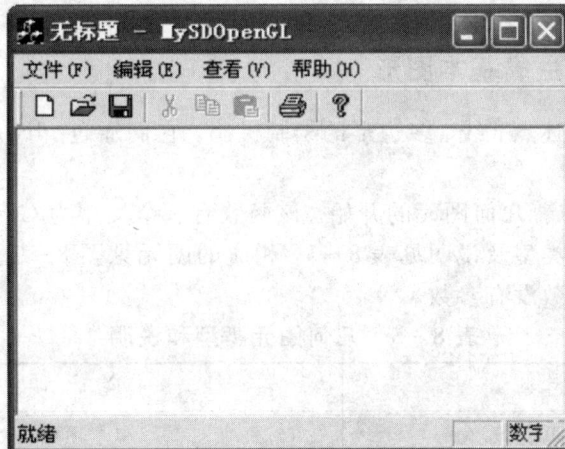

图 8-7　基于单文档的 OpenGL 图形程序基本框架

也可以添加 DrawMyObjects（）函数，实现代码如下：

```
void CMySDOpenGLView：：DrawMyObjects(void)
{
    glBegin(GL_TRIANGLES);
        glColor3f(1.0, 0.0, 0.0);
        glVertex3f(-10.0, 0.0, 0.0);
        glColor3f(0.0, 1.0, 0.0);
        glVertex3f(0.0, 10.0, 0.0);
        glColor3f(0.0, 0.0, 1.0);
        glVertex3f(10.0, 0.0, 0.0);
```

```
        glEnd();
    }
```
其程序执行结果如图 8－8 所示。

图 8－8　彩色三角形

8.2　OpenGL 建模

8.2.1　用 OpenGL 生成基本图形

OpenGL 提供了描述点、线、多边形的绘制机制。它们通过 glBegin()和 glEnd()函数配对来完成。

glBegin()函数标志着几何图元的开始。该函数有一个类型为 Glenum 的参数，表示几何图元的描述类型，其类型及说明见表 8－5，相应的图元见图 8－9。glEnd()函数标志着几何图元的结束，该函数没有参数。

表 8－5　几何图元类型和说明

类　　型	说　　明
GL_POINTS	单个顶点集
GL_LINES	多组独立的双顶点线段
GL_POLYGON	单个连线凸多边形
GL_TRIANGLES	多个独立连线的三角形
GL_QUADS	多个独立连线的四边形
GL_LINE_STRIP	不闭合折线
GL_LINE_LOOP	闭合折线
GL_TRIANGLE_STRIP	线形的连续三角形串
GL_TRIANGLE_FAN	扇形的连续三角形串
GL_QUAD_STRIP	连续的四边形串

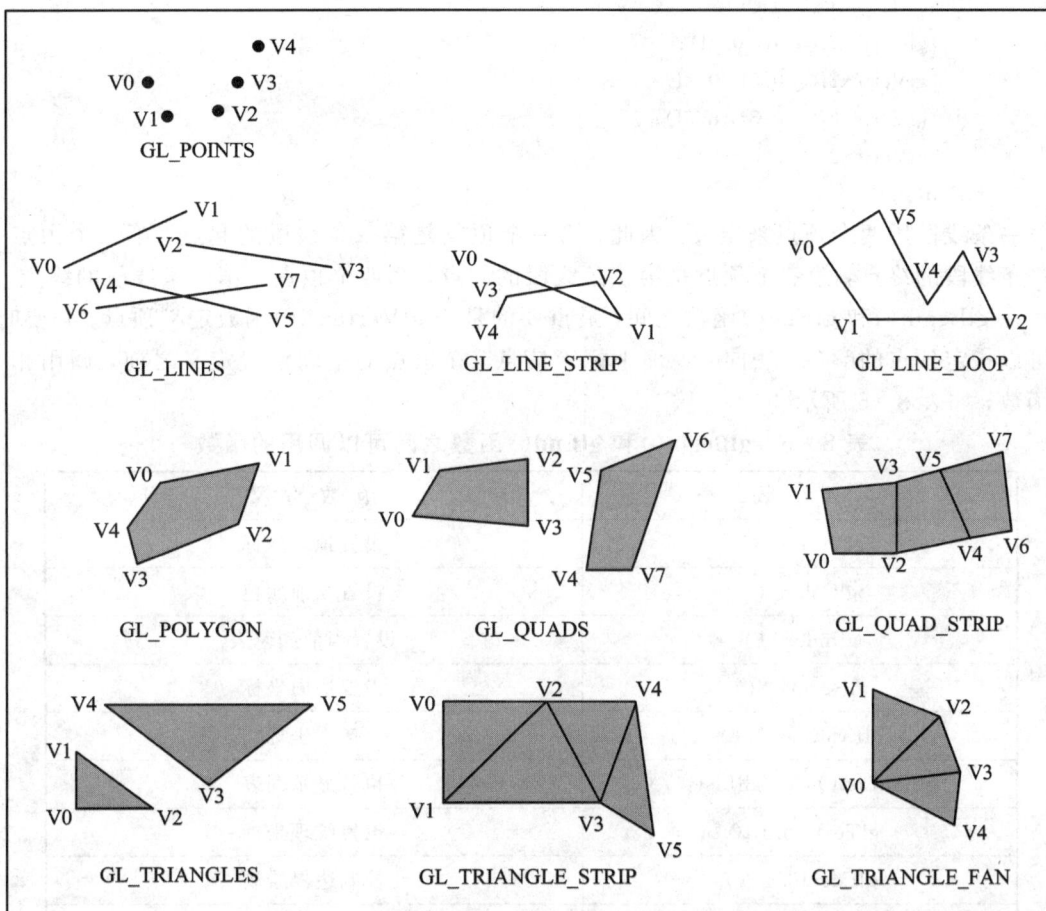

图 8-9　几何图元类型

例如，用 OpenGL 生成点的代码如下：

```
glBegin(GL_POINTS);
    glVertex2f(0.0, 0.0);
    glVertex2f(0.0, 3.0);
    glVertex2f(3.0, 3.0);
    glVertex2f(4.0, 1.5
glEnd();
```

上述代码创建了 5 个独立的点，如图 8-10 所示，可以在 glBegin( )和 glEnd( )函数之间定义任意数目的点。glVertex2f( )函数用于定义二维点，其后的参数是点的坐标。如果要定义三维点，则可以采用 glVertex3f( )函数，例如：

```
glBegin(GL_POINTS);
    glVertex3f(0.0f, 0.0f, 0.3f);
    glVertex3f(0.5f, 0.5f, −0.5f);
glEnd();
```

又如，用 OpenGL 生成线段的代码如下：

图 8-10　点的绘制

```
glBegin(GL_LINES);
    glVertex2f(0.5f, 0.5f);
    glVertex2f(-0.5f, 0.0f);
    glVertex2f(-0.5f, 0.5f);
    glVertex2f(0.0f, -0.5f);
glEnd();
```

一条线段用两个顶点来定义。因此,第一个顶点是第一条线段的起点,第二个顶点是第一条线段的终点,第三个顶点是第二条线段的起点,第四个顶点是第二条线段的终点。

在 glBegin() 和 glEnd() 函数之间,最重要的是用 glVertex*() 函数定义顶点。必要时,也可以指定顶点的颜色、法向、纹理坐标等信息。在顶点的空间位置定义之前,调用相关的函数,如表 8-6 所示。

表 8-6　glBegin() 和 glEnd() 函数之间可以调用的函数

函　　数	函　数　意　义
glVertex*()	设置顶点坐标
glColor*()	设置当前颜色
glIndex*()	设置当前颜色表
glNormal*()	设置法向坐标
glEvalCoord*()	产生坐标
glCallList(), glCallLists()	执行显示列表
glTexCoord*()	设置纹理坐标
glEdgeFlag*()	控制边界绘制
glMaterial*()	设置材质

为了更好地理解构造几何图元函数的用法,下面举一个例子。实现代码如下:

```
void CMySDOpenGLView::DrawMyObjects(void)
{
    //绘制 3 个点
    glPointSize(6); //用 6 个像素表示一个点的直径
    glBegin(GL_POINTS);
    glColor3f(1.0, 0.0, 0.0);
    glVertex2f(-10.0, 11.0);
    glColor3f(0.0, 1.0, 0.0);
    glVertex2f(-9.0, 10.0);
    glColor3f(0.0, 0.0, 1.0);
    glVertex2f(-8.0, 12.0);
    glEnd();

    //绘制两条线段
    glBegin(GL_LINES);
    glColor3f(1.0, 1.0, 0.0);
```

```
glVertex2f(-11.0, 8.0);
glVertex2f(-7.0, 7.0);
glColor3f(1.0, 0.0, 1.0);
glVertex2f(-11.0, 9.0);
glVertex2f(-8.0, 6.0);
glEnd();

//绘制一条不闭合折线
glBegin(GL_LINE_STRIP);
glColor3f(0.0, 1.0, 0.0);
glVertex2f(-3.0, 9.0);
glVertex2f(2.0, 6.0);
glVertex2f(3.0, 8.0);
glVertex2f(-2.5, 6.5);
glEnd();

//绘制一条闭合折线
glBegin(GL_LINE_LOOP);
glColor3f(0.0, 1.0, 1.0);
glVertex2f(7.0, 7.0);
glVertex2f(8.0, 8.0);
glVertex2f(9.0, 6.5);
glVertex2f(10.3, 7.5);
glVertex2f(11.5, 6.0);
glVertex2f(7.5, 6.0);
glEnd();

//绘制一个填充多边形
glBegin(GL_POLYGON);
glColor3f(0.5, 0.3, 0.7);
glVertex2f(-7.0, 2.0);
glVertex2f(-8.0, 3.0);
glVertex2f(-10.3, 0.5);
glVertex2f(-7.5, -2.0);
glVertex2f(-6.0, -1.0);
glEnd();

//绘制两个填充四边形
glBegin(GL_QUADS);
glColor3f(0.7, 0.5, 0.2);
glVertex2f(0.0, 2.0);
glVertex2f(-1.0, 3.0);
glVertex2f(-3.3, 0.5);
```

```
glVertex2f(-0.5, -1.0);
glColor3f(0.5, 0.7, 0.2);
glVertex2f(3.0, 2.0);
glVertex2f(2.0, 3.0);
glVertex2f(0.0, 0.5);
glVertex2f(2.5, -1.0);
glEnd();

//绘制填充四边形带
glBegin(GL_QUAD_STRIP);
glVertex2f(6.0, -2.0);
glVertex2f(5.5, 1.0);
glVertex2f(8.0, -1.0);
glColor3f(0.8, 0.0, 0.0);
glVertex2f(9.0, 2.0);
glVertex2f(11.0, -2.0);
glColor3f(0.0, 0.0, 0.8);
glVertex2f(11.0, 2.0);
glVertex2f(13.0, -1.0);
glColor3f(0.0, 0.8, 0.0);
glVertex2f(14.0, 1.0);
glEnd();

//绘制两个填充三角形
glBegin(GL_TRIANGLES);
glColor3f(0.2, 0.5, 0.7);
glVertex2f(-10.0, -5.0);
glVertex2f(-12.3, -7.5);
glVertex2f(-8.5, -6.0);
glColor3f(0.2, 0.7, 0.5);
glVertex2f(-8.0, -7.0);
glColor3f(0.2, 0.7, 0.5);
glVertex2f(-7.0, -4.5);
glVertex2f(-5.5, -9.0);
glEnd();

//绘制线形的连续填充三角形串
glBegin(GL_TRIANGLE_STRIP);
glVertex2f(-1.0, -8.0);
glVertex2f(-2.5, -5.0);
glColor3f(0.8, 0.8, 0.0);
glVertex2f(1.0, -7.0);
glColor3f(0.0, 0.8, 0.8);
glVertex2f(2.0, -4.0);
```

```
glColor3f(0.8，0.0，0.8);
glVertex2f(4.0，−6.0);
glEnd();

//绘制扇形的连续填充三角形串
glBegin(GL_TRIANGLE_FAN);
glVertex2f(8.0，−6.0);
glVertex2f(10.0，−3.0);
glColor3f(0.8，0.2，0.5);
glVertex2f(12.5，−4.5);
glColor3f(0.2，0.5，0.8);
glVertex2f(13.0，−7.5);
glColor3f(0.8，0.5，0.2);
glVertex2f(10.5，−9.0);
glEnd();
}
```

这个例子很好地说明了几何图元的类型及颜色等函数的用法，其程序运行结果如图
8−11 所示。

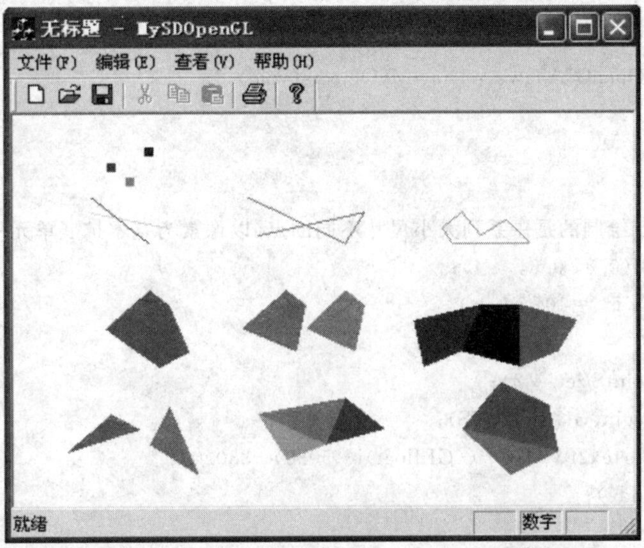

图 8−11　几何图元的构造

8.2.2　图元扩展

1. 点

OpenGL 中定义的点可以有不同的尺寸，其函数形式为

```
void glPointSize(GLfloat size);
```

设置点的宽度(以像素为单位)。参数 size 必须大于 0.0，缺省时为 1.0。

2. 线

OpenGL 能指定线的各种宽度和绘制不同的虚点线(如点线、虚线)等。相应的函数形

式如下：

```
void glLineWidth(GLfloat width);
```

该函数设置线宽（以像素为单位）。参数 width 必须大于 0.0，缺省时为 1.0。

```
void glLineStipple(GLint factor, GLushort pattern);
```

该函数设置线为当前的虚点模式。参数 pattern 是一系列的 16 位数（0 或 1），它重复地赋给所指定的线。其中每一位代表一个像素，且从低位开始，1 表示用当前颜色绘制一个像素（或比例因子指定的个数），0 表示当前不绘制，只移动一个像素位（或比例因子指定的个数）。参数 factor 是个比例因子，它用来拉伸 pattern 中的元素，即重复绘制 1 或移动 0，比如，factor 为 2，则碰到 1 时就连续绘制 2 次，碰到 0 时连续移动 2 个单元。factor 的大小范围限制在 1～255 之间。在绘制虚点线之前必须先激活该函数，即调用函数 glEnable(GL_LINE_STIPPLE)；若不用，则调用 glDisable(GL_LINE_STIPPLE) 关闭。

下面举出一个点线扩展应用实例，代码如下：

```
void CMySDOpenGLView：：line2i(GLfloat x1, GLfloat y1, GLfloat x2, GLfloat y2)
{
    glBegin(GL_LINES);
    glVertex2f(x1, y1);
    glVertex2f(x2, y2);
    glEnd();
}
void CMySDOpenGLView：：DrawMyObjects(void)
{
    int i;

    //第一行绘制的是一系列大小尺寸不同的点（以像素为基本扩展单元）
    glColor3f(0.8, 0.6, 0.4);
    for(i=1; i<=10; i++)
    {
        glPointSize(i * 2);
        glBegin(GL_POINTS);
        glVertex2f (30.0+((GLfloat)i * 50.0), 330.0);
        glEnd();
    }

    //第二行绘制的是三条不同线型的线段
    glEnable(GL_LINE_STIPPLE);

    glLineStipple(1, 0x0101); //点线
    glColor3f(1.0, 0.0, 0.0);
    line2i(50, 250, 200, 250);

    glLineStipple(1, 0x00FF); //虚线
    glColor3f(0.0, 0.0, 0.0);
```

```
line2i(250，250，400，250);

glLineStipple(1，0x1C47);　//虚点线
glColor3f(0.0，0.0，1.0);
line2i(450，250，600，250);

//第三行绘制的是三条不同宽度的线段
glLineWidth(5.0);
glLineStipple(1，0x0101);
glColor3f(1.0，0.0，0.0);
line2i(50，200，200，200);

glLineWidth(3.0);
glLineStipple(1，0x00FF);
glColor3f(0.0，0.0，0.0);
line2i(250，200，400，200);

glLineWidth(2.0);
glLineStipple(1，0x1C47);
glColor3f(0.0，0.0，1.0);
line2i(450，200，600，200);

//设置以下线段的宽度为1
glLineWidth(1);

//第四行绘制的是一条虚点线
glLineStipple (1，0xff0c);
glBegin(GL_LINE_STRIP);
glColor3f(1.0，0.0，0.0);
for(i=0; i<12; i++)
    glVertex2f(50.0+((GLfloat)i * 50.0)，150.0);
glEnd();

//第五行绘制的是十条独立的虚点斜线
glColor3f(0.0，0.0，0.0);
for(i=0; i<10; i++)
{
    line2i(50+(i * 50)，70，75+((i+1) * 50)，100);
}

//第六行绘制的是一条虚点线，其中线型模式的每个元素被重复操作 5 次
glLineStipple(5，0x1C47);
glColor3f(1.0，0.0，1.0);
```

```
    line2i(50, 25, 600, 25);

    glDisable(GL_LINE_STIPPLE);
}
```

其程序的运行结果如图 8-12 所示。

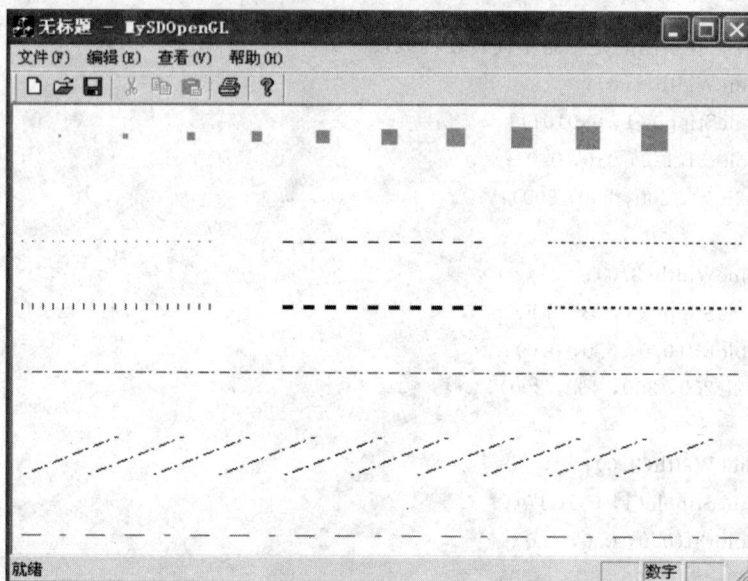

图 8-12　扩展点线

3. 多边形的图案填充

通常多边形用实模式填充,也可以利用函数 glPolygonStipple()指定某种点画模式(图案)来填充。相应的函数形式如下:

```
    void glPolygonStipple(const GLubyte * mask);
```

该函数为当前多边形定义填充图案模式。参数 mask 是一个指向 32×32 点画模式(位图)的指针,当其值为 1 时表示绘制,当其值为 0 时表示不绘制。在调用这个函数前,需要先利用 glEnable(GL_POLYGON_STIPPLE)函数激活,绘制完毕,再利用 glDisable (GL_POLY-GON_STIPPLE)激活。下面举出一个多边形图案填充实例,代码如下:

```
    //填充模式定义 32×32
    GLubyte pattern[]={
        0x00, 0x01, 0x80, 0x00,
        0x00, 0x03, 0xc0, 0x00,
        0x00, 0x07, 0xe0, 0x00,
        0x00, 0x0f, 0xf0, 0x00,
        0x00, 0x1f, 0xf8, 0x00,
        0x00, 0x3f, 0xfc, 0x00,
        0x00, 0x7f, 0xfe, 0x00,
        0x00, 0xff, 0xff, 0x00,
        0x01, 0xff, 0xff, 0x80,
```

```
        0x03, 0xff, 0xff, 0xc0,
        0x07, 0xff, 0xff, 0xe0,
        0x0f, 0xff, 0xff, 0xf0,
        0x1f, 0xff, 0xff, 0xf8,
        0x3f, 0xff, 0xff, 0xfc,
        0x7f, 0xff, 0xff, 0xfe,
        0xff, 0xff, 0xff, 0xff,
        0xff, 0xff, 0xff, 0xff,
        0x7f, 0xff, 0xff, 0xfe,
        0x3f, 0xff, 0xff, 0xfc,
        0x1f, 0xff, 0xff, 0xf8,
        0x0f, 0xff, 0xff, 0xf0,
        0x07, 0xff, 0xff, 0xe0,
        0x03, 0xff, 0xff, 0xc0,
        0x01, 0xff, 0xff, 0x80,
        0x00, 0xff, 0xff, 0x00,
        0x00, 0x7f, 0xfe, 0x00,
        0x00, 0x3f, 0xfc, 0x00,
        0x00, 0x1f, 0xf8, 0x00,
        0x00, 0x0f, 0xf0, 0x00,
        0x00, 0x07, 0xe0, 0x00,
        0x00, 0x03, 0xc0, 0x00,
        0x00, 0x01, 0x80, 0x00
    };

    glClear (GL_COLOR_BUFFER_BIT);

    //绘制一个指定图案填充的矩形
    glColor3f(0.1, 0.8, 0.7);
    glEnable (GL_POLYGON_STIPPLE);
    glPolygonStipple (pattern);
    glRectf (48.0, 80.0, 210.0, 305.0);

    //绘制一个指定图案填充的三角形
    glColor3f(0.9, 0.86, 0.4);
    glPolygonStipple (pattern);
    glBegin(GL_TRIANGLES);
    glVertex2i(310, 310);
    glVertex2i(220, 80);
    glVertex2i(405, 80);
    glEnd();
    glDisable (GL_POLYGON_STIPPLE);
    glFlush ();
```

其程序的运行结果如图 8-13 所示。

图 8-13 图案填充多边形

8.2.3 用 OpenGL 生成字符

为了生成字符，OpenGL 普遍采用位图。如图 8-14 所示，字符大小为 12×8 的方阵，每一行数据用 8 位十六进制表示。位图数据总是按块存储，每块的位数总是 8 的倍数，但实际位图的宽并不一定是 8 的倍数。组成位图的位从位图的左下角开始画：首先画最底下的一行，然后是这行的上一行，以此类推。

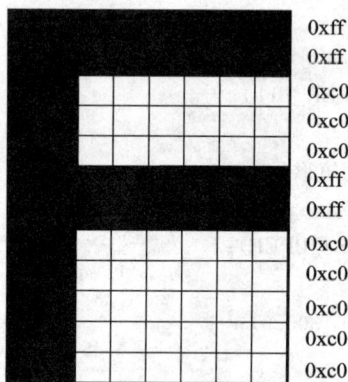

图 8-14 字符 F 的位图及其相应数据

位图是以元素值为 0 或 1 的矩阵形式存储的，通常用于对窗口中相应区域的绘图进行屏蔽。比如说，当前颜色设置为红色，则在矩阵元素值为 1 的地方，像素用红色来取代；反之，在为 0 的地方，对应的像素不受影响。相应的函数如下：

    GLubyte rasters[12]＝

    {0xc0,0xc0,0xc0,0xc0,0xc0,0xfc,0xfc,0xc0,0xc0,0xc0,0xff,0xff};

OpenGL 中设置当前光栅位置的函数是：

    void glRasterPos{234}{SIFD}[V](TYPE x, TYPE y, TYPE z, TYPE w);

其中，参数 x、y、z、w 设置了光栅位置坐标，即当前所画位图的原点。颜色设置函数的位置与当前光栅位置函数调用的位置有关，glColor * ( )必须放在 glRasterPos * ( )前，则紧跟其后的位图都继承当前的颜色。如果要改变当前位图颜色，则需重新调用 glColor * ( )和 glRasterPos * ( )函数。

OpenGL 中显示位图数据的函数是：

```
void glBitmap( GLsizei width, GLsizei height, GLfloat xbo, GLfloat ybo,
               GLfloat xbi, GLfloat ybi, const GLubyte * bitmap);
```

该函数显示由 bitmap 指定的位图，bitmap 是一个指向位图的指针。位图的原点放在最近定义的当前光栅位置上。若当前光栅位置是无效的，则不显示此位图或其一部分，而且当前光栅位置仍然无效。参数 width 和 height 以像素为单位说明位图的宽和高。宽度不一定是 8 的倍数。参数 xbo 和 ybo 定义位图的原点(正值时，原点向上移动；负值时，原点向下移动)。参数 xbi 和 ybi 定义在位图光栅化后光栅位置的增量。

下面举出一个应用实例，实现代码如下：

```
void CMySDOpenGLView∷DrawMyObjects(void)
{
    GLubyte rasters[12] = {0xc0, 0xc0, 0xc0, 0xc0, 0xc0, 0xfc, 0xfc, 0xc0, 0xc0, 0xc0,
0xff, 0xff};

    glPixelStorei (GL_UNPACK_ALIGNMENT, 1);
    glColor3f (1.0, 0.0, 0.0);
    glRasterPos2i (100, 200);
    glBitmap (8, 12, 0.0, 0.0, 20.0, 20.0, rasters);
    glBitmap (8, 12, 0.0, 0.0, 0.0, 0.0, rasters);

    glColor3f (0.0, 0.0, 1.0);
    glRasterPos2i (150, 200);
    glBitmap (8, 12, 0.0, 0.0, 0.0, 0.0, rasters);
}
```

其程序运行结果如图 8-15 所示。

图 8-15　字符 F 的位图显示

8.3 OpenGL 变换

8.3.1 从三维空间到二维平面

如图 8-16 所示，从三维空间到二维平面，就像用相机拍照一样，通常都要经历以下几个步骤：

(1) 将相机置于三角架上，让它对准三维景物，即视点变换(Viewing Transformation)；

(2) 将三维物体放在适当的位置，即模型变换(Modeling Transformation)；

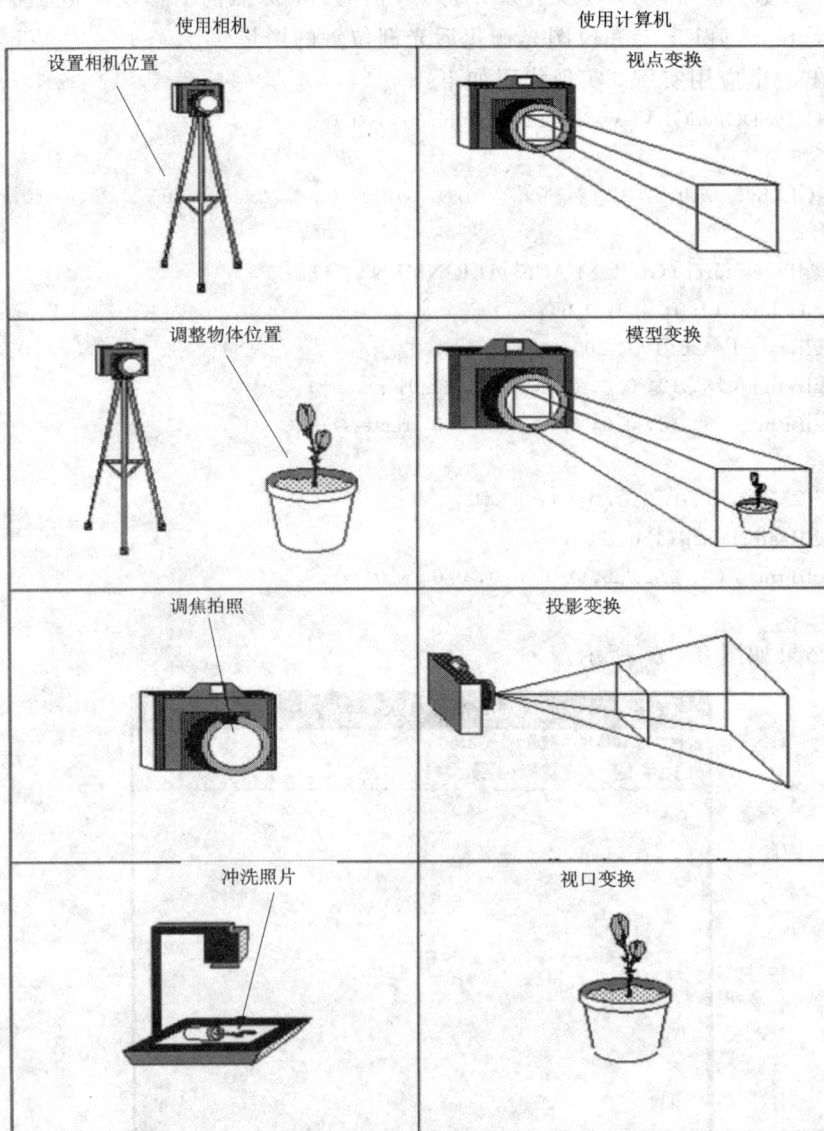

图 8-16 相机模拟

（3）选择相机镜头并调焦，使三维物体投影在二维胶片上，即投影变换（Projection Transformation）；

（4）决定二维相片的大小，即视口变换（Viewport Transformation）。

OpenGL 中的物体坐标一律采用齐次坐标，即（x，y，z，w），因此所有变换矩阵都采用 4×4 矩阵。一般来说，每个顶点先要经过视点变换和模型变换，然后进行指定的投影，如果它位于视景体外，则被裁剪掉。最后，余下的已经变换过的顶点 x、y、z 坐标值都用比例因子 w 除，即 x/w、y/w、z/w，再映射到视口区域内，这样才能显示在屏幕上。

在具体编程时，OpenGL 提供了矩阵和矩阵操作命令，将物体的各个顶点通过各种变换矩阵的作用映射到屏幕上。

（1）void glLoadIdentity(void)：该函数设置当前操作矩阵为单位矩阵（当前矩阵就是以后图形变换所要用的矩阵）。

（2）void glMatrixMode(Glenum mode)：该函数定义当前的操作矩阵类型，参数 mode 的取值及说明如表 8 - 7 所示。

表 8 - 7　操作矩阵的类型及说明

mode	说　　明
GL_MODELVIEW	模型矩阵
GL_PROJECTION	投影矩阵
GL_TEXTURE	纹理矩阵

（3）void glLoadMatrix{fd}(const TYPE * m)：该函数设置当前操作矩阵中的元素值，参数 m 是指向 4×4 矩阵的指针。

（4）void glMultiMatrix(TYPE * m)：该函数用当前矩阵乘以这个函数提供的矩阵，并且把结果设为当前矩阵。

（5）void glPushMatrix(void)：该函数将矩阵压入堆栈，把当前操作的矩阵堆栈中的最上面的矩阵复制一个，压入当前的操作矩阵堆栈。

（6）void glPopMatrix(void)：该函数将当前矩阵堆栈的栈顶矩阵弹出，这样，堆栈中的下一个矩阵变为栈顶矩阵（当前变换矩阵），用来恢复当前变换矩阵原先的状态。

矩阵堆栈的好处在于，它可以保存指定的矩阵状态，并在需要时进行恢复，从而避免了通过逆变换进行状态恢复时带来的大量的矩阵运算，提高了绘图效率。

8.3.2　几何变换

如图 8 - 17 所示，视点坐标系与一般的物体所在的世界坐标系不同，它遵循左手法则，即左手大拇指指向 Z 正轴，与之垂直的四个手指指向 X 正轴，四指弯曲 $90°$ 的方向是 Y 正轴。而世界坐标系遵循右手法则。

上述的视点变换和模型变换本质上是一回事，即图形学中的几何变换，只是视点变换一般只有平移和旋转，没有比例变换。当视点进行平移或旋转时，视点坐标系中的物体就相当于在世界坐标系中作反方向的平移或旋转。

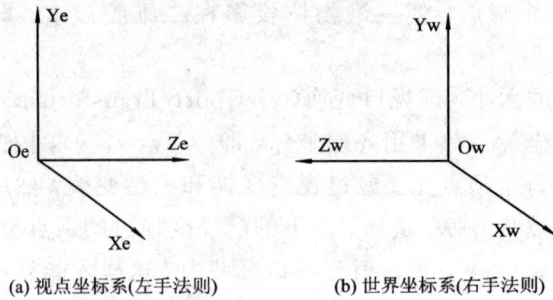

(a) 视点坐标系(左手法则)   (b) 世界坐标系(右手法则)

图 8-17 视点坐标系与世界坐标系

1. 平移函数

void glTranslate{fd}(TYPE x, TYPE y, TYPE z)

该函数进行平移变换，参数 x、y、z 是目标分别沿三个轴向平移的偏移量。这个函数用这三个偏移量生成的矩阵乘以当前矩阵。当参数是(0.0，0.0，0.0)时，表示对函数 glTranslate*()的操作是单位矩阵，也就是对物体没有影响。

2. 旋转函数

void glRotate{fd}(TYPE angle, TYPE x, TYPE y, TYPE z)

该函数进行旋转变换，第一个参数是表示目标沿从点(x, y, z)到原点的方向逆时针旋转的角度，后三个参数是旋转的方向点坐标。这个函数用这四个参数生成的矩阵乘以当前矩阵。当角度参数是 0.0 时，表示对物体没有影响。

3. 缩放函数

void glScale{fd}(TYPE x, TYPE y, TYPE z)

该函数进行缩放变换，三个参数是目标分别沿三个轴向缩放的比例因子，函数用这三个比例因子生成的矩阵乘以当前矩阵。这个函数能完成沿相应的轴对目标进行拉伸、压缩和反射三项功能。当参数是(1.0，1.0，1.0)时，表示对函数 glScale*()操作是单位矩阵，也就是对物体没有影响。当其中某个参数为负值时，表示将对目标进行相应轴的反射变换，且这个参数不为 1.0，则还要进行相应轴的缩放变换。最好不要令三个参数值都为零，这将导致目标沿三轴都缩为零。

下面举一个简单的例子进一步说明这三个基本几何变换函数的用法，程序代码如下：

```
void CMySDOpenGLView∷draw_triangle(void)
{
    glBegin(GL_LINE_LOOP);
    glVertex2f(0.0, 25.0);
    glVertex2f(25.0, -25.0);
    glVertex2f(-25.0, -25.0);
    glEnd();
}
void CMySDOpenGLView∷DrawMyObjects(void)
{
    glClearColor (1.0, 1.0, 1.0, 1.0);
    glClear (GL_COLOR_BUFFER_BIT);
```

```
//绘一个三角形
glLoadIdentity ();
glColor3f (0.0, 0.0, 0.0); //黑色
draw_triangle ();

//将三角形沿 X 轴平移
glLoadIdentity ();
glTranslatef (-20.0, 0.0, 0.0);
glColor3f(1.0, 0.0, 0.0); //红色
draw_triangle ();

//将三角形缩放，X 轴 1.5 倍，Y 轴 0.5 倍
glLoadIdentity();
glScalef (1.5, 0.5, 1.0);
glColor3f(0.0, 1.0, 0.0); //绿色
draw_triangle ();

//绕 Z 轴逆时针旋转 90°
glLoadIdentity ();
glRotatef (90.0, 0.0, 0.0, 1.0);
glColor3f(0.0, 0.0, 1.0); //蓝色
draw_triangle ();

//将三角形相对 Y 轴作反射变换，缩放比例为 0.5
glLoadIdentity();
glScalef (1.0, -0.5, 1.0);
glColor3f(1.0, 0.0, 1.0); //粉色
draw_triangle ();
}
```

程序运行结果如图 8-18 所示。

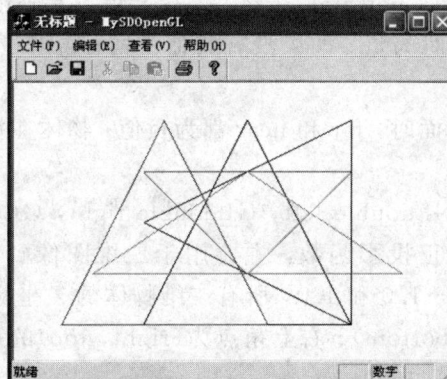

图 8-18　三角形的几何变换

8.3.3 投影变换

OpenGL 中只提供了两种投影方式：一种是正投影，另一种是透视投影。不管是调用哪种投影函数，为了避免不必要的变换，其前面必须加上以下两句代码：

glMatrixMode(GL_PROJECTION)；//设置当前矩阵类型为投影矩阵

glLoadIdentity()；//设置当前矩阵类型为单位矩阵

1. 正投影(Orthographic Projection)

如图 8-19 所示，视景体是一个矩形的平行管道，也就是一个长方体。无论物体距离相机多远，投影后的物体大小尺寸不变。这种投影通常用在建筑蓝图绘制和计算机辅助设计等方面，以便施工或制造时物体比例大小正确。

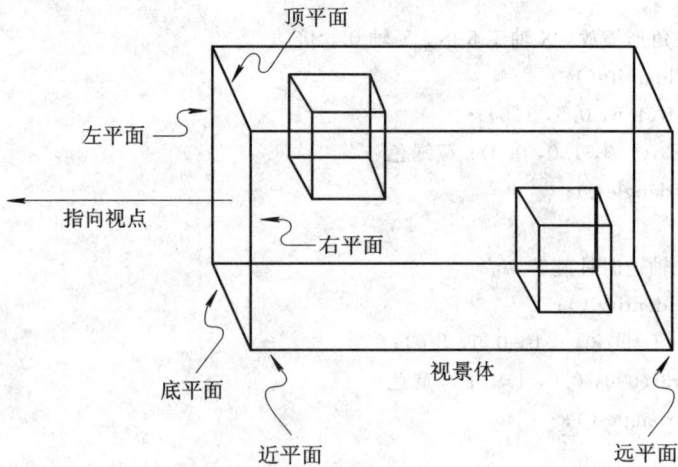

图 8-19 正投影视景体

OpenGL 正投影函数有以下两个：

(1) void glOrtho(GLdouble left, GLdouble right, GLdouble bottom, GLdouble top, GLdouble near, GLdouble far)：该函数创建一个平行视景体，即创建一个正投影矩阵，并且用这个矩阵乘以当前矩阵。其中近裁剪平面是一个矩形，矩形左下角点的三维空间坐标是(left, bottom, −near)，右上角点是(right, top, −near)；远裁剪平面也是一个矩形，左下角点的空间坐标是(left, bottom, −far)，右上角点是(right, top, −far)。所有的 near 和 far 值同时为正或同时为负。如果没有其他变换，正射投影的方向平行于 Z 轴，且视点朝向 Z 负轴。

这意味着物体在视点前面时，far 和 near 都为负值；物体在视点后面时，far 和 near 都为正值。

(2) void gluOrtho2D(GLdouble left, GLdouble right, GLdouble bottom, GLdouble top)：该函数是一个特殊的正投影函数，主要用于二维图像到二维屏幕上的投影。它的 near 和 far 的缺省值分别为−1.0 和 1.0，所有二维物体的 Z 坐标都为 0.0。因此它的裁剪面是一个左下角点为(left, bottom)、右上角点为(right, top)的矩形。

2. 透视投影(Perspective Projection)

透视投影符合人们心理习惯，即离视点近的物体大，离视点远的物体小，远到极点即为消失，成为灭点。它的视景体类似于一个顶部和底部都被切除掉的棱椎，也就是棱台。这个投影通常用于动画、视觉仿真以及其他许多具有真实性反映的方面。

OpenGL 透视投影函数也有两个：

（1）void glFrustum（GLdouble left，GLdouble Right，GLdouble bottom，GLdouble top，GLdouble near，GLdouble far）：该函数创建一个透视视景体，如图 8 - 20 所示。其操作是创建一个透视投影矩阵，并且用这个矩阵乘以当前矩阵。这个函数的参数只定义近裁剪平面的左下角点和右上角点的三维空间坐标，即（left，bottom，－near）和（right，top，－near）；最后一个参数 far 是远裁剪平面的 Z 负值，其左下角点和右上角点的空间坐标由函数根据透视投影原理自动生成。near 和 far 表示离视点的远近，它们总为正值。

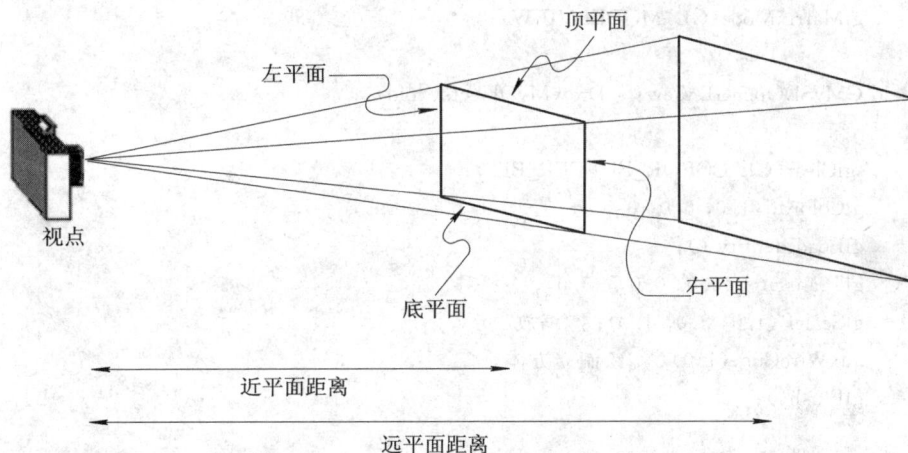

图 8 - 20　函数 glFrustum（）透视投影视景体

（2）void gluPerspective（GLdouble fovy，GLdouble aspect，GLdouble zNear，GLdouble zFar）：该函数创建一个对称透视视景体，如图 8 - 21 所示。其操作是创建一个对称的透视投影矩阵，并且用这个矩阵乘以当前矩阵。参数 fovy 定义视野在 X - Z 平面的角度，范围是[0.0，180.0]；参数 aspect 是投影平面宽度与高度的比率；参数 zNear 和 zFar 分别是远近裁剪面沿 Z 负轴到视点的距离，它们总为正值。

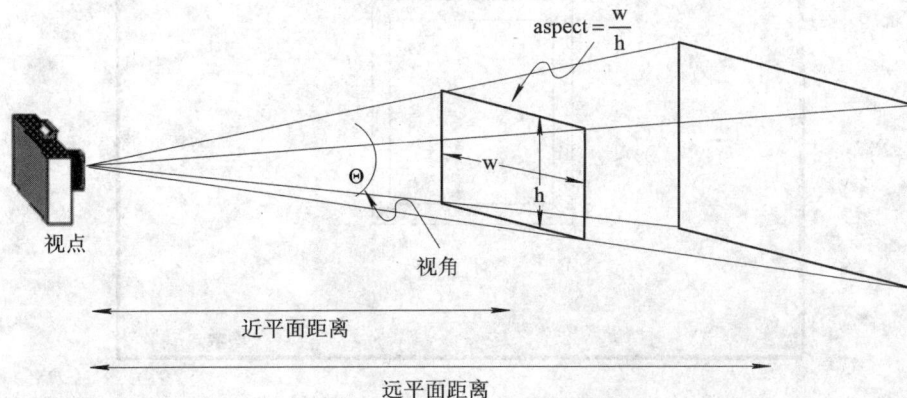

图 8 - 21　函数 gluPerspective（）透视投影视景体

以上两个函数缺省时，视点都在原点，视线沿 Z 轴指向负方向。

下面举例绘制立方体的透视图，代码如下：

```
void CMySDOpenGLView∷OnSize(UINT nType, int cx, int cy)
{
    CView∷OnSize(nType, cx, cy);
    //添加窗口缩放时图形变换函数
    glViewport(0, 0, cx, cy);
    glMatrixMode(GL_PROJECTION);
    glLoadIdentity();
    glFrustum (-1.0, 1.0, -1.0, 1.0, 1.5, 20.0); //透视
    glMatrixMode(GL_MODELVIEW);
}
void CMySDOpenGLView∷DrawMyObjects(void)
{
     glClear(GL_COLOR_BUFFER_BIT);
    glColor3f (1.0, 0.0, 0.0);
    glLoadIdentity ();
    glTranslatef (0.0, 0.0, -5.0); //平移
    glScalef (1.0, 2.0, 1.0); //缩放
    auxWireCube(1.0); //绘制立方体
    glFlush();
}
```

其程序运行结果如图 8-22 所示。

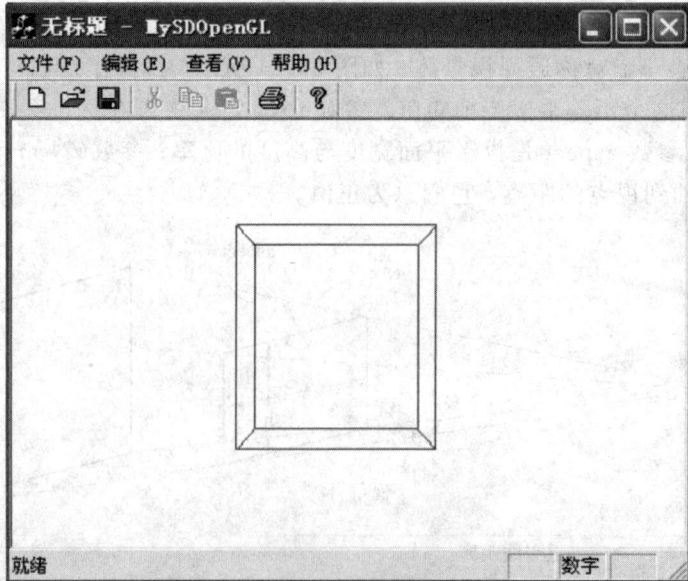

图 8-22 立方体的透视图

8.3.4　裁剪变换

在 OpenGL 中，空间物体的三维裁剪变换包括两个部分：视景体裁剪和附加平面裁剪。视景体裁剪已经包含在投影变换里，这里介绍平面裁剪函数的用法。

除了视景体定义的六个裁剪平面（上、下、左、右、前、后）外，用户还可以自己再定义一个或多个附加裁剪平面，以去掉场景中无关的目标，如图 8 - 23 所示。

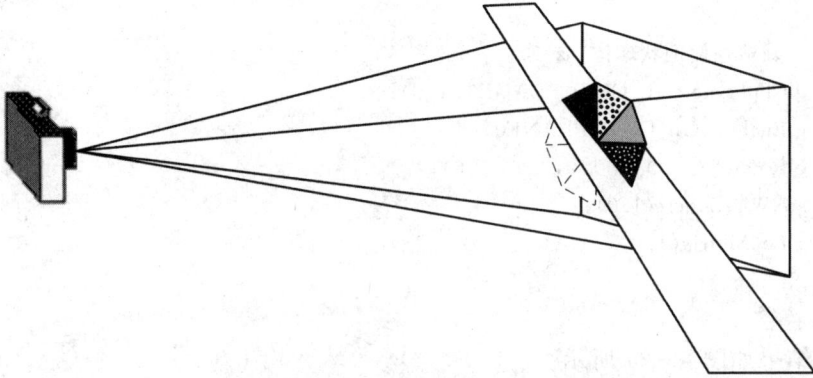

图 8 - 23　附加裁剪平面和视景体

附加平面裁剪函数为

    void glClipPlane(GLenum plane, Const GLdouble ＊ equation);

该函数定义了一个附加的裁剪平面。其中，参数 equation 指向一个拥有四个系数值的数组，这四个系数分别是裁剪平面 $Ax＋By＋Cz＋D＝0$ 的 A、B、C、D 值。因此，由这四个系数就能确定一个裁剪平面。参数 plane 是 GL_CLIP_PLANEi（i＝0，1，…）指定的裁剪面号。

在调用附加裁剪函数之前，必须先启动 glEnable(GL_CLIP_PLANEi)，使得当前所定义的裁剪平面有效；当不再调用某个附加裁剪平面时，可用 glDisable(GL_CLIP_PLANEi) 关闭相应的附加裁剪功能。

下面的这个例子不仅说明了附加裁剪函数的用法，而且调用了 gluPerspective() 透视投影函数，代码如下：

```
void CMySDOpenGLView：：OnSize(UINT nType, int cx, int cy)
{
    CView：：OnSize(nType, cx, cy);
    //添加窗口缩放时的图形变换函数
    glViewport(0, 0, cx, cy);
    glMatrixMode(GL_PROJECTION);
    glLoadIdentity();
    gluPerspective(60.0, (GLfloat) cx/(GLfloat) cy, 1.0, 20.0); //透视
    glMatrixMode(GL_MODELVIEW);
}
```

```
void CMySDOpenGLView：：DrawMyObjects(void)
{
    GLdouble eqn[4]＝{1.0, 0.0, 0.0, 0.0};
    glClear(GL_COLOR_BUFFER_BIT);
    glColor3f (1.0, 0.0, 1.0);
    glPushMatrix();
    glTranslatef (0.0, 0.0, −5.0);

    //裁剪左侧网状球体：x＜0
    glClipPlane (GL_CLIP_PLANE0, eqn);
    glEnable (GL_CLIP_PLANE0);
    glRotatef (−90.0, 1.0, 0.0, 0.0);
    auxWireSphere(1.0);
    glPopMatrix();
    glFlush();
}
```

其程序运行结果如图 8-24 所示。

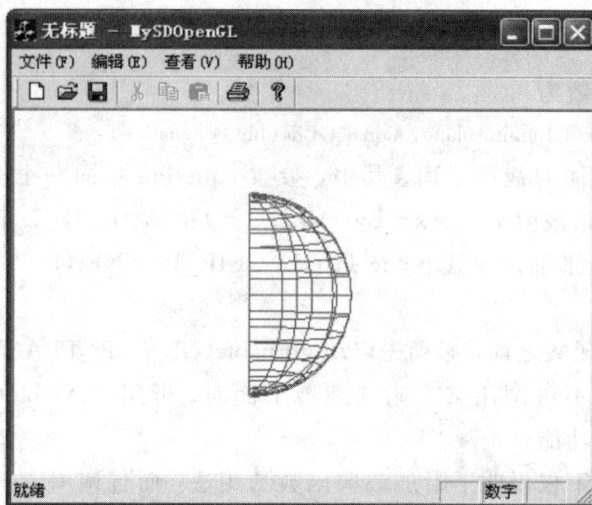

图 8-24　网状球体的裁剪

8.3.5　视口变换

　　视口变换类似于照片的放大或缩小，将经过几何变换、投影变换和裁剪变换后的物体显示于屏幕窗口内指定的区域内。这个区域通常为矩形，称为视口。

　　OpenGL 中的相关函数为

　　　　glViewport(GLint x, GLint y, GLsizei width, GLsizei height);

该函数定义一个视口。函数参数(x, y)是视口在屏幕窗口坐标系中的左下角点坐标，参数 width 和 height 分别是视口的宽度和高度。缺省时，参数值即(0, 0, winWidth, winHeight)，指的是屏幕窗口的实际尺寸大小。所有这些值都以像素为单位，全为整型数。

8.4　用 OpenGL 生成曲线和曲面

8.4.1　用 OpenGL 生成曲线

1. 曲线的定义和启动

OpenGL 中曲线定义的函数为

　　　void glMap1{fd}(GLenum target，TYPE u1，TYPE u2，GLint stride，GLint order，const TYPE * points)；

其中，参数 target 指出控制顶点的意义以及在参数 points 中需要提供的值，具体值如表 8-8 所示。参数 points 指针可以指向控制点集、RGBA 颜色值或纹理坐标串等。例如，若 target 是 GL_MAP1_COLOR_4，则能够在 RGBA 四维空间中生成一条带有颜色信息的曲线，这在数据场可视化中应用极广。参数 u1 和 u2，指明变量 U 的范围，U 一般从 0 变化到 1。参数 stride 是跨度，表示在每块存储区内浮点数或双精度数的个数，即两个控制点间的偏移量，比如上例中的控制点集 ctrpoint[4][3] 的跨度就为 3，即单个控制点的坐标元素个数。函数参数 order 是次数加 1，叫阶数，与控制点数一致。

表 8-8　用于 glMap1*()控制点的数据类型

参　　数	意　　义
GL_MAP1_VERTEX_3	x、y、z 顶点坐标
GL_MAP1_VERTEX_4	x、y、z、w 顶点坐标
GL_MAP1_INDEX	颜色表
GL_MAP1_COLOR_4	R、G、B、A
GL_MAP1_NORMAL	法向量
GL_MAP1_TEXTURE_COORD_1	s 纹理坐标
GL_MAP1_TEXTURE_COORD_2	s、t 纹理坐标
GL_MAP1_TEXTURE_COORD_3	s、t、r 纹理坐标
GL_MAP1_TEXTURE_COORD_4	s、t、r、q 纹理坐标

　　曲线定义后，必须先要启动，才能进行下一步的绘制工作。启动的函数仍是 glEnable()，其中参数与glMap1*()的第一个参数一致。关闭的函数为 glDisable()，参数也一样。

2. 曲线坐标的计算

OpenGL 中曲线坐标计算的函数为

　　　void glEvalCoord1{fd}[v](TYPE u)；

该函数产生曲线坐标值并绘制，函数调用一次只产生一个坐标。其中，参数 u 是定义域内的值。其中，参数 u 是定义域内的值。该函数的优点是 u 可取定义域内的任意值，由此计算出的坐标值也是任意的。但是，如果想对 u 使用 N 个不同的值，就必须对 glEvalCoordl*() 的函数执行 N 次调用。

3. 定义均匀间隔曲线坐标值

在使用 glEvalCoord1 * ()计算坐标时，因为 u 可取定义域内的任意值，所以由此计算出的坐标值也是任意的。但是，目前用得最普遍的仍是取等间隔值。

要获得等间隔值，OpenGL 提供了两个函数，即先调用 glMapGrid1 * ()定义一个一维网格，然后用 glEvalMesh1()计算响应的坐标值。下面详细解释这两个函数：

```
void glMapGrid1{fd}(GLint n, TYPE u1, TYPE u2);
```

该函数定义一个网格，从 u1 到 u2 分为 n 步，它们是等间隔的。实际上，这个函数定义的是参数空间网格。

```
void glEvalMesh1(GLenum mode, GLint p1, GLint p2);
```

该函数计算并绘制坐标点。参数 mode 可以是 GL_POINT 或 GL_LINE，即沿曲线绘制点或沿曲线绘制相连的线段。这个函数的调用效果同在 p1 和 p2 之间的每一步给出一个 glEvalCoord1()的效果一样。

从编程角度来说，除了当 i＝0 或 i＝n，它准确以 u1 或 u2 作为参数调用 glEvalCoord1()之外，它等价于以下代码：

```
glBegin(GL_POINT); //glBegin(GL_LINE_STRIP);
    for(i＝p1; i＜＝p2; i＋＋)
        glEvalCoord1(u1＋i * (u2－u1)/n);
glEnd();
```

下面举例绘制 Bézier 曲线，其程序运行结果如图 8-25 所示。

```
GLfloat ctrlpoints[4][3]＝
        {{－4.0, －4.0, 0.0}, {－2.0, 4.0, 0.0}, {2.0, －4.0, 0.0}, 4.0, 4.0, 0.0} };
void CMySDOpenGLView∷DrawMyObjects(void)
{
    glClearColor(1.0, 1.0, 1.0, 0.0);
    glMap1f(GL_MAP1_VERTEX_3, 0.0, 1.0, 3, 4, &ctrlpoints[0][0]);
    glEnable(GL_MAP1_VERTEX_3);
    glShadeModel(GL_FLAT);
    int i;
    glClear(GL_COLOR_BUFFER_BIT);
    glColor3f(0.0, 0.0, 0.0);
    glBegin(GL_LINE_STRIP);
    for (i＝0; i＜＝30; i＋＋)
        glEvalCoord1f((GLfloat) i/30.0);
    glEnd();

    //显示控制点
    glPointSize(5.0);
    glColor3f(1.0, 0.0, 0.0);
    glBegin(GL_POINTS);
    for (i＝0; i＜4; i＋＋)
        glVertex3fv(&ctrlpoints[i][0]);
```

```
        glEnd();
        glFlush();
        glDisable(GL_MAP1_VERTEX_3);
}
```

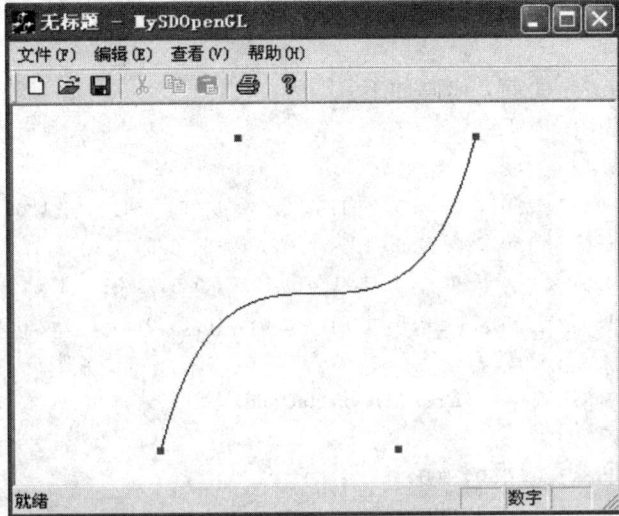

图 8-25　Bézier 曲线

8.4.2　用 OpenGL 生成曲面

1. Bézier 曲面

1）曲面的定义

OpenGL 中曲面定义的函数为

> void glMap2{fd}(GLenum target, TYPE u1, TYPE u2, GLint ustride, GLint uorder, TYPE v1, TYPE v2, GLint vstride, GLint vorder, TYPE points);

参数 target 可以是表 8-8 中的任意值，不过需将 MAP1 改为 MAP2。同样，启动曲面的函数仍是 glEnable()，关闭的函数是 glDisable()。u1、u2 分别为 u 的最大值和最小值；v1、v2 分别为 v 的最大值和最小值。参数 ustride 和 vstride 分别指出在控制点数组中 u 和 v 向相邻点的跨度，即可从一个非常大的数组中选择一块控制点长方形。

例如，若数据定义成如下形式：

> GLfloat ctlpoints[100][100][3];

要用从 ctlpoints[20][30]开始的 4×4 子集，选择 ustride 为 100×3，vstride 为 3，初始点设置为 ctlpoints[20][30][0]。最后的参数都是阶数，uorder 和 vorder，二者可以不同。

2）曲面坐标计算

OpenGL 中曲面坐标计算的函数为

> void glEvalCoord2{fd}[v](TYPE u, TYPE v);

该函数产生曲面坐标并进行绘制。参数 u 和 v 是定义域内的值。

OpenGL 中定义均匀间隔的曲面坐标值的函数与曲线的类似，其函数形式为

　　void glMapGrid2{fd}(GLenum nu, TYPE u1, TYPE u2, GLenum nv, TYPE v1, TYPE v2);

　　void glEvalMesh2(GLenum mode, GLint p1, GLint p2, GLint q1, GLint q2);

上面第一个函数定义参数空间的均匀网格，从 u1 到 u2 分为等间隔的 nu 步，从 v1 到 v2 分为等间隔的 nv 步，然后 glEvalMesh2() 把这个网格应用到已经启动的曲面计算上。第二个函数中，参数 mode 除了可以是 GL_POINT 和 GL_LINE 外，还可以是 GL_FILL，即生成填充空间曲面。

下面举例绘制 Bézier 曲面，代码如下：

```
GLfloat ctrlpoints[4][4][3]=
{
    {{-1.5, -1.5, 2.0}, {-0.5, -1.5, 2.0}, {0.5, -1.5, -1.0}, {1.5, -1.5, 2.0}},
    {{-1.5, -0.5, 1.0}, {-0.5, 1.5, 2.0}, {0.5, 0.5, 1.0}, {1.5, -0.5, -1.0}},
    {{-1.5, 0.5, 2.0}, {-0.5, 0.5, 1.0}, {0.5, 0.5, 3.0}, {1.5, -1.5, 1.5}},
    {{-1.5, 1.5, -2.0}, {-0.5, 1.5, -2.0}, {0.5, 0.5, 1.0}, {1.5, 1.5, -1.0}}
};
void CMySDOpenGLView：：DrawMyObjects(void)
{
    glClearColor (1.0, 1.0, 1.0, 0.0);
    glMap2f(GL_MAP2_VERTEX_3, 0, 1, 3, 4, 0, 1, 12, 4,
            &ctrlpoints[0][0][0]);
    glEnable(GL_MAP2_VERTEX_3);
    glMapGrid2f(20, 0.0, 1.0, 20, 0.0, 1.0);
    glEnable(GL_DEPTH_TEST);
    int i, j;
    glClear(GL_COLOR_BUFFER_BIT | GL_DEPTH_BUFFER_BIT);
    glColor3f(0.3, 0.6, 0.9);
    glPushMatrix ();
    glRotatef(35.0, 1.0, 1.0, 1.0);
    for (j=0; j<=8; j++)
    {
        glBegin(GL_LINE_STRIP);
        for (i=0; i<=30; i++)
            glEvalCoord2f((GLfloat)i/30.0, (GLfloat)j/8.0);
        glEnd();

        glBegin(GL_LINE_STRIP);
        for (i=0; i<=30; i++)
            glEvalCoord2f((GLfloat)j/8.0, (GLfloat)i/30.0);
        glEnd();
    }
    glPopMatrix ();
    glFlush();
}
```

其程序运行结果如图 8-26 所示。

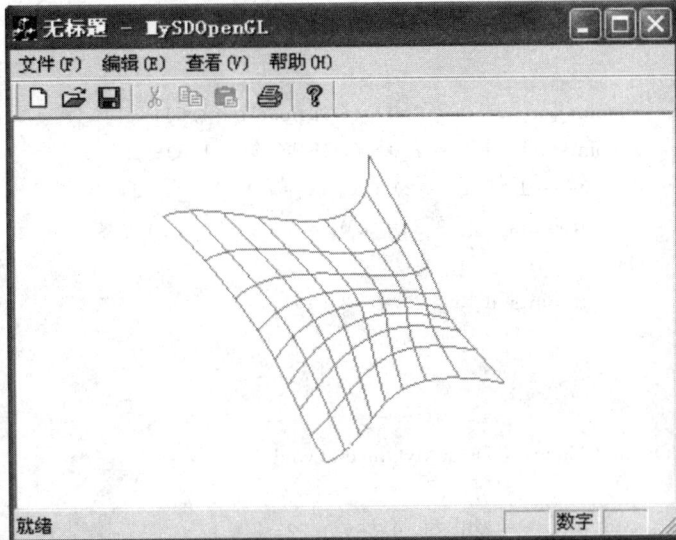

图 8-26　Bézier 曲面

2. NURBS 曲面

在 OpenGL 中，GLU 函数库提供了一个 NURBS 接口。可用如下两条语句创建一个 NURBS 对象：

    GLUnurbsObj * theNurb；//定义一个指向 NURBS 曲面对象的指针
    theNurb＝gluNewNurbsRenderer()；//创建一个 NURBS 曲面的对象

创建对象后，用如下函数设置 NURBS 对象属性：

    gluNurbsProperty(GLUnurbsObj * nobj, Glenum property, Glfolat value)；

其中，nobj 是 gluNewNurbsRenderer()函数创建的 NURBS 对象，property 是 OpenGL 的常量，属性值 value 详见 OpenGL 专著中的有关说明。

NURBS 曲线的绘制可在 gluBeginCurve()/gluEndCurve()函数对中完成。绘制曲线的函数为

    void gluNurbsCurve(GLUnurbsObj * nobj, Glint nknots, Glfloat * knot,
            GLint stride, GLfloat * ctlarray, GLint order, GLenum type)；

该函数的 7 个参数的含义分别是 NURBS 曲线对象、参数区间节点数目＝控制点数＋NURBS 曲线阶数、节点、曲线控制点之间的偏移量、控制点、曲线阶数和曲线类型。

NURBS 曲面的绘制可在 gluBeginSurface()/gluEndSurface()函数对中完成。绘制曲面的函数为

    void gluNurbsSurface()

下面举例绘制 NURBS 曲面，代码如下：

    GLfloat ctlpoints[4][4][3]；   //定义一组控制点的存储空间
    GLUnurbsObj * theNurb；
    void init_surface(void)   //初始化控制点坐标
    {
        int u, v；

```
    for (u=0; u<4; u++)
    {
        for (v=0; v<4; v++)
        {
            ctlpoints[u][v][0]=2.0 * ((GLfloat)u−1.5);
            ctlpoints[u][v][1]=2.0 * ((GLfloat)v−1.5);
            if ( (u==1 || u==2) && (v==1 || v==2))
                ctlpoints[u][v][2]=3.0;
            else
                ctlpoints[u][v][2]=−3.0;
        }
    }
}
void CMySDOpenGLView∷DrawMyObjects(void)
{
    GLfloat mat_diffuse[]={ 0.88, 0.66, 0.22, 1.0 };
    GLfloat mat_specular[]={ 0.92, 0.9, 0.0, 1.0 };
    GLfloat mat_shininess[]={ 80.0 };
    glClearColor (1.0, 1.0, 1.0, 0.0);
    glMaterialfv(GL_FRONT, GL_DIFFUSE, mat_diffuse);
    glMaterialfv(GL_FRONT, GL_SPECULAR, mat_specular);
    glMaterialfv(GL_FRONT, GL_SHININESS, mat_shininess); glEnable(GL_LIGHTING);
    glEnable(GL_LIGHT0);
    glDepthFunc(GL_LESS);
    glEnable(GL_DEPTH_TEST);
    glEnable(GL_AUTO_NORMAL);        //自动计算法矢
    glEnable(GL_NORMALIZE);          //法矢规范化
    init_surface();
    theNurb=gluNewNurbsRenderer();
    gluNurbsProperty(theNurb, GLU_SAMPLING_TOLERANCE, 25.0);
    gluNurbsProperty(theNurb, GLU_DISPLAY_MODE, GLU_FILL);
    GLfloat knots[8]={0.0, 0.0, 0.0, 0.0, 1.0, 1.0, 1.0, 1.0};
    glClear(GL_COLOR_BUFFER_BIT | GL_DEPTH_BUFFER_BIT);
    glPushMatrix();
    glRotatef(330.0, 1.0, 0.0, 0.0);
    glScalef (0.5, 0.5, 0.5);
    gluBeginSurface(theNurb);
    gluNurbsSurface(theNurb, 8, knots, 8, knots, 4 * 3, 3, &ctlpoints[0][0][0], 4, 4,
            GL_MAP2_VERTEX_3); //绘制 NURBS 曲面
    gluEndSurface(theNurb);
    glPopMatrix();
    glFlush();
}
```

其程序运行结果如图 8 - 27 所示。

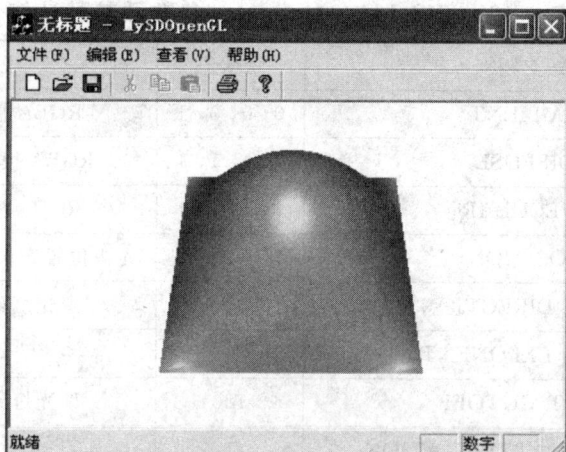

图 8 - 27　NURBS 曲面

8.5　用 OpenGL 生成真实感图形

利用 OpenGL 提供的函数可以方便地实现图形绘制过程中的隐藏面消除，以及物体表面亮度的光照计算，还可以实现纹理映射，从而生成具有真实感的图形。

OpenGL 隐藏面的消除是采用 Z 缓冲器算法实现的。在绘制基本图元（如点、线段、多边形等）时，首先把当前图元离散成为像素点，逐个将像素点的深度值（z 坐标值）和 Z 缓冲器中相应单元的值进行比较，继而决定是否用当前像素点的颜色值替换帧缓冲器的相应单元的颜色值。本节将介绍 OpenGL 的光照、材质和纹理技术。

8.5.1　OpenGL 光照

1. OpenGL 光照模型

OpenGL 采用的是简单光照模型，即只考虑光源直接照射下物体表面的反射，而不考虑光在物体间的反射和光的透射。光线大致分为：辐射光（Emitted Light）、环境光（Ambient Light）、漫射光（Diffuse Light）和镜面光（Specular Light）。

辐射光是最简单的光源形式，它直接从物体或光源发出去，而不会受到任何其他光源的影响；环境光是由光源发出经过环境多次散射而无法确定其方向的光，即可能来自任何方向；漫射光来自一个方向，在光源方向上漫射的分量最大；镜面光来自特定的方向并沿另一个方向反射出去，一个平行光束在理想镜面上的反射率为 100%。

2. 创建光源

光源有许多特性，例如颜色、位置、方向等，OpenGL 中采用 glLight*（）函数定义光源：

　　　　void glLight{i f}[v](GLenum light , GLenum pname, TYPE param)；

其中，参数 light 是光源的标识，例如 GL_LIGHT0，GL_LIGHT1，…，GL_LIGHT7；参数 pname 代表需设置的属性，其枚举值和对应的属性意义如表 8 - 9 所示。参数 param 代表需要给 pname 代表的属性设置的值。

表 8 - 9 glLight*()的 pname 参数及其默认值

参 数 名 称	默认值	说 明
GL_AMBIENT	0, 0, 0, 1	RGBA 模式的环境光
GL_DIFFUSE	1, 1, 1, 1	RGBA 模式的漫反射光
GL_SPECULAR	1, 1, 1, 1	RGBA 模式的镜面光
GL_POSITION	1, 0, 1, 0	光源位置齐次坐标(x, y, z, w)
GL_SPOT_DIRECTION	0, 0, −1	聚光灯聚光方向矢量
GL_SPOT_EXPONENT	0	聚光灯聚光指数
GL_SPOT_CUTOFF	180	聚光灯聚光发射半角
GL_CONTANT_ATTENUATION	1	常数衰减因子
GL_LINER_ATTENUATION	0	线形衰减因子
GL_QUADRATIC_ATTENUATION	0	平方衰减因子

OpenGL 的光源分为两种：定向光源和定位光源。定向光源是无穷远光源，如阳光，到达物体时是平行光。定位光源是近光源，如台灯，在场景中的位置影响场景的光照效果，尤其影响光到达物体的方向。

光源的位置是由四个值决定的，如：

GLfloat light_position[]={1.0, 1.0, 1.0, 0.0}；

glLightfv(GL_LIGHT0, GL_POSITION, light_position)；

如果定义光源位置的第四个分量不为零，则光源为定位光源，否则为定向光源(无穷远)。物体顶点的法向量决定了物体从光源接受到的光有多少，对定向光源来说，物体各顶点所受光一样，但对定位光源来说就不一样了。

OpenGL 的定位光源定义成聚光灯形式，即将光的形状限制在一个圆锥内。OpenGL中聚光的定义有以下几步：

(1) 定义聚光源位置。如：

GLfloat light_position[]={1.0, 1.0, 1.0, 1.0}；

glLightfv(GL_LIGHT0, LIGHT_POSITION, light_position)；

(2) 定义聚光截止角。参数 GL_SPOT_CUTOFF 给定光锥的轴与中心线的夹角，也可说成是光锥顶角的一半，如图 8 - 28 所示。缺省时，这个参数为 180.0，即顶角为 360°，光向所有的方向发射，因此聚光关闭。一般在聚光启动情况下，聚光截止角限制在 [0.0，90.0] 之间，如下面一行代码设置截止角为 45°：

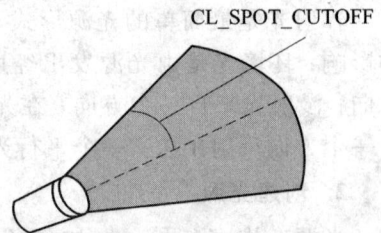

图 8 - 28 聚光光源

glLightf(GL_LIGHT0, GL_SPOT_CUTOFF, 45.0)；

(3) 定义聚光方向。聚光方向决定光锥的轴，它齐次坐标定义，其缺省值为(0.0, 0.0, −1.0)，即指向 Z 负轴。聚光方向也要进行几何变换，其结果保存在视点坐标系中。它的定义如下：

　　　　GLfloat spot_direction[]＝{−1.0，−1.0，0.0}；

　　　　glLightfv(GL_LIGHT0，GL_SPOT_DIRECTION，spot_direction)；

　　（4）定义聚光指数。参数 GL_SPOT_EXPONENT 控制光的集中程度，光锥中心的光强最大，越靠边的光强越小，缺省时为 0。如：

　　　　glLightf(GL_LIGHT0，GL_SPOT_EXPONENT，2.0)；

　　（5）定位光有衰减。OpenGL 的光衰减是通过光源的发光量乘以衰减因子计算出来的，用户可以自己定义这些值，如：

　　　　glLightf(GL_LIGHT0，GL_CONSTANT_ATTENUATION，2.0)；

　　　　glLightf(GL_LIGHT0，GL_LINEAR_ATTENUATION，1.0)；

　　　　glLightf(GL_LIGHT0，GL_QUADRATIC_ATTENUATION，0.5)；

3. 启动光照

　　在 OpenGL 中，必须明确指出光照是否有效或无效。如果光照无效，则只是简单地将当前颜色映射到当前顶点上去，而不进行法向、光源、材质等复杂计算，那么所显示的图形就没有了真实感。

　　　　启用光照用 glEnable(GL_LIGHTING)；

　　　　关闭光照用 gDisable(GL_LIGHTING)；

　　　　启用第 i 个光源用 glEnable(GL_LIGHTi)；

　　　　关闭第 i 个光源用 glDisable(GL_LIGHTi)；

　　下面看一个简单的光照例程，代码如下：

```
void CMySDOpenGLView∷DrawMyObjects(void)
{
     GLfloat light_position[]＝{ 1.0，1.0，1.0，0.0 }；
    glLightfv(GL_LIGHT0，GL_POSITION，light_position)；
    glEnable(GL_LIGHTING)；
    glEnable(GL_LIGHT0)；
    glDepthFunc(GL_LESS)；
    glEnable(GL_DEPTH_TEST)；
    glClear(GL_COLOR_BUFFER_BIT | GL_DEPTH_BUFFER_BIT)；
    auxSolidSphere(0.8)；
    glFlush()；
}
```

其运行结果如图 8 - 29 所示。

4. 明暗处理

　　在计算机图形学中，光滑的曲面表面常用多边形予以逼近和表示，而每个小多边形的轮廓（或内部）就用单一的颜色或许多不同的颜色来勾画（或填充），这种处理方式称为明暗处理。在 OpenGL 中，用单一颜色处理的，称为平面明暗处理（Flat Shading）；用许多不同颜色处理的，称为光滑明暗处理（Smooth Shading），也称为 Gourand 明暗处理（Gourand Shading）。

　　设置明暗处理模式的函数为

　　　　void glShadeModel(GLenum mode)；

图 8-29 带光影的黑色球体

其中，参数 mode 为 GL_FLAT 或 GL_SMOOTH，分别表示平面明暗处理和光滑明暗处理。

应用平面明暗处理模式时，多边形内每个点的法向一致，且颜色也一致；应用光滑明暗处理模式时，多边形所有点的法向是由内插生成的，具有一定的连续性，因此每个点的颜色也相应内插，故呈现不同色。

8.5.2 OpenGL 材质

OpenGL 用材料对光的红、绿、蓝三原色的反射率来近似定义材料的颜色。像光源一样，材料颜色也分成环境、漫反射和镜面反射成分，它们决定了材料对环境光、漫反射光和镜面反射光的反射程度。在进行光照计算时，材料对环境光的反射率与每个进入光源的环境光结合，对漫反射光的反射率与每个进入光源的漫反射光结合，对镜面光的反射率与每个进入光源的镜面反射光结合。对环境光与漫反射光的反射程度决定了材料的颜色，并且它们很相似。对镜面反射光的反射率通常是白色或灰色（即对镜面反射光中红、绿、蓝的反射率相同）。镜面反射高光最亮的地方将变成具有光源镜面光强度的颜色。例如一个光亮的红色塑料球，球的大部分表现为红色，光亮的高光将是白色的。

材质的定义与光源的定义类似，其函数为

void glMaterial{i f}[v](GLenum face, GLenum pname, TYPE param);

该函数定义光照计算中用到的当前材质。其中，face 可以是 GL_FRONT、GL_BACK、GL_FRONT_AND_BACK，它表明当前材质应该应用到物体的哪一个面上；pname 说明一个特定的材质，其参数值具体内容见表 8-10；param 是材质的具体数值。若函数为向量形式，则 param 是一组值的指针，反之为参数值本身。非向量形式仅用于设置 GL_SHINESS。另外，参数 GL_AMBIENT_AND_DIFFUSE 表示可以用相同的 RGB 值设置环境光颜色和漫反射光颜色。

表 8 - 10 函数 glMaterial * ( )参数 pname 的缺省值

参 数 名 称	默认值	说　明
GL_AMBIENT	(0.2, 0.2, 0.2, 1.0)	材料环境光反射色
GL_DIFFUSE	(0.8, 0.8, 0.8, 1.0)	材料漫反射光反射色
GL_AMBIENT_AND_DIFFUSE		设置上面 2 项为相同值
GL_SPECULAR	(0.0, 0.0, 0.0, 1.0)	材料镜面光反射色
GL_SHININESS	0.0	材料反射指数
GL_EMISSION	(0.0, 0.0, 0.0, 1.0)	材料发射光色
GL_COLOR_INDEXS	(0, 1, 1)	环境光、漫反射光、镜面光反射颜色索引

如果要改变场景中的材质，可以利用 glMaterial * ( )函数，同时若需要保存当前矩阵，则调用 glPushMatrix( )和 glPopMatrix( )函数。

下面举一个材质的定义例程，其程序运行结果如图 8 - 30 所示。

```
void CMySDOpenGLView::DrawMyObjects(void)
{
    //初始化 z-buffer、光源和光照模型，在此不具体定义材质
    GLfloat ambient[]={ 0.0, 0.0, 0.0, 1.0 };
    GLfloat diffuse[]={ 1.0, 1.0, 1.0, 1.0 };
    GLfloat specular[]={ 1.0, 1.0, 1.0, 1.0 };
    GLfloat position[]={ 0.0, 3.0, 2.0, 0.0 };

    glEnable(GL_DEPTH_TEST);
    glDepthFunc(GL_LESS);

    glLightfv(GL_LIGHT0, GL_AMBIENT, ambient);
    glLightfv(GL_LIGHT0, GL_DIFFUSE, diffuse);
    glLightfv(GL_LIGHT0, GL_POSITION, position);

    glEnable(GL_LIGHTING);
    glEnable(GL_LIGHT0);

    glClearColor(0.0, 0.1, 0.1, 0.0);

    GLfloat no_mat[]={ 0.0, 0.0, 0.0, 1.0 };
    GLfloat mat_ambient[]={ 0.7, 0.7, 0.7, 1.0 };
    GLfloat mat_ambient_color[]={ 0.8, 0.8, 0.2, 1.0 };
    GLfloat mat_diffuse[]={ 0.1, 0.5, 0.8, 1.0 };
    GLfloat mat_specular[]={ 1.0, 1.0, 1.0, 1.0 };
    GLfloat no_shininess[]={ 0.0 };
    GLfloat low_shininess[]={ 5.0 };
    GLfloat high_shininess[]={ 100.0 };
```

```
GLfloat mat_emission[]={0.3, 0.2, 0.2, 0.0};

glClear(GL_COLOR_BUFFER_BIT | GL_DEPTH_BUFFER_BIT);

//第一行第一列绘制的球仅有漫反射光而无环境光和镜面光
glPushMatrix();
glTranslatef (-3.75, 3.0, 0.0);
glMaterialfv(GL_FRONT, GL_AMBIENT, no_mat);
glMaterialfv(GL_FRONT, GL_DIFFUSE, mat_diffuse);
glMaterialfv(GL_FRONT, GL_SPECULAR, no_mat);
glMaterialfv(GL_FRONT, GL_SHININESS, no_shininess);
glMaterialfv(GL_FRONT, GL_EMISSION, no_mat);
auxSolidSphere(1.0);
glPopMatrix();

//第一行第二列绘制的球有漫反射光和镜面光，并有低高光，而无环境光
glPushMatrix();
glTranslatef (-1.25, 3.0, 0.0);
glMaterialfv(GL_FRONT, GL_AMBIENT, no_mat);
glMaterialfv(GL_FRONT, GL_DIFFUSE, mat_diffuse);
glMaterialfv(GL_FRONT, GL_SPECULAR, mat_specular);
glMaterialfv(GL_FRONT, GL_SHININESS, low_shininess);
glMaterialfv(GL_FRONT, GL_EMISSION, no_mat);
auxSolidSphere(1.0);
glPopMatrix();

//第一行第三列绘制的球有漫反射光和镜面光，并有很亮的高光，而无环境光
glPushMatrix();
glTranslatef (1.25, 3.0, 0.0);
glMaterialfv(GL_FRONT, GL_AMBIENT, no_mat);
glMaterialfv(GL_FRONT, GL_DIFFUSE, mat_diffuse);
glMaterialfv(GL_FRONT, GL_SPECULAR, mat_specular);
glMaterialfv(GL_FRONT, GL_SHININESS, high_shininess);
glMaterialfv(GL_FRONT, GL_EMISSION, no_mat);
auxSolidSphere(1.0);
glPopMatrix();

//第一行第四列绘制的球有漫反射光和辐射光，而无环境光和镜面反射光
glPushMatrix();
glTranslatef (3.75, 3.0, 0.0);
glMaterialfv(GL_FRONT, GL_AMBIENT, no_mat);
glMaterialfv(GL_FRONT, GL_DIFFUSE, mat_diffuse);
glMaterialfv(GL_FRONT, GL_SPECULAR, no_mat);
```

```
glMaterialfv(GL_FRONT, GL_SHININESS, no_shininess);
glMaterialfv(GL_FRONT, GL_EMISSION, mat_emission);
auxSolidSphere(1.0);
glPopMatrix();
```

//第二行第一列绘制的球有漫反射光和环境光，而无镜面反射光
```
glPushMatrix();
glTranslatef (-3.75, 0.0, 0.0);
glMaterialfv(GL_FRONT, GL_AMBIENT, mat_ambient);
glMaterialfv(GL_FRONT, GL_DIFFUSE, mat_diffuse);
glMaterialfv(GL_FRONT, GL_SPECULAR, no_mat);
glMaterialfv(GL_FRONT, GL_SHININESS, no_shininess);
glMaterialfv(GL_FRONT, GL_EMISSION, no_mat);
auxSolidSphere(1.0);
glPopMatrix();
```

//第二行第二列绘制的球有漫反射光、环境光和镜面光，且还有低高光
```
glPushMatrix();
glTranslatef (-1.25, 0.0, 0.0);
glMaterialfv(GL_FRONT, GL_AMBIENT, mat_ambient);
glMaterialfv(GL_FRONT, GL_DIFFUSE, mat_diffuse);
glMaterialfv(GL_FRONT, GL_SPECULAR, mat_specular);
glMaterialfv(GL_FRONT, GL_SHININESS, low_shininess);
glMaterialfv(GL_FRONT, GL_EMISSION, no_mat);
auxSolidSphere(1.0);
glPopMatrix();
```

//第二行第三列绘制的球有漫反射光、环境光和镜面光，且还有很亮的高光
```
glPushMatrix();
glTranslatef (1.25, 0.0, 0.0);
glMaterialfv(GL_FRONT, GL_AMBIENT, mat_ambient);
glMaterialfv(GL_FRONT, GL_DIFFUSE, mat_diffuse);
glMaterialfv(GL_FRONT, GL_SPECULAR, mat_specular);
glMaterialfv(GL_FRONT, GL_SHININESS, high_shininess);
glMaterialfv(GL_FRONT, GL_EMISSION, no_mat);
auxSolidSphere(1.0);
glPopMatrix();
```

//第二行第四列绘制的球有漫反射光、环境光和辐射光，而无镜面光
```
glPushMatrix();
glTranslatef (3.75, 0.0, 0.0);
glMaterialfv(GL_FRONT, GL_AMBIENT, mat_ambient);
glMaterialfv(GL_FRONT, GL_DIFFUSE, mat_diffuse);
```

```
glMaterialfv(GL_FRONT, GL_SPECULAR, no_mat);
glMaterialfv(GL_FRONT, GL_SHININESS, no_shininess);
glMaterialfv(GL_FRONT, GL_EMISSION, mat_emission);
auxSolidSphere(1.0); glPopMatrix();
```

```
//第三行第一列绘制的球有漫反射光和有颜色的环境光，而无镜面光
glPushMatrix();
glTranslatef (−3.75, −3.0, 0.0);
glMaterialfv(GL_FRONT, GL_AMBIENT, mat_ambient_color);
glMaterialfv(GL_FRONT, GL_DIFFUSE, mat_diffuse);
glMaterialfv(GL_FRONT, GL_SPECULAR, no_mat);
glMaterialfv(GL_FRONT, GL_SHININESS, no_shininess);
glMaterialfv(GL_FRONT, GL_EMISSION, no_mat);
auxSolidSphere(1.0);
glPopMatrix();
```

```
//第三行第二列绘制的球有漫反射光和有颜色的环境光以及镜面光，且还有低高光
glPushMatrix();
glTranslatef (−1.25, −3.0, 0.0);
glMaterialfv(GL_FRONT, GL_AMBIENT, mat_ambient_color);
glMaterialfv(GL_FRONT, GL_DIFFUSE, mat_diffuse);
glMaterialfv(GL_FRONT, GL_SPECULAR, mat_specular);
glMaterialfv(GL_FRONT, GL_SHININESS, low_shininess);
glMaterialfv(GL_FRONT, GL_EMISSION, no_mat);
auxSolidSphere(1.0);
glPopMatrix();
```

```
//第三行第三列绘制的球有漫反射光和有颜色的环境光以及镜面光，且还有很亮的高光
glPushMatrix();
glTranslatef (1.25, −3.0, 0.0);
glMaterialfv(GL_FRONT, GL_AMBIENT, mat_ambient_color);
glMaterialfv(GL_FRONT, GL_DIFFUSE, mat_diffuse);
glMaterialfv(GL_FRONT, GL_SPECULAR, mat_specular);
glMaterialfv(GL_FRONT, GL_SHININESS, high_shininess);
glMaterialfv(GL_FRONT, GL_EMISSION, no_mat);
auxSolidSphere(1.0);
glPopMatrix();
```

```
//第三行第四列绘制的球有漫反射光和有颜色的环境光以及辐射光，而无镜面光
glPushMatrix();
glTranslatef (3.75, −3.0, 0.0);
glMaterialfv(GL_FRONT, GL_AMBIENT, mat_ambient_color);
glMaterialfv(GL_FRONT, GL_DIFFUSE, mat_diffuse);
```

```
glMaterialfv(GL_FRONT，GL_SPECULAR，no_mat);
glMaterialfv(GL_FRONT，GL_SHININESS，no_shininess);
glMaterialfv(GL_FRONT，GL_EMISSION，mat_emission);
auxSolidSphere(0.6);
glPopMatrix();

glFlush();
}
```

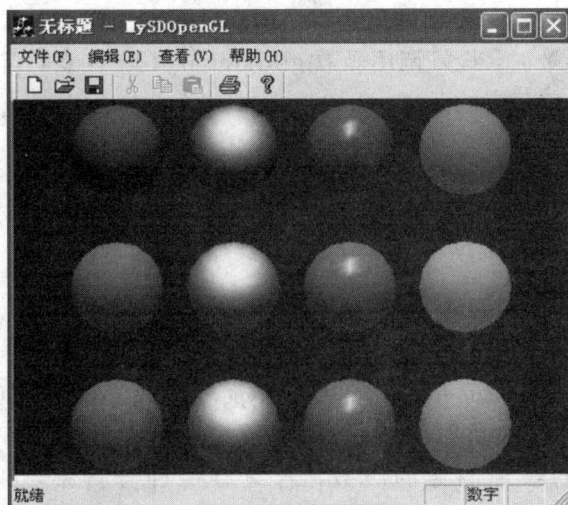

图 8-30　多种光和材质的变化效果

以上程序运行结果是绘制了 12 个球(3 行 4 列)。第一行球的材质都没有环境反射光;第二行的都有一定的环境反射光;第三行的都有某种颜色的环境光。而第一列球的材质仅有蓝色的漫反射光;第二列的不仅有蓝漫反射光,还有镜面反射光及较低的高光;第三列的不仅有蓝漫反射光,而且还有镜面反射光及很亮的高光;第四列的包括辐射光,但无镜面光。

这个程序运用矩阵堆栈多次调用 glMaterialfv() 来设置每个球的材质,也就是改变同一场景中的不同物体的颜色。但由于这个函数的应用有个性能开销,因此建议最好尽可能少的改变材质,以减少改变材质时所带来的性能开销。

可采用另一种方式来改变材质颜色,其相应函数为

  void glColorMaterial(GLenum face，GLenum mode);

其中,参数 face 指定面,值有 GL_FRONT、GL_BACK 或 GL_FRONT_AND_BACK(缺省值);mode 指定材质成分,值有 GL_AMBIENT、GL_DIFFUSE、GL_AMBIENT_AND_DIFFUSE(缺省值)、GL_SPECULAR 或 GL_EMISSION。

这个函数说明了两个独立的值,第一个参数说明哪一个面和哪些面被修改;而第二个参数说明这些面的哪一个或哪些材质成分要被修改。OpenGL 并不为每一种 face 保持独立的 mode 变量。在调用 glColorMterial() 以后,首先需要用 GL_COLOR_MATERIAL 作为参数调用 glEnable() 来启动颜色材质,然后在绘图时调用 glColor*() 来改变当前颜色,或用 glMaterial() 来改变材质成分。当不用这种方式来改变材质时,可调用 glDisable(GL_

COLOR_MATERIAL)来关闭取消。如下面一段代码：

```
glColorMaterial(GL_FRONT, GL_DIFFUSE);
glEnable(GL_COLOR_MATERIAL);
glColor3f(0.3, 0.5, 0.7);
//绘图…
glcolor3f(0.0, 1.0, 0.0);
//绘图…
glDisable(GL_COLOR_MATERIAL);
```

当需要改变场景中大部分方面的单个材质时，最好调用函数 glColorMaterial()；当需要修改不止一个材质参数时，最好调用函数 glMaterial*()。注意，当不需要颜色材质时一定要关闭该函数，以避免相应的开销。

8.5.3　OpenGL 纹理

1. 纹理的定义

1）二维纹理的定义函数

```
void glTexImage2D(GLenum target, GLint level, GLint components,
                  GLsizei width, glsizei height, GLint border,
                  GLenum format, GLenum type, const GLvoid* pixels);
```

该函数定义了一个二维纹理映射。其中，参数 target 是常数 GL_TEXTURE_2D；参数 level 表示多级分辨率的纹理图像的级数，若只有一种分辨率，则 level 设为 0；参数 components 是一个从 1 到 4 的整数，指出选择了 R、G、B、A 中的哪些分量用于调整和混合，1 表示选择了 R 分量，2 表示选择了 R 和 A 两个分量，3 表示选择了 R、G、B 三个分量，4 表示选择了 R、G、B、A 四个分量；参数 width 和 height 分别给出了纹理图像的长度和宽度；参数 border 为纹理边界宽度，它通常为 0，width 和 hcight 必须是 $2m+2b$，这里 m 是整数，长和宽可以有不同的值，b 是 border 的值。纹理映射的最大尺寸依赖于 OpenGL，但它至少必须是使用 64×64（若带边界为 66×66），若 width 和 height 设置为 0，则纹理映射应有效地关闭。

参数 format 和 type 分别描述了纹理映射的格式和数据类型，它们在这里的意义与在函数 glDrawPixels()中的意义相同，事实上，纹理数据与 glDrawPixels()所用的数据有同样的格式。参数 format 可以是 GL_COLOR_INDEX、GL_RGB、GL_RGBA、GL_RED、GL_GREEN、GL_BLUE、GL_ALPHA、GL_LUMINANCE 或 GL_LUMINANCE_ALPHA（注意：不能是 GL_STENCIL_INDEX 和 GL_DEPTH_COMPONENT）。类似地，参数 type 是 GL_BYPE、GL_UNSIGNED_BYTE、GL_SHORT、GL_UNSIGNED_SHORT、GL_INT、GL_UNSIGNED_INT、GL_FLOAT 或 GL_BITMAP。

参数 pixels 包含了纹理图像数据，这个数据描述了纹理图像本身和它的边界。

2）一维纹理的定义函数

```
void glTexImage1D(GLenum target, GLint level, GLint components,
                  GLsizei width, GLint border, GLenum format,
                  GLenum type, const GLvoid * pixels);
```

该函数定义了一个一维纹理映射。除了第一个参数 target 应设置为 GL_TEXTURE_1D

外，其余所有的参数与函数 TexImage2D() 的一致，不过纹理图像是一维纹素数组，其宽度值必须是 2 的幂，若有边界则为 2m+2。

2. 纹理控制

一般来说，纹理图像为正方形或长方形。但当它映射到一个多边形或曲面上并变换到屏幕坐标时，纹理的单个纹素很少对应于屏幕图像上的像素。根据所用变换和纹理映射，屏幕上的单个像素可以对应于一个纹素的一小部分（即放大）或一大批纹素（即缩小）。

OpenGL 中的纹理控制函数为

void glTexParameter{if}[v](GLenum target, GLenum pname, TYPE param);

该函数控制纹素映射到片元（fragment）时怎样对待纹理。第一个参数 target 可以是 GL_TEXTURE_1D 或 GL_TEXTURE_2D，它指出是为一维或二维纹理说明参数；后两个参数的可能值见表 8 - 11 所示。

表 8 - 11　控制放大和缩小滤波

参数 pname 的取值	参数 param 的取值
GL_TEXTURE_WRAP_S	GL_CLMAP
	GL_REPEAT
GL_TEXTURE_WRAP_T	GL_CLAMP
	GL_REPEAT
GL_TEXTURE_MAG_FILTER	GL_NEAREST
	GL_LINEAR
GL_TEXTURE_MIN_FILTER	GL_NEAREST
	GL_LINEAR
	GL_NEAREST_MIPMAP_NEAREST
	GL_NEAREST_MIPMAP_LINEAR
	GL_LINEAR_MIPMAP_NEAREST
	GL_LINEAR_MIPMAP_LINEAR

例如函数：

glTexParameter * (GL_TEXTURE_2D, GL_TEXTURE_MAG_FILTER, GL_NEAREST);

glTexParameter * (GL_TEXTURE_2D, GL_TEXTURE_MIN_FILTER, GL_NEAREST);

在以上定义的函数中，第一个参数可以是 GL_TEXTURE_1D 或 GL_TEXTURE_2D，即表明所用的纹理是一维的还是二维的；第二个参数指定滤波方法，其中参数值 GL_TEXTURE_MAG_FILTER 指定为放大滤波方法，GL_TEXTURE_MIN_FILTER 指定为缩小滤波方法；第三个参数说明滤波方式，其值见表 8 - 11。

若选择参数 GL_NEAREST，则采用坐标最靠近像素中心的纹素，这有可能使图像走样；若选择参数 GL_LINEAR，则采用最靠近像素中心的四个像素的加权平均值。参数 GL_NEAREST 所需的计算量比 GL_LINEAR 的要少一些，因而执行得更快，但参数 GL_LINEAR 提供了比较光滑的效果。

纹理坐标可以超出(0，1)范围，并且在纹理映射过程中可以重复映射或约简映射。在重复映射的情况下，纹理可以在 s、t 方向上重复，即

glTexParameterfv(GL_TEXTURE_2D，GL_TEXTURE_WRAP_S，GL_REPEAT)；

glTexParameterfv(GL_TEXTURE_2D，GL_TEXTURE_WRAP_T，GL_REPEAT)；

若将参数 GL_REPEAT 改为 GL_CLAMP，则所有大于 1 的纹素值都置为 1，所有小于 0 的值都置为 0。参数设置见表 8-11。

3. 映射方式

映射方式的函数如下：

void glTexEnv{if}[v](GLenum target，GLenum pname，TYPE param)；

该函数用于设置纹理映射方式。其中，参数 target 必须是 GL_TEXTURE_ENV；若参数 pname 是 GL_TEXTURE_ENV_MODE，则参数 param 可以是 GL_DECAL、GL_MODULATE 或 GL_BLEND，以设定纹理值与原来表面颜色的处理方式；若参数 pname 是 GL_TEXTURE_ENV_COLOR，则参数 param 是包含四个浮点数(分别是 R、G、B、A 分量)的数组，这些值只在采用 GL_BLEND 纹理函数时才有用。

4. 纹理坐标

在绘制纹理映射场景时，不仅要给每个顶点定义几何坐标，也要定义其纹理坐标。经过多种变换后，几何坐标决定顶点在屏幕上绘制的位置，而纹理坐标决定纹理图像中的哪一个纹素赋予该顶点。并且顶点之间的纹理坐标插值与基础篇中所讲的平滑着色插值方法相同。

纹理图像是方形数组，纹理坐标通常可定义成一、二、三或四维形式，称为 s、t、r 或 q 坐标，以区别于物体坐标(x，y，z，w)和其他坐标。一维纹理常用 s 坐标表示；二维纹理常用(s，t)坐标表示；目前忽略 r 坐标；q 坐标和 w 一样，一半值为 1，主要用于建立齐次坐标。OpenGL 坐标定义的函数为

void gltexCoord{1234}{sifd}[v](TYPE coords)；

该函数用于设置当前纹理坐标，此后调用 glVertex * ()所产生的顶点都赋予当前的纹理坐标。对于 gltexCoord1 * ()，s 坐标被设置成给定值，t 和 r 设置为 0，q 设置为 1；用 gltexCoord2 * ()可以设置 s 和 t 坐标值，r 设置为 0，q 设置为 1；对于 gltexCoord3 * ()，q 设置为 1，其他坐标按给定值设置；用 gltexCoord4 * ()可以给定所有的坐标。使用适当的后缀(s，i，f 或 d)和 TYPE 的相应值(GLshort、GLint、glfloat 或 GLdouble)来说明坐标的类型。注意：整型纹理坐标可以直接应用，而不像普通坐标那样被映射到[-1，1]之间。

在某些场合(环境映射等)下，为获得特殊效果而需要自动产生纹理坐标，并不要求用函数 gltexCoord * ()为每个物体顶点赋予纹理坐标值。为此，OpenGL 提供了自动产生纹理坐标的函数

void glTexGen{if}[v](GLenum coord，GLenum pname，TYPE param)；

其中，第一个参数必须是 GL_S、GL_T、GL_R 或 GL_Q，它指出纹理坐标 s、t、r、q 中的哪一个要自动产生；第二个参数值为 GL_TEXTURE_GEN_MODE、GL_OBJECT_PLANE 或 GL_EYE_PLANE；第三个参数 param 是一个定义纹理产生参数的指针，其值取决于第二个参数 pname 的设置，当 pname 为 GL_TEXTURE_GEN_MODE 时，param 是一个常量，即 GL_OBJECT_LINEAR、GL_EYE_LINEAR 或 GL_SPHERE_MAP，它

们决定用哪一个函数来产生纹理坐标。对于 pname 的其他可能值，param 是一个指向参数数组的指针。

下面是一个运用自动产生纹理坐标函数的实例，代码如下：

```
#define stripeImageWidth 64
GLubyte stripeImage[3 * stripeImageWidth];


void makeStripeImage(void)
{
    int j;
    for (j=0; j<stripeImageWidth; j++)
    {
        stripeImage[3 * j]=255;
        stripeImage[3 * j+1]=255-2 * j;
        stripeImage[3 * j+2]=255;
    }
}


void CMySDOpenGLView：：DrawMyObjects(void)
{
    //参数设置
    GLfloat sgenparams[]={1.0, 1.0, 1.0, 0.0};
    glClearColor (1.0, 1.0, 1.0, 0.0);

    makeStripeImage();
    glPixelStorei(GL_UNPACK_ALIGNMENT, 1);
    glTexEnvf(GL_TEXTURE_ENV, GL_TEXTURE_ENV_MODE, GL_MODULATE);
    glTexParameterf(GL_TEXTURE_1D, GL_TEXTURE_WRAP_S, GL_REPEAT);
    glTexParameterf(GL_TEXTURE_1D, GL_TEXTURE_MAG_FILTER, GL_LINEAR);
    glTexParameterf(GL_TEXTURE_1D, GL_TEXTURE_MIN_FILTER, GL_LINEAR);
    glTexImage1D(GL_TEXTURE_1D, 0, 3, stripeImageWidth, 0, GL_RGB,
GL_UNSIGNED_BYTE, stripeImage);
    glTexGeni(GL_S, GL_TEXTURE_GEN_MODE, GL_OBJECT_LINEAR);
    glTexGenfv(GL_S, GL_OBJECT_PLANE, sgenparams);

    glEnable(GL_DEPTH_TEST);
    glDepthFunc(GL_LESS);
    glEnable(GL_TEXTURE_GEN_S);
    glEnable(GL_TEXTURE_1D);
    glEnable(GL_CULL_FACE);
    glEnable(GL_LIGHTING);
    glEnable(GL_LIGHT0);
    glEnable(GL_AUTO_NORMAL);
```

```
        glEnable(GL_NORMALIZE);
        glFrontFace(GL_CW);
        glCullFace(GL_BACK);
        glMaterialf (GL_FRONT, GL_SHININESS, 64.0);

        glClear(GL_COLOR_BUFFER_BIT | GL_DEPTH_BUFFER_BIT);
        glPushMatrix ();
        glRotatef(25.0, 1.0, 0.0, 0.0);
        auxSolidTeapot(1.5);
        glPopMatrix ();
        glFlush();
    }
```

其程序运行结果如图 8-31 所示。

图 8-31 纹理映射

8.6 实验：利用 OpenGL 实现三维绘图

实验目的 建立 OpenGL 程序设计的形象概念，激发程序设计兴趣。

实验要求 掌握基于单文档的 OpenGL 图形程序框架的建立；了解 OpenGL 库函数；掌握 OpenGL 绘图基本知识。

实验内容 编写一个绘制彩色正方体的程序。在基于单文档的 OpenGL 图形程序框架中，正方体每个顶点的颜色值不一样，且为光滑的明暗处理模式。

主要思想 在 Visual C++ 中，用视图类显示图形。修改视图类的成员函数代码以建立 OpenGL 绘图程序框架，在 DrawMyObjects( )函数中编写具体的绘图程序。

实验步骤

(1) 建立 OpenGL 应用程序框架。详见 8.1.5 节，在 Visual C++ 中，选择"New→Project→MFC AppWizard(exe)"选项，可以新建一个基于单文档的工程，例如，新建名称为 MySDOpenGL 的文档。

利用 MFC ClassWizard 为 CMySDOpenGLView 类添加消息 WM_CREATE、

WM_DESTROY、WM_SIZE 和 WM_TIMER 的响应函数。在 MySDOpenGLView. h 和 MySDOpenGLView. cpp 中添加或修改源代码。

（2）用 DrawMyObjects()函数绘制彩色正方体。程序代码如下：

　　static GLfloat p1[]={0.5，−0.5，−0.5}，p2[]={0.5，0.5，−0.5}，p3[]={0.5，0.5，0.5}，p4[]={0.5，−0.5，0.5}，p5[]={−0.5，−0.5，0.5}，p6[]={−0.5，0.5，0.5}，p7[]={−0.5，0.5，−0.5}，p8[]={−0.5，−0.5，−0.5}；//正方体顶点坐标

　　static GLfloat m1[]={1.0，0.0，0.0}，m2[]={−1.0，0.0，0.0}，m3[]={0.0，1.0，0.0}，m4[]={0.0，−1.0，0.0}，m5[]={0.0，0.0，1.0}，m6[]={0.0，0.0，−1.0}；//法向值

　　static GLfloat c1[]={0.0，0.0，1.0}，c2[]={0.0，1.0，1.0}，c3[]={1.0，1.0，1.0}，c4[]={1.0，0.0，1.0}，c5[]={1.0，0.0，0.0}，c6[]={1.0，1.0，0.0}，c7[]={0.0，1.0，0.0}，c8[]={1.0，1.0，1.0}；//颜色值

```
void DrawColorBox(void)
{
    glBegin（GL_QUADS）；//绘制填充四边形
    glColor3fv(c1)；
    glNormal3fv(m1)；
    glVertex3fv(p1)；
    glColor3fv(c2)；
    glVertex3fv(p2)；
    glColor3fv(c3)；
    glVertex3fv(p3)；
    glColor3fv(c4)；
    glVertex3fv(p4)；
    glColor3fv(c5)；
    glNormal3fv(m5)；
    glVertex3fv(p5)；
    glColor3fv(c6)；
    glVertex3fv(p6)；
    glColor3fv(c7)；
    glVertex3fv(p7)；
    glColor3fv(c8)；
    glVertex3fv(p8)；
    glColor3fv(c5)；
    glNormal3fv(m3)；
    glVertex3fv(p5)；
    glColor3fv(c6)；
    glVertex3fv(p6)；
    glColor3fv(c3)；
    glVertex3fv(p3)；
    glColor3fv(c4)；
    glVertex3fv(p4)；
    glColor3fv(c1)；
```

```
        glNormal3fv(m4);
        glVertex3fv(p1);
        glColor3fv(c2);
        glVertex3fv(p2);
        glColor3fv(c7);
        glVertex3fv(p7);
        glColor3fv(c8);
        glVertex3fv(p8);

        glColor3fv(c2);
        glNormal3fv(m5);
        glVertex3fv(p2);
        glColor3fv(c3);
        glVertex3fv(p3);
        glColor3fv(c6);
        glVertex3fv(p6);
        glColor3fv(c7);
        glVertex3fv(p7);

        glColor3fv(c1);
        glNormal3fv(m6);
        glVertex3fv(p1);
        glColor3fv(c4);
        glVertex3fv(p4);
        glColor3fv(c5);
        glVertex3fv(p5);
        glColor3fv(c8);

        glEnd();
}

void CMySDOpenGLView：：DrawMyObjects(void)
{
        GLfloat light_ambient[]={0.3, 0.2, 0.5};
        GLfloat light_diffuse[]={1.0, 1.0, 1.0};
        GLfloat light_position[]={ 2.0, 2.0, 2.0, 1.0 };

        GLfloat light1_ambient[]={0.3, 0.3, 0.2};
        GLfloat light1_diffuse[]={1.0, 1.0, 1.0};
        GLfloat light1_position[]={-2.0, -2.0, -2.0, 1.0 };

        glLightfv(GL_LIGHT0, GL_AMBIENT, light_ambient);
        glLightfv(GL_LIGHT0, GL_DIFFUSE, light_diffuse);
```

```
        glLightfv(GL_LIGHT0，GL_POSITION，light_position);

        glLightfv(GL_LIGHT1，GL_AMBIENT，light1_ambient);
        glLightfv(GL_LIGHT1，GL_DIFFUSE，light1_diffuse);
        glLightfv(GL_LIGHT1，GL_POSITION，light1_position);

        glEnable(GL_LIGHTING);
        glEnable(GL_LIGHT0);
        glEnable(GL_LIGHT1);

        glDepthFunc(GL_LESS);
        glEnable(GL_DEPTH_TEST);
        glColorMaterial(GL_FRONT_AND_BACK，GL_DIFFUSE);
        glEnable(GL_COLOR_MATERIAL);
        glClearColor (1.0，1.0，1.0，0.0);

        glClear(GL_COLOR_BUFFER_BIT | GL_DEPTH_BUFFER_BIT);

        glPushMatrix();
        glRotatef(45，0.0，1.0，0.0);
        glRotatef(315，0.0，0.0，1.0);
        DrawColorBox();
        glPopMatrix();
        glFlush();
    }
```

运行程序，会看到所绘制的彩色立方体。

第 9 章 AutoCAD 绘图系统

AutoCAD 是由美国 AutoDesk 公司开发的、应用最为广泛的计算机辅助绘图和设计软件。它功能强大、适用面广、容易掌握、使用方便，并且支持二次开发，可服务于广阔的应用领域。

本章主要讲述 AutoCAD 的基础知识、平面图形的绘制方法、三维实体的建模技术。

9.1 AutoCAD 工作界面

启动 AutoCAD 后，将打开如图 9-1 所示的工作界面。其工作界面是典型的 Windows 界面，由标题栏、下拉菜单栏、工具栏、工具面板、绘图区、十字光标、坐标系图标、命令提示行、状态栏等部分组成。

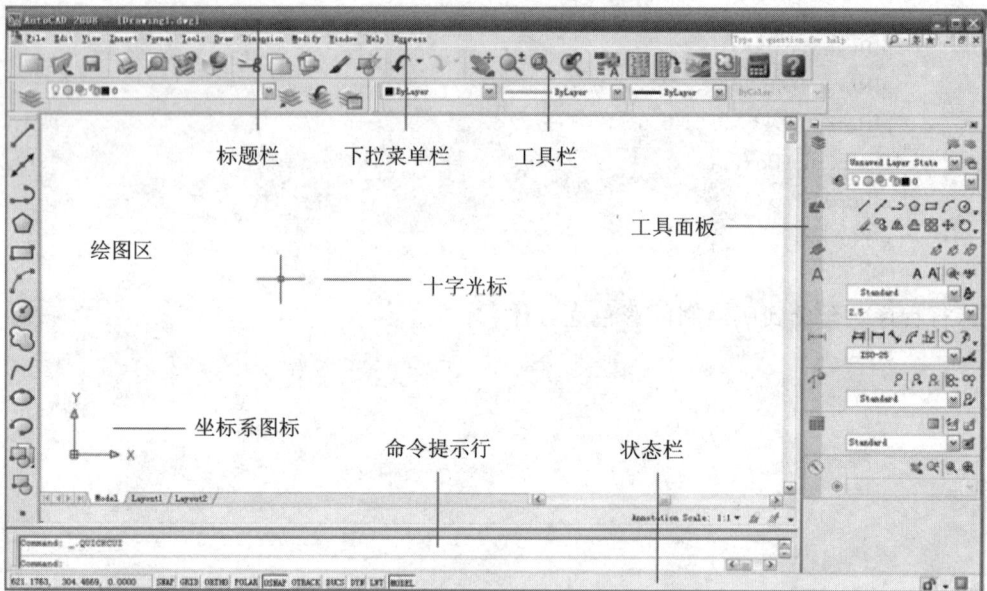

图 9-1 AutoCAD 的工作界面

标题栏在工作界面左上方，显示当前应用程序的名称及当前所操作的图形文件名称，AutoCAD 的缺省文件名为"Drawing N"，N 为数字。

下拉菜单栏在标题栏下方，是一种级联的层次结构。AutoCAD 的下拉菜单栏由 File（文件）、Edit（编辑）、View（视图）、Insert（插入）、Format（格式）、Tools（工具）、Draw（绘图）、Dimension（尺寸标注）、Modify（修改）、Window（窗口）、Help（帮助）等部分组成。

工具栏为用户提供了更为快捷方便地执行 AutoCAD 命令的一种方式。工具栏由若干图标按钮组成，这些图标按钮分别代表了一些常用的命令。用户直接单击工具栏上的图标按钮就可以调用相应的命令，然后根据对话框中的内容或命令行上的提示执行进一步的操作。AutoCAD 共提供了 20 多个工具栏。在工具栏上单击鼠标右键，将弹出快捷菜单，从而可以关闭、打开或定制工具栏。

工具面板是一种特殊的选项板，用于显示与基于任务的工作空间关联的按钮和控件。它使用户无需显示多个工具栏，从而使得应用程序窗口更加整洁。因此，可以将可进行操作的区域最大化，使用单个界面来加快和简化工作。

绘图区是用户进行绘图的区域，该区域还包括光标和坐标系图标。绘图区底色默认为黑色，用户可以通过点击下拉菜单的"Tools（工具）→Options（选项）"命令，进入"Display（显示）"选项卡，从而改变绘图区的颜色。

当光标位于 AutoCAD 的绘图区域时，为"＋"字光标。"＋"字线的交点为光标的当前位置。AutoCAD 的光标用于绘图、选择对象等操作。"＋"字光标的大小可以通过设置改变。当光标位于菜单栏或工具栏位置时，会变为箭头形式，用于选择命令。当光标位于命令行窗口时，会变为文本输入光标，点击后可以在命令行中输入命令文本。

坐标系图标位于绘图区左下角，表示当前所使用的坐标系形式以及坐标方向。AutoCAD 在绘图中使用笛卡尔世界通用坐标系（WCS，图中所示即是）来确定点的位置，并允许运用用户坐标系（UCS）。一般情况下，绘制二维平面图形时，用系统默认坐标系即可，在三维造型时常用到 UCS 坐标系。通过点击下拉菜单"View（视图）→Display（显示）"下的"UCS Icon"选项，可以打开或关闭坐标系图标。

命令行窗口是显示用户键盘输入的命令和提示信息的区域。缺省命令行窗口为 3 行，显示最后三次执行的命令和提示信息。用户可以根据需要，通过鼠标拖拉改变命令行窗口的大小，使其显示多于或少于 3 行。在 AutoCAD 中按 F2 键或点击下拉菜单的"View（视图）→Display（显示）"按钮，可以打开文本窗口，如图 9 - 2 所示。该窗口中保存并显示了 AutoCAD 命令的历史记录。

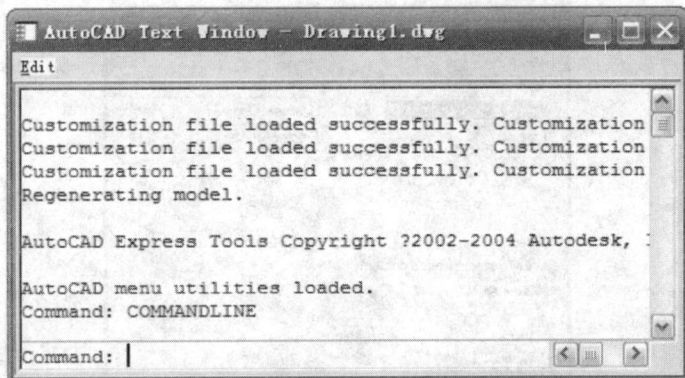

图 9 - 2　AutoCAD 的文本窗口

状态栏位于屏幕的下部，用来显示当前的作图状态，分别为当前光标的坐标位置、绘图时是否使用栅格捕捉功能、栅格显示功能、正交功能、极坐标跟踪、对象捕捉、对象捕捉跟踪、当前的作图空间、线宽显示功能等。当光标在下拉菜单中的一个具体命令上或工具栏中的某一图标按钮上停留时，状态栏左侧变为此命令的功能及命令名提示信息。正交功能用于约束光标在水平或垂直方向上的移动，可被经常使用，其功能键为 F8。

9.2 AutoCAD 的基本操作

9.2.1 绘图界限及单位设置

1. 绘图界限

绘图界限是指绘图区域的大小。设置绘图界限的目的是为了避免用户所绘制的图形超出某个范围。有两种方法可以设置绘图界限：

（1）点击下拉菜单的"Format(格式)→Drawing Limits(绘图界限)"命令；

（2）在命令行的 Command：提示符下输入"Limits"命令，并回车。

执行后，会出现如下提示：

Specify lower left corner or [ON/OFF]<0.0000，0.0000>：

设置图形界限左下角的位置，默认值为(0，0)。用户可以回车接受其默认值或输入新值。

命令行继续提示用户设置绘图界限右上角的位置：

Specify upper right corner<420.0000，297.0000>：

可以接受其默认值或输入一个新坐标以确定绘图界限的右上角位置。

2. 绘图单位

在 AutoCAD 中，用户可以使用不同的度量单位和精度，完成诸如机械工程图、电气工程图、建筑图等不同类型的工作。具体操作方法有：

（1）点击下拉菜单的"Format(格式)→Units(单位)"命令；

（2）在命令行的 Command：提示符下输入"Units"命令，并回车。

命令输入后，会弹出如图 9-3 所示的图形单位对话框。它可以对 Length(长度)和 Angle(角度)的单位和精度进行设置。

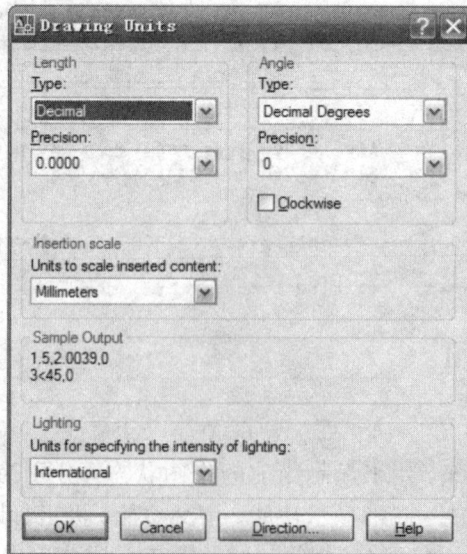

图 9-3 "图形单位"对话框

单击"Directions...（方向...）"按钮，可以设置 0°方向。默认为 East 方向（东方，即水平向右，为 0°方向）。

9.2.2　图形显示控制操作

使用 AutoCAD 绘图时，由于显示器大小的限制，往往因无法看清图形的细节，而无法准确绘图。为此，用户可以通过使用一些命令改变图形在屏幕上的显示方式，来更好地观察和操作图形。这些操作对图形的实际尺寸和相对位置关系不会产生影响。

1．Zoom（缩放）

Zoom 命令可以对图形的显示大小进行缩放。可以通过三种方式启动 Zoom 命令：一是选取下拉菜单"View（视图）→Zoom（缩放）"选项；二是在命令行的 Command：提示符下输入"Zoom"并回车；三是点击"Standard Toolbars（标准工具栏）→Zoom（缩放）"图形按钮。

输入命令后，系统提示：

Specify corner of windows，enter a scale factor（nX or nXP），or
［All/Center/Dynamic/Extents/Previous/Scale/Window］<real time>：　　输入选项

其中各选项的含义如下：

（1）real time（默认状态）：表示实时缩放，在提示行直接回车。屏幕光标变成类似于放大镜的小标记，拖动鼠标，将使图形在屏幕上实时缩放。按 Esc 键或 Enter 键便可退出命令，或在按鼠标右键弹出的快捷菜单中选 Exit 项。

（2）All：将依照绘图界限将全部图形显示出来。

（3）Center：以某一点为中心进行缩放。

（4）Dynamic：先临时将图形全部显示出来，同时自动构造一个可移动的视图框（该视图框通过切换后可以成为可缩放的视图框），用此视图框来选择图形的某一部分作为下一屏幕上的视图。在该方式下，屏幕将临时切换到虚拟显示屏状态。

（5）Extents：系统将所有图形全部显示在屏幕上，并最大限度地充满整个屏幕。

（6）Previous：恢复到上一次图形显示状态。

（7）Scale：比例缩放。

（8）Window：窗口缩放。系统提示输入一矩形窗口的两个对顶点的位置，用鼠标左键单击并拉出矩形框以包含所需缩放的图形部位即可。

2．Pan（平移）

Pan 命令拖动鼠标，可以移动图形显示，就像用手在图板上拖动图纸一样。如果想查看当前屏幕外的图形实体，用该命令比较方便。可以通过三种方式启动 Pan（平移）命令：一是选取下拉菜单中的"View（视图）→Pan（平移）"选项；二是在命令行的 Command：提示符下输入"Pan"并回车；三是点击"Standard Toolbars（标准工具栏）→Pan（平移）"图形按钮。

输入命令后，绘图光标变为手形光标，按住鼠标左键并拖动，即可以平移视图。按 Esc 键或 Enter 键便可退出命令，或在按鼠标右键弹出的快捷菜单选 Exit 项也可退出。

9.2.3　图层操作

图层是用来组织和管理图形的一种方式。它允许用户将图形中的内容进行分组，每一组作为一个图层。用户可以根据需要建立多个图层，并为每个图层指定相应的名称、线型、颜色等属性。

也就是说，AutoCAD 使用图层管理来控制复杂的图形，即把具有相同特性（如颜色、线型、线宽等）的图形实体绘制在同一图层中，各个图层组合起来便形成一个完整的图形。

可以通过三种方式启动 Layer(图层)命令：一是选取下拉菜单"Format(格式)→Layer(图层)"选项；二是在命令行的 Command：提示符下输入"Layer"并回车；三是点击"Object Properties Toolbars(对象属性工具栏)→Layers(图层)"图形工具按钮。

命令输入后，AutoCAD 将弹出"Layer Properties Manager(图层特性管理器)"对话框，如图 9-4 所示。

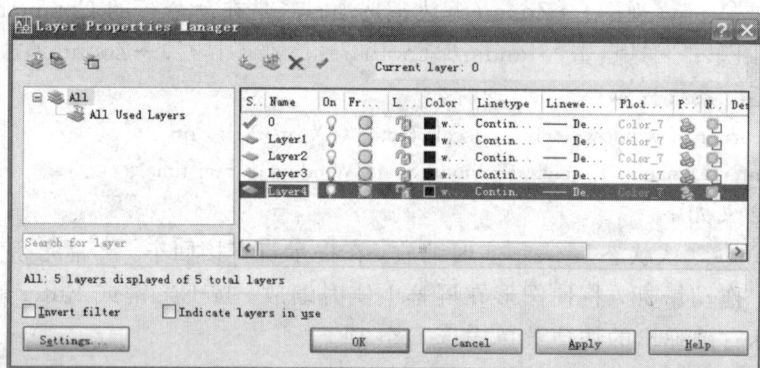

图 9-4 "图层特性管理器"对话框

用户可以进行新建图层、删除图层、设置当前层、状态控制、颜色控制、线型控制、打印状态控制等操作。具体操作如下：

1. 新建图层

单击 New 按钮，AutoCAD 将自动生成一个名为"Layer XX"的图层，其中，"XX"是数字，表明它是所创建的第几个图层。用户可以将其更改为所需要的图层名称。在对话框内的任一空白处单击或按回车键即可结束创建图层的操作。

2. 删除图层

选取要删除的图层，单击 Delete 按钮，即可删除所选择的图层。0层、当前层（正在使用的图层）、含有图形对象的图层不能被删除。

3. 设置当前层

当前层就是当前绘图层，用户只能在当前层上绘制图形，而且所绘制实体的属性将继承当前层的属性。AutoCAD 默认 0 层为当前层。选取欲作为当前层的图层后，单击 Current 按钮，可以将所选图层设置为当前层。

4. 状态控制

1) On/Off(打开/关闭)

关闭图层后，该层上的实体不能在屏幕上显示或由绘图仪输出。重新生成图形时，层上的实体仍将重新生成。

2) Freeze/Thaw(冻结/解冻)

冻结图层后，该层上的实体不能在屏幕上显示或由绘图仪输出。在重新生成图形时，冻结层上的实体将不再重新生成。

　　3）Lock/Unlock（上锁/解锁）

　　图层上锁后，用户只能观察该层上的实体，不能对其进行编辑和修改，但实体仍可以显示和输出。

5. 颜色控制

　　选择所需的图层，在该图层的颜色图标按钮上单击，将弹出"Select Color（选择颜色）"对话框，如图 9-5 所示。在该对话框中选择一种颜色并单击"OK"按钮。

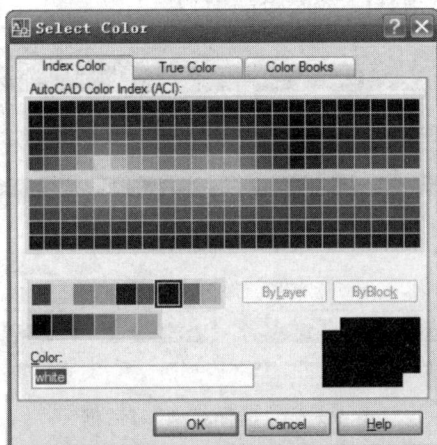

图 9-5　"选择颜色"对话框

6. 线宽控制

　　单击选定图层的"线宽"项，将弹出如图 9-6 所示的"Lineweight（线宽）"对话框。在该对话框的列表框中，列出了各种线宽以供用户选择。选定后，单击"OK"按钮，返回"图层特性管理器"对话框，则所选线宽被赋予选定的图层。当设置好线宽回到绘图状态进行绘图时，用户可能会发现所绘图线并未显示出所设置的线宽，这是由于线宽显示开关未打开的缘故。此开关是状态行中的"LWT"按钮（其缺省状态为关闭）。当用户用鼠标左键单击此按钮后，即可打开线宽显示开关，这时所绘图线才会按所设置的线宽显示出来。

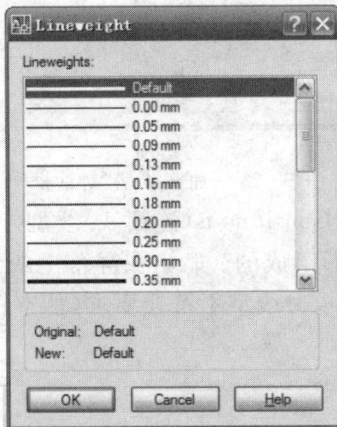

图 9-6　"线宽"对话框

7. 线型控制

单击选定图层的"线型"项，将弹出如图 9-7 所示的"Select Linetype(选择线型)"对话框。在该对话框中有一个大列表框，列出了已经从线型库文件中调入的各种线型以供用户选择。若列表框中没有用户所需线型，则可单击该对话框下方的"Load..."按钮，从线型库文件中装载线型。此时，会弹出"加载线型"对话框，如图 9-8 所示。在该对话框的列表框中列出了线型库文件中所有的线型，用户可以根据需要选择好一种线型，单击"OK"按钮，返回"选择线型"对话框，再在其中选择所调出的线型，单击"OK"按钮，则返回"图层特性管理器"对话框，此选定的线型被赋予选定的图层。

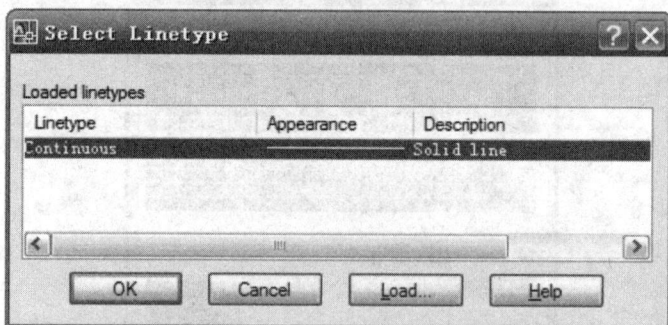

图 9-7　"选择线型"对话框

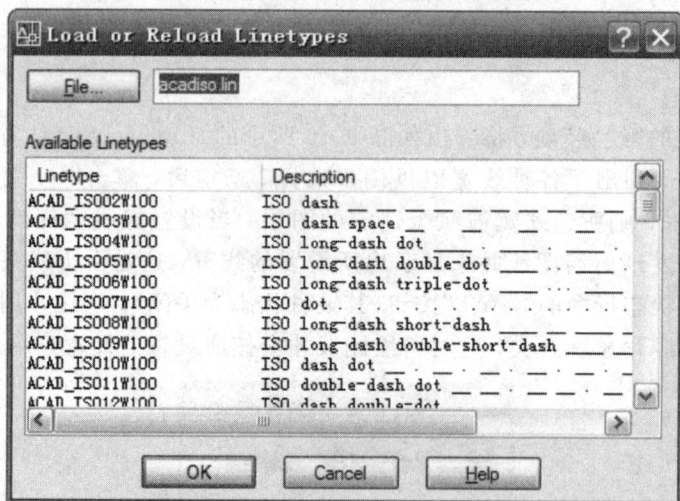

图 9-8　"加载线型"对话框

在使用各种线型绘图时，除 Continuous(连续线)线型外，每一种线型都是由已定义了的实线段、空白、点、文本或图形组成的。显示在屏幕上或绘制在图纸上的长度为其定义的长度与线型比例的乘积。若显示时线型不符合要求(如空白段太小或太大)，可以重新设置线型比例，以达到所需要求。

8. 打印状态控制

AutoCAD 允许用户单独控制某一图层是否打印出来。在"图层特性管理器"对话框中的图层列表框内，最右侧的一列便是打印开关。打印开关是切换开关，用户只需在它上面单击便可进行切换。打印开关的初始状态为开启。

9.2.4　命令及点坐标的输入方法

1. 命令的输入方法

1）键盘输入

AutoCAD 中的所有命令均可用键盘在命令行中输入其英文名称，并按回车键执行。无论是下拉菜单还是工具栏，都不可能包含所有命令，特别是一些系统变量，必须通过键盘输入。当命令太长、不易记忆时，可以输入其简写方式。常用的二维绘图、编辑命令都有简写方式，如"Line（画线）"命令的简写为"L"；"Circle（画圆）"命令的简写为"C"。常用命令的简写形式见表 9-1。

表 9-1　常用命令的简写形式

命　　令	简写形式	命　　令	简写形式
Arc（圆弧）	A	Mirror（镜像）	MI
Array（阵列）	AR	Offset（偏移）	O
Block（块）	B	Pan（平移）	P
Break（断开）	BR	Pedit（编辑多义线）	PE
Circle（圆）	C	Pline（多义线）	PL
Chamfer（倒角）	CHA	Polygon（正多边形）	POL
Copy（复制）	CP	Redraw（重画）	R
Erase（擦除）	E	Rectangle（矩形）	RE
Ellipse（椭圆）	EL	Rotate（旋转）	RO
Extend（延伸）	EX	Stretch（拉伸）	S
Fillet（圆角）	F	Scale（比例）	SC
Hatch（剖面线）	H	TextStyle（字型）	ST
HatchEdit（剖面线编辑）	HE	Text（文字）	T
Insert（插入）	I	Trim（修剪）	TR
Line（直线）	L	Undo（取消）	U
Layer（层）	LA	View（视窗）	V
Linetype（线型）	LT	Explode（分解）	X
Move（移动）	M	Zoom（缩放）	Z

2）下拉菜单输入

下拉菜单中包含了 AutoCAD 的大部分命令，只要用鼠标点击即等效于用键盘输入，同时，在命令行中会显示出该命令名，所不同的是在命令名前有一短下划线。

3）工具栏输入

在打开的工具栏中点击某个图形工具按钮，则激活所显示的命令，其在命令行中的显示情况与使用下拉菜单输入的相同。

4）屏幕菜单输入

当屏幕菜单显示在屏幕上时，用户点击所需命令即可执行。执行情况同下拉菜单输入的相同。

5）重复命令输入

使用完一个命令后，如果要连续使用该命令，则可直接按回车键或空格键。在 AutoCAD 中，点击鼠标右键后，点取弹出快捷菜单中的第一项也可以重复前一命令。

6）透明命令输入

透明命令是指在其他命令执行时可以同时执行的命令。许多命令和系统变量都可以透明使用。比如在执行画线命令时，又想进行视图的缩放，则可以透明使用“Zoom”命令。在画线的同时直接点击 Zoom 图形工具按钮或在命令行输入“Zoom”。

2. 点坐标的输入方法

坐标点的准确输入方法有三种：一是用定标设备（鼠标或数字化仪），移动光标到所需位置，然后单击定标设备上的拾取键（鼠标左键）完成输入；二是运用 AutoCAD 的栅格捕捉功能或目标捕捉功能，用户可以捕捉到栅格点或一些特殊点，如圆心、中点、交点等，单击鼠标左键完成输入；三是通过键盘输入点的精确坐标。

通过键盘输入点坐标的方法有以下几种方式：

（1）输入绝对直角坐标：输入一个点的绝对坐标的格式是 x，y，即输入 x、y 两个方向的绝对坐标值，两个值之间用逗号分隔。

（2）输入相对直角坐标：输入一个点的相对直角坐标的格式是@Δx，Δy，即输入相对前一点坐标的增量值，在前面加符号@，各值中间用逗号分隔。相对的坐标增量可为正、负或零。

（3）输入绝对极坐标：输入一个点的绝对极坐标的格式是 R<θ，R 是输入点距坐标原点的距离，θ 为该点与原点所连线段和 X 轴正向之间的夹角，数值间用“<”分隔。

（4）输入相对极坐标：输入一个点的相对极坐标的格式是@R<θ，其中 R 是输入点与前一点连线的距离，θ 是该点与前一点的连线与 X 轴正向之间的夹角。

一般作图中，绝对坐标形式使用较少，而相对直角坐标和极坐标使用较多。

9.2.5　精确绘图方法

AutoCAD 在精确绘图方面作了极为细致的工作，将绘图中出现的精确定位问题以关键点约束的形式予以解决，充分考虑了使用者的绘图方便。

1. 使用 Snap（捕捉）模式

该模式能够强迫光标以某个指定的间隔移动，配合使用 Grid 栅格显示命令，有助于用光标输入距离时保证精度。用 F9 键可打开和关闭 Snap 模式，单击状态行中的 SNAP 按钮也可打开 Snap 模式。

AutoCAD 可以对 Snap 模式进行设置，选取下拉菜单“Tools（工具）”中的“Drafting Settings（草图设置）”选项，或在状态行的 SNAP 按钮上点击右键，弹出快捷菜单，选取“Settings（设置）”选项，即可打开“Drafting Settings（草图设置）”对话框。在该对话框的

"Snap and Grip(捕捉和栅格)"选项卡中，可以输入数值控制 x、y 方向上捕捉间隔和显示栅格的间距，如图 9 - 9 所示。

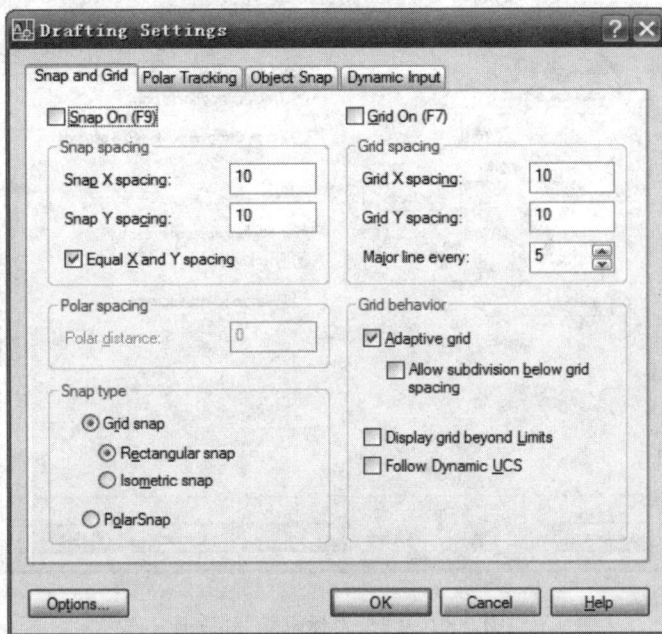

图 9 - 9　"栅格显示及捕捉"对话框

2. 使用极坐标跟踪

当用户想绘制或编辑角度时可以用极坐标跟踪，它使带角度的直接距离输入变得更容易。在使用极坐标跟踪前，用户首先应设置所使用的角度增量值，极坐标跟踪的角度是这个值的整数倍。

选取下拉菜单"Tools(工具)"中的"Drafting Settings(草图设置)"选项，或在状态行的"POLAR"按钮上点击右键，弹出快捷菜单，选取"Settings(设置)"选项，即可打开"Drafting Settings(草图设置)"对话框。在该对话框的"Polar Tracking(极坐标跟踪)"选项卡中，可以改变角度增量值，如图 9 - 10 所示。

3. 使用 Osnap(对象捕捉)工具

采用捕捉功能是精确绘图的基本方法，是提高绘图精确度和绘图速度的重要保证，是快速、准确绘图不可缺少的有效工具。捕捉功能可以让用户拾取图形对象的关键点，有：Endpoint(端点)、Midpoint(中点)、Center(中心点)、Node(点图素)、Quadrant(象限点)、Intersection(交叉点)、Extension(延伸点)、Insertion(插入点)、Perpendicular(垂直点)、Tangent(切点)、Nearest(最近点)、Apparent intersection(外观交点)。

如图 9 - 11 所示，在"Drafting Settings(草图设置)"对话框的"Object Snap(对象捕捉)"选项卡中，每个 Osnap 选项旁边都有一个图形符号，即 Osnap 标记。

4. 使用正交模式

在 0°、90°、180°、270°方向的直线称为正交线。当需要连续绘制正交直线时，可以打开正交画线模式。此时移动鼠标只能画出水平或垂直线。正交模式还会影响一些图形的编辑

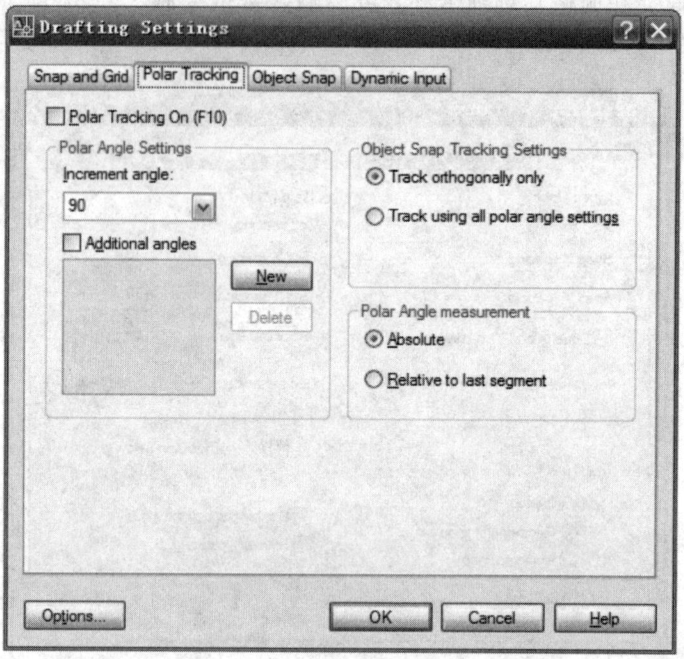

图 9 - 10 "极坐标跟踪"对话框

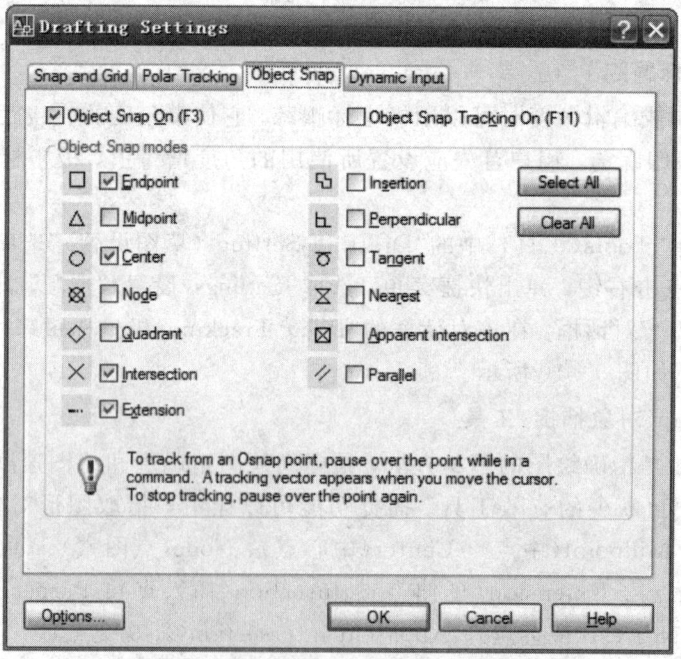

图 9 - 11 "对象捕捉"对话框

操作,如正交模式打开时,只能垂直或水平地移动对象。但正交模式只影响直接在绘图区拾取的点,任何在命令行中输入坐标值或使用对象捕捉都优先于正交模式对坐标点的输入。

9.2.6　构造选择集

当使用某一编辑命令对图形进行编辑修改时，系统首先提示选择所要编辑的对象，也就是选择对象（Select Objects）。被选中的图形对象的图线将变虚。选择完毕后，回车确定，将执行响应编辑命令。

AutoCAD 提供了丰富的选择对象的方法：

（1）直接点取方式：是默认的对象选择方式，即移动光标并逐一点取要选择的对象。

（2）Window（W，窗口方式）：用鼠标拉出一个矩形窗口，被窗口完全围住的图元被选中。

（3）Crossing（C，交叉窗口方式）：用鼠标拉出一个矩形窗口，在窗口内或与窗口边界相交的图元均被选中。

（4）All（全部对象）：选取图面上的所有对象。

（5）Last（L 最后方式）：选取最后画出的图形对象。

（6）Window Polygon（WP，不规则窗口方式）：与 Window 方式的功能相似，但窗口可以是任意多边形。

（7）Crossing Polygon（CP，不规则交叉窗口方式）：与 Crossing 方式的功能相似，但窗口可以是任意多边形。

（8）Fence（F，围绕方式）：与 Crossing Polygon 方式相似，但它不用围成一封闭的多边形。执行该方式时，与围线相交的图形对象均被选中。

（9）Remove（R，扣除模式）：使选择操作转为从选择集中移去被选中的对象。

（10）Add（A，加入模式）：从扣除模式转为加入模式，即选择对象加入到选择集中。

（11）Undo（U，取消上一步操作）：取消上一步进行的选择，可连续使用。

9.3　基本绘图命令和编辑方法

9.3.1　基本绘图命令

基本绘图命令有绘制直线（Line）、绘制多线（Multiline）、绘制正多边形（Polygon）、绘制矩形（Rectangle）、绘制圆（Circle）、绘制圆弧（Arc）、图案填充及文字输入。

1. Line（绘制直线）

执行该命令，一次可以绘制一条线段，也可以连续绘制多条线段（其中每一条线段都彼此相互独立）。

启动 Line 命令后，命令行给出如下提示：

```
Command：line
Specify first point：230，160        指定第一点
Specify next point or [Undo]：300，120      直接输入第二点坐标
Specify next point or [Undo]：@30，10       用相对坐标方法给出第三点
Specify next point or [Close/Undo]：@100<90      用相对极坐标给出第四点
Specify next point or [Close/Undo]：c       首尾封闭
```

绘制的图形如图 9 - 12 所示。

图 9 - 12　绘制一组直线

2. Multiline(绘制多线)

该命令一次可以绘制多条平行线，每条线的特性可以不同，其线宽、偏移量、比例、样式和端点都可以用 MLINE 和 MLSTYLE 命令控制。建议设计中用该命令绘制墙线、道路等。

启动 Multiline 命令后，命令行给出如下提示：

  Command：_mline　　用下拉菜单启动命令

  Current settings：Justification＝Top，Scale＝20.00，Style＝STANDARD

  Specify start point or [Justification/Scale/STyle]：j　　多线对齐位置

  Enter justification type [Top/Zero/Bottom]＜top＞：z　　中间对齐

  Current settings：Justification＝Zero，Scale＝20.00，Style＝STANDARD

  Specify start point or [Justification/Scale/STyle]：s　　线段之间的距离

  Enter mline scale＜20.00＞：20

  Current settings：Justification＝Zero，Scale＝20.00，Style＝STANDARD

  Specify start point or [Justification/Scale/STyle]：　　指定多线的第一点

  Specify next point：　　第二点

  Specify next point or [Undo]：　　第三点

  Specify next point or [Close/Undo]：　　第四点

  Specify next point or [Close/Undo]：c　　封闭

绘制的图形如图 9 - 13 所示。

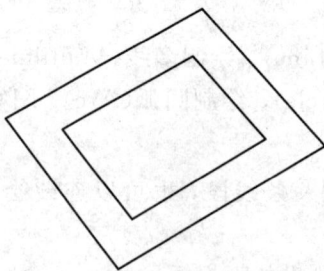

图 9 - 13　绘制多线

3. Polygon(绘制正多边形)

该命令可以绘制边数为 3～1024 之间任意值的正多边形。

启动 Polygon 命令后，命令行给出如下提示：

  Command：polygon

  Enter number of sides＜4＞：　　定义多边形边数，默认值为 4

　　Specify center of polygon or [Edge]：　　输入多边形中心或[边长方式]

　　Enter an option [Inscribed in circle/Circumscribed about circle]<I>：c　　选择绘制内切多边形/外切多边形

　　Specify radius of circle：　　输入圆的半径，定义正多边形

如果用户在"Specify center of polygon or [Edge]："的提示后选择"Edge"选项，则系统要求用户以指定多边形边长的方法来定义一个正多边形。

4．Rectangle（绘制矩形）

启动 Rectangle 命令后，命令行给出如下提示：

　　Command：rectangle

　　Specify first corner point or [Chamfer/Elevation/Fillet/Thickness/Width]：c

　　输入一个角点的坐标[倒角/高度/圆角/厚度/线宽]，这里选择倒角方式

　　Specify first chamfer distance for rectangles<0.0000>：　　5 指定第一倒角距离

　　Specify second chamfer distance for rectangles<0.0000>：　　5 指定第二倒角距离

　　Specify first corner point or [Chamfer/Elevation/Fillet/Thickness/Width]：w

　　Specify line width for rectangles<0.0000>：　　设置线宽，回车，用缺省线宽

　　Specify first corner point or [Chamfer/Elevation/Fillet/Thickness/Width]：

　　Specify other corner point or[Area/Dimensions/Rotation]：@40，30　　输入角点坐标

以上操作所绘制的图形如图 9－14(b) 所示。

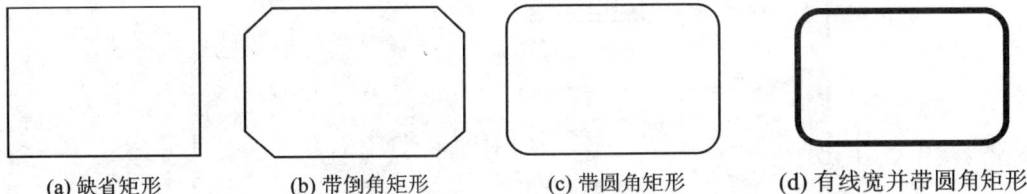

(a) 缺省矩形　　　　(b) 带倒角矩形　　　　(c) 带圆角矩形　　　　(d) 有线宽并带圆角矩形

图 9－14　绘制矩形

5．Circle（绘制圆）

启动 Circle 命令后，命令行给出如下提示：

　　Command：circle

　　Specify center point for circle or [3P/2P/Ttr (tan radius)]：　　指定圆心[三点/两点/切点半径]

6．Arc（绘制圆弧）

弧是图形中的重要实体。AutoCAD 提供了 11 种绘制圆弧的方法，是根据起点、方向、圆心、包角、终点、弦长等控制点来确定的，如图 9－15 所示。

7．图案填充

用户可以在指定的封闭区域内进行图案填充，如机械图样中的剖面线、建筑图样中的砖墙符号以及其他形式的纹理填充等。

启动"图案填充（bhatch）"命令后，弹出如图 9－16 所示的"Boundary Hatch（图案填充）"对话框，包括设置图案（库存图案及用户定义图案）、图案的比例和方向、用户定义图案的间距、要填充图案的区域（在封闭区域内选择一点或选择填充区域周围的实体）等选项。

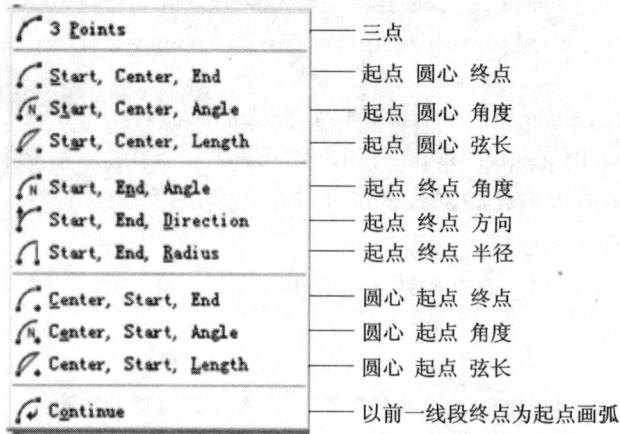

图 9-15　绘制圆弧的 11 种方法

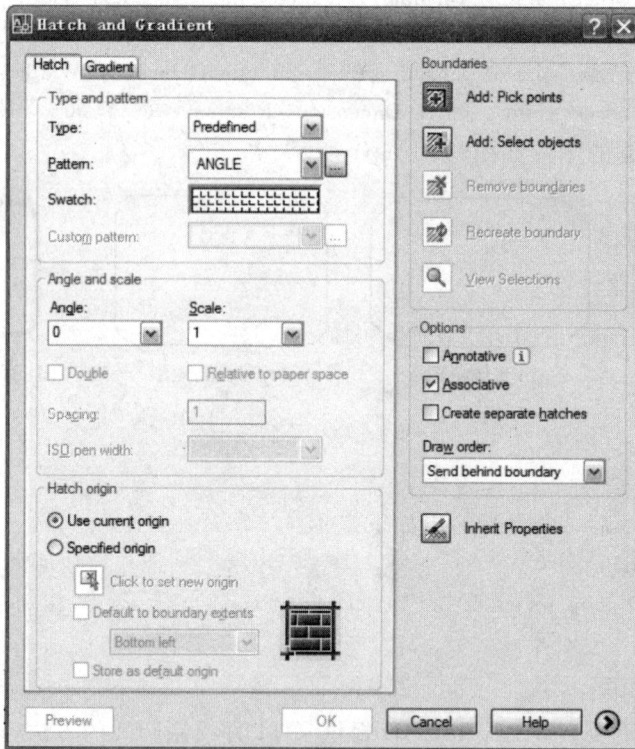

图 9-16　"图案填充"对话框

8. 文字输入

要在图形中注写文字，首先要建立文本样式。在命令行键入"Style"或在下拉菜单选取"Format(格式)→Text Style(文本样式)"项，将弹出"文本样式设置"对话框，包括设置字体、字高、字符的宽度因子、书写效果等选项。字体样式定义好后即可以命名存盘。

选取下拉菜单"Draw(绘图)→Text(文字)"项，可以继续选取"Single Line Text(单行文本输入)"或"Multiline Text(多行文本输入)"项。指定好书写文本的起点后，便可输入文字了。

9.3.2　基本编辑命令

AutoCAD 中使用的基本编辑命令如下：

1. Erase（擦除）

启动该命令后，构造选择集之后回车，即可擦除所选中的图元对象。

2. Copy（复制）

该命令将复制所选的对象到指定的位置。启动 Copy 命令后，命令行提示：

　　Command：copy

　　Select objects：选择要复制的对象

　　Current settings：Copy mode＝Multiple

　　Specify base point or [Displacement/mOde]<Displacement>：　　指定基点或位移

　　Specify second point or<use first point as displacement>：　　指定相对于基点的位移，即复制对象的放置位置。若直接回车，则系统默认以基点为位移矢量的第二点，坐标原点为第一点所确定的位移矢量进行复制

　　Specify second point or [Exit/Undo]<Exit>：

由于当前的默认设置是 Multiple 选项，则表示可以对所选对象进行多次复制，可以指定要复制对象的多个位置，直到按回车键结束复制。

3. Mirror（镜像）

该命令将镜像复制所选对象，如图 9-17 所示。启动 Mirror 命令后，命令行提示：

　　Command：mirror

　　Select objects：　　选择需要镜像的对象

　　Specify first point of mirror line：　　指定镜像线的起点位置

　　Specify second point of mirror line：　　指定镜像线的终点位置

　　Erase source objects？[Yes/No]<N>：　　是否删除原来所选的对象，默认为否

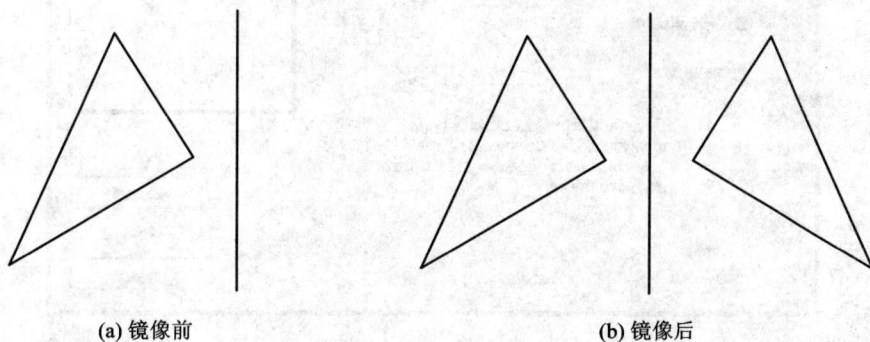

(a) 镜像前　　　　　　　　　　　　　　**(b) 镜像后**

图 9-17　通过镜像绘出的图形

4. Offset（偏移）

该命令将偏移复制所选的对象。启动 Offset 命令后，命令行提示：

　　Command：offset

　　Specify offset distance or [Through/Erase/Layer]<Through>：　　设定偏移距离

　　Select object to offset or [Exit/Undo]<Exit>：　　选取要偏移复制的对象

　　Specify point on side to offset or [Exit/Multiple/Undo]<Exit>：　　确定复制后对象位于原对象的哪一侧

　　Select object to offset or [Exit/Undo]<Exit>：　　选取对象继续偏移或直接回车以结束命令

如果在"Specify offset distance or [Through/Erase/Layer]<Through>："提示下，输入"T"并回车，就可确定一个偏移点，从而使偏移复制后的新对象通过该点。此时命令行的提示：

　　Select object to offset or [Exit/Undo]<Exit>：　　选取要偏移复制的对象

　　Specify through point [Exit/Multiple/Undo]<Exit>：　　确定要通过的点

　　Select object to offset or [Exit/Undo]<Exit>：　　选取对象继续偏移或直接回车以结束命令

Offset 命令和其他的编辑命令不同，只能用直接拾取的方式一次选择一个实体进行偏移复制。只能选择偏移直线、圆、多义线、椭圆、椭圆弧、多边形和曲线，不能偏移点、图块、属性和文本。直线偏移后，长度不变；圆、椭圆、椭圆弧偏移时同心复制，前后的对象同心。

5．Array（阵列）

该命令将用矩形或环形的方式复制所选的对象。启动 Array 命令，会打开"Array（阵列）"对话框，如图 9-18 所示。

绘制矩形阵列时，要输入行数、列数、行间距、列间距、阵列角度；绘制环形阵列时，要输入环形阵列的中心、阵列个数、阵列圆心角及是否旋转对象。

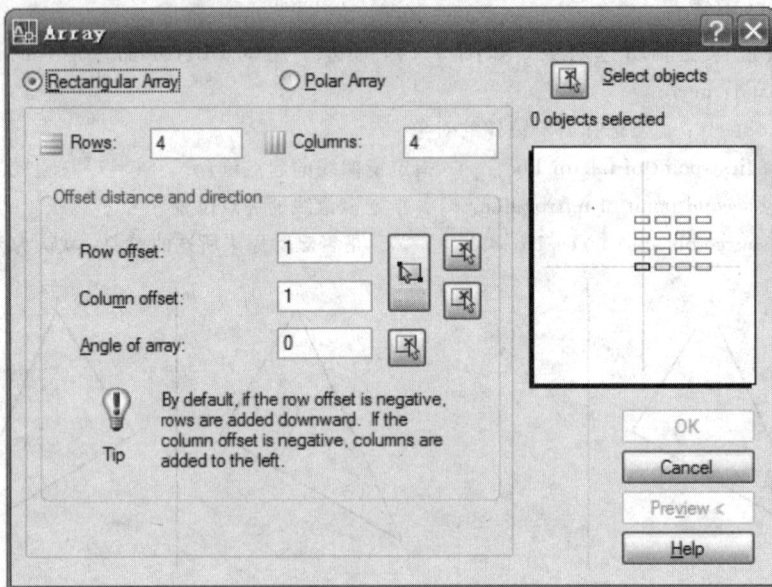

图 9-18　"阵列"对话框

6．Move（移动）

该命令将所选的对象移动到指定的位置。启动 Move 命令后，命令行提示：

　　Command：move

　　Select objects：　　选取需移动的对象

　　Specify base point or [Displacement]<Displacement>：　　指定移动基点

Specify second point or＜use first point as displacement＞：　　指定移动的终点

7. Rotate(旋转)

该命令将所选的对象绕指定点旋转指定的角度。启动 Rotate 命令后，命令行提示：

Command：rotate

Select objects：　　选取要旋转的对象

Specify base point：　　指定旋转基点

Specify rotation angle or ［Copy/Reference］＜0＞：　　指定旋转角度［参考角度］

8. Scale(按比例缩放)

该命令将所选对象按指定的比例系数相当于指定的基点放大或缩小。启动 Scale 命令后，命令行提示：

Command：scale

Select objects：　　选取要缩放的对象

Specify base point：　　指定基点

Specify scale factor ［Reference］：　　指定缩放比例系数［参考缩放系数］

9. Trim(修剪)

该命令将用指定的剪切边界剪去实体的一部分，如图 9 - 19 所示。启动 Trim 命令后，命令行提示：

Command：trim

Current settings：Projection＝UCS, Edge＝None

Select cutting edges …

Select objects or＜select all＞：　　选取剪切边界

Select objects：　　可以继续选择多个剪切边界，回车结束剪切边界的选择

Select object to trim or shift - select to extend or

［Fence/Crossing/Project/Edge/eRase/Undo］：　　选取修剪实体，从边界到点选部分被剪切掉

Select object to trim or shift - select to extend or

［Fence/Crossing/Project/Edge/eRase/Undo］：　　继续修剪，或回车结束修剪操作

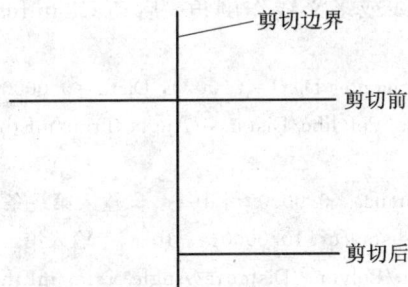

图 9 - 19　修剪前后图形

10. Extend(延伸)

该命令将延长指定的对象，使其到达选中的边界上，如图 9 - 20 所示。启动 Extend 命令后，命令行提示：

Command：extend

Current settings：Projection＝UCS, Edge＝None

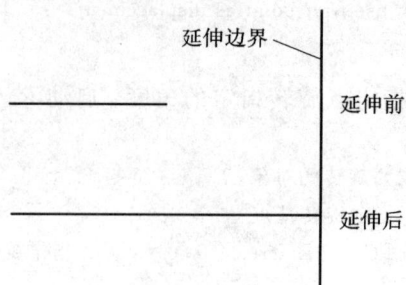

图 9 - 20　延伸前后图形

Select boundary edges ...

Select objects or<select all>：　　选取延伸边界

Select objects：　　可以继续选择多个延伸边界，回车结束延伸边界的选择

Select object to extend or shift - select to trim or

[Fence/Crossing/Project/Edge/Undo]：Specify opposite corner：　　选取指定的对象，使其延伸到达选中的边界上

Select object to extend or shift - select to trim or

[Fence/Crossing/Project/Edge/Undo]：　　继续延伸，或回车结束延伸操作

11. Break(打断)

该命令将去除对象上的某一部分，或将一个对象在指定点断开，分成两部分。启动 Break 命令后，命令行提示：

Command：break

Select object：　　选取对象，对象拾取点为断开的第一点

Specify second break point or [First point]：　　指定第二点；如果输入@，则第二点和第一点重合，将对象在拾取点处断开(圆除外)；如果输入 F，则系统提示重新指定第一点，再指定第二点。系统按逆时针方向将第一点到第二点的部分删除

12. Chamfer(倒角)

该命令对两条非平行直线或多义线作倒角。启动 Chamfer 命令后，命令行提示：

Command：chamfer

(TRIM mode) Current chamfer Dist1＝0.0000，Dist2＝0.0000　　当前倒角设置情况

Select first line or [Undo/Polyline/Distance/Angle/Trim/mEthod/Multiple]：d 设定两个倒边的长度，长度可以不同

Specify first chamfer distance<0.0000>：10　　输入第一条边的倒角距离值

Specify second chamfer distance<10.0000>：10　　输入第二条边的倒角距离值

Select first line or [Undo/Polyline/Distance/Angle/Trim/mEthod/Multiple]：　　选取第一条线

Select second line or shift - select to apply corner：　　选取另一条线

13. Fillet(圆角)

该命令对两条直线、多义线、圆或圆弧按指定的半径倒圆角。启动 Fillet 命令后，命令行提示：

Command：fillet

Current settings：Mode＝TRIM，Radius＝10.0000　　当前圆角半径情况

Select first object or [Undo/Polyline/Radius/Trim/Multiple]：　　选择第一个对象

Select second object or shift – select to apply corner:　　　选择第二个对象

14. Explode(分解)

该命令可以将图块分解成组成块的对象，还可以将多义线、复合线、多边形、尺寸标注、填充图案、面域以及某些三维对象等分解成更简单的对象。启动 Explode 命令后，命令行提示：

　　Command：explode

　　Select objects：　　选取对象

　　Select objects：　　继续选取对象，或直接回车结束命令

9.4　尺　寸　标　注

9.4.1　尺寸标注基本知识

AutoCAD 的 Dimension 下拉菜单和尺寸标注工具栏提供了尺寸标注的全部命令。通常情况下，一个典型的 AutoCAD 尺寸标注通常由尺寸线、尺寸界线、箭头和尺寸文本等要素构成，系统将这些尺寸要素作为一个独立的图形实体(图块)来处理。

标注尺寸时，用户只需要指出图形中要标注的图形对象上的测量点(尺寸界线的起始点)，AutoCAD 就将自动测量尺寸并且将尺寸线与箭头、尺寸界线、尺寸说明文字、圆心标记等尺寸要素放置在适当的位置。当对象的尺寸被修改后，AutoCAD 还会自动更新有关的标注信息。

常用的尺寸类型如表 9 - 2 所示。

表 9 - 2　常用的尺寸类型

类　型	英　文	内　　容
线　型	Linear	水平标注、垂直标注、倾斜标注等
角度型	Angular	内角、外角、垂直角度、圆心角等
直径型	Diameter	包括直径符号
半径型	Radius	包括半径符号
引线型	Leader	引出标注，如零件编号、注释等
坐标型	Ordinate	引出标注，标注图素的坐标值

9.4.2　尺寸标注样式

尺寸标注样式控制着尺寸标注的外观和功能，可以被命名存盘。AutoCAD 允许用户在同一个图形中使用多种尺寸标注样式，并可以在不同的尺寸标注样式之间转换。

建立尺寸标注样式，可以提高尺寸标注和修改的效率。通常，通过三种方法启动"尺寸样式管理"对话框(如图 9 - 21 所示)，从而设置尺寸样式。一是选取下拉菜单"Dimension(尺寸)→Dimension Style... (尺寸样式)"项；二是单击"Dimension(尺寸)"工具栏上的"Dimension Style... (尺寸样式)"按钮；三是在命令行"Command："提示下，输入

"Dimstyle(简捷命令 D)",并回车。

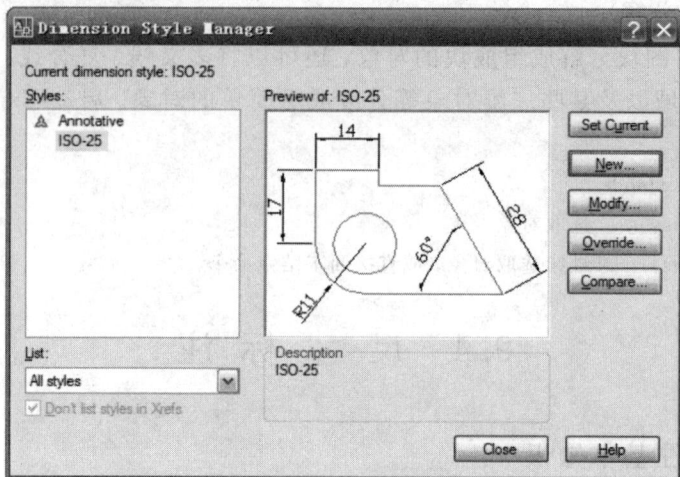

图 9-21 "尺寸样式管理"对话框

"尺寸样式管理"对话框中的左边是列表框,显示尺寸样式列表,缺省情况下,系统提供 ISO-25 尺寸样式。对话框的右边是这种尺寸样式的标注样例。单击"New"按钮,即可进入"Create New Dimension Style(建立新的尺寸样式)"对话框,如图 9-22 所示。其中,可在"New Style Name"文本编辑框中输入新尺寸样式名称;在"Start With(开始于)"下拉列表指定一种基本尺寸样式为基础,继而修改尺寸样式选项卡的内容,形成新的尺寸样式;在"Use for"下拉列表中选择指定新尺寸样式的适用尺寸类型。

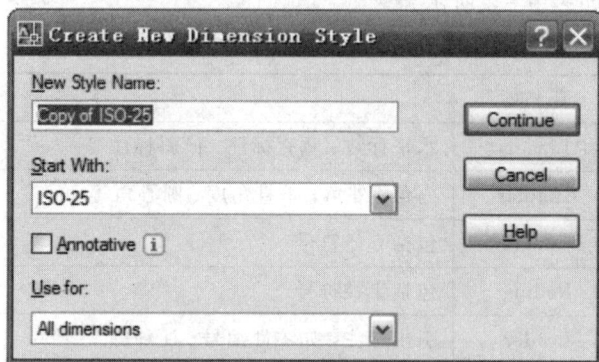

图 9-22 "建立新的尺寸样式"对话框

单击图 9-22 所示对话框中的"Continue"按钮后,进入"New Dimension Style(新尺寸样式)"对话框,如图 9-23 所示。它有如图所示的 7 张选项卡,其中,"Lines"选项卡用于设置尺寸线、尺寸界线;"Symbols and Arrows"选项卡用于设置尺寸箭头形状、箭头尺寸、圆心标记样式;"Text"选项卡用于设置尺寸文本的字型、样式、位置、对齐方式等;"Fit"选项卡控制尺寸文本、箭头、旁引线、尺寸线的调整方式;"Primary Units"选项卡设置主尺寸单位的注写样式和尺寸精度、尺寸文本的前缀与后缀;"Alternate Units"选项卡用于控制变换尺寸单位的尺寸文本注写及显示的格式,其中变换单位主要指公制与英制的变换。"Tolerances"选项卡控制显示公差,并设置公差的注写格式。单击"OK"按钮,即结束在"New Dimension Style"对话框中的操作。

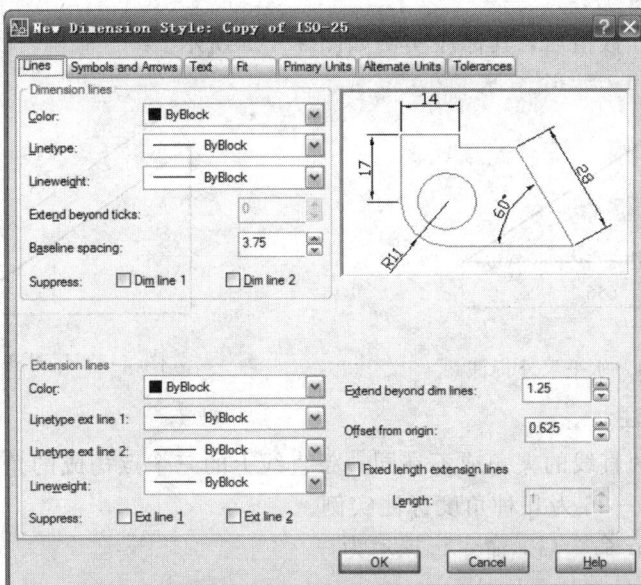

图 9 - 23　"新尺寸样式"对话框

9.4.3　标注实例

1. 线型尺寸标注

如果标注水平或垂直尺寸，则启动 dimlinear 命令，提示为

Command：dimlinear

Specify first extension line origin or＜select object＞：　　指定尺寸界线的第一个测量点（操作时可以使用某种对象捕捉方式）

Specify second extension line origin：　　指定尺寸界线的第二个测量点

Specify dimension line location or

[Mtext/Text/Angle/Horizontal/Vertical/Rotated]：　　指定尺寸线位置

Dimension text＝656

系统测量到尺寸数值后，其标注实例如图 9 - 24 所示。

操作时，AutoCAD 将根据选择的尺寸线位置，自动确定是标注水平尺寸还是垂直尺寸。尺寸数字由系统自动测量并标注，也允许人工输入。如果是系统测定的数字，当图形变化引起尺寸变化时，尺寸数字自动按新的测量值更改。而人工输入的尺寸数字则不会随图形变化而更改。因此，开始绘图时应考虑采用哪种尺寸输入方法。在确定尺寸数字时，系统允许用户指定数字的方向，如垂直、水平、旋转等变化。

如果标注尺寸线倾斜的尺寸，则要使用对齐标注。启动 dimaligned 命令，命令行提示为

Command：dimaligned

Specify first extension line origin or＜select object＞：　　指定尺寸界线的第一个测量点

Specify second extension line origin：　　指定尺寸界线的第二个测量点

Specify dimension line location or

[Mtext/Text/Angle]： 指定尺寸线的位置

Dimension text＝745

系统测量到尺寸数值后，其标注实例如图9－25所示。

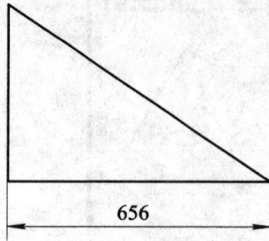

图9－24 水平尺寸标注

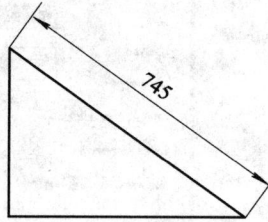

图9－25 对齐标注

2. 角度尺寸标注

用户可以标注两直线的夹角或不在同一条直线上的三个点构成的角度。角度标注的尺寸线为弧线段。图9－26为几种角度标注实例。

启动 dimangular 命令后，命令行提示为

    Command：dimangular

    Select arc，circle，line，or＜specify vertex＞： 选择圆弧、圆、直线或指定顶点

    Select second line： 选择第二条直线

    Specify dimension arc line location or [Mtext/Text/Angle/Quadrant]： 尺寸线位置

    Dimension text＝78 系统测定的角度值

对于圆弧对象，系统将自动选择圆弧的中心及两端点作为角度标注的顶点和两条尺寸界线的起点，然后标注出角度。对于圆对象，选择点为第一条尺寸界线的端点，圆心点为角度的顶点。对于直线对象，系统以两直线的交点为角度的顶点，两条直线为尺寸界线生成角度标注。

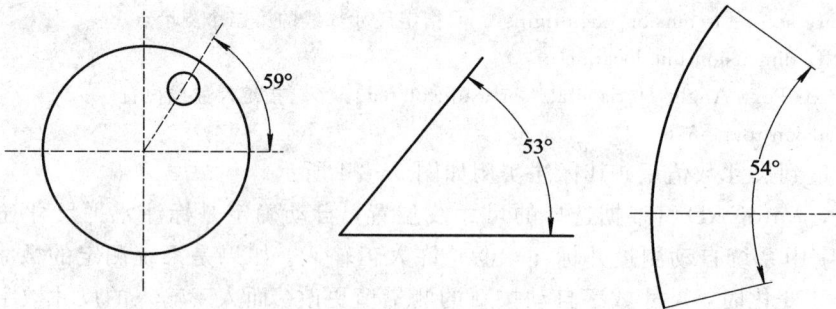

图9－26 角度标注实例

3. 半径、直径尺寸标注

为了标注圆或圆弧的半径、直径尺寸，启动 dimradius 命令或 dimdiameter 命令，命令行提示类似为

    Command：dimradius

    Select arc or circle： 选取圆弧或圆

    Dimension text＝210 系统测定的尺寸数值

Specify dimension line location or [Mtext/Text/Angle]：　　指定尺寸线的位置

光标的位置决定了标注文字的位置。移动光标时，标注文字也在圆或圆弧之内或之外移动。如果用户输入新的文字来代替系统提供的文字，则需要在新的文字前加"R"来标出半径符号，在新文字前加直径标志符号"％％c"来标出直径符号"Φ"。

4. 引线标注

引线标注，是由带箭头的直线和对图中某一特征点的注释文字组成的标注。引出线和注释文字是相关的，如果用户修改了注释文字，则引线标注将会进行相应的更新。

选取下拉菜单"Dimension→Leader"选项，或在命令行键入 qleader 命令，将启动引线标注，命令行提示为

Command：qleader

Specify first leader point, or [Settings]＜Settings＞：　　指定引线标注的起点

Specify next point：　　指定引线标注的第一段线段的终点

Specify next point：　　指定引线标注的下一段线段的终点

Specify text width＜0＞：　　指定段落文本的宽度

Enter first line of annotation text＜Mtext＞：　　输入第一行注释文本

Enter next line of annotation text：　　输入下一行注释文本，也可以回车结束操作

5. 坐标标注

命令行提示为

Command：dimordinate

Specify feature location：　　选取坐标位置

Specify leader endpoint or [Xdatum/Ydatum/Mtext/Text/Angle]：　　指定引线终点

Dimension text＝1834　　系统测量的坐标值

9.5　工程图样的绘制

9.5.1　平面图形的绘制

本节以图 9-27 所示的几何图形为例，讲解平面图形的绘制和编辑。

（1）设置图纸幅面、绘图单位、比例。根据几何图形的尺寸，选择 A3 号图纸，设定图幅大小为 420×297，采用绘图比例（即图上尺寸与实际尺寸之比）为 1：1，设定绘图单位为工程制图《国家标准》的默认单位（即 mm）。

命令行提示为：

Command：limits　　设定图纸幅面

Reset Model space limits：

Specify lower left corner or [ON/OFF]＜0.0000, 0.0000＞：

Specify upper right corner＜420.0000, 297.0000＞：　　A3 号图纸横放

Command：units　　在对话框中设定单位和精度

（2）设置图层，绘制图框和标题栏。如图 9-28 所示，建立 5 个图层，分别为

· 标题栏文字，线型是实线 continuous，线宽为 0.15；

· 尺寸标注，线型是实线 continuous，线宽为 0.15；

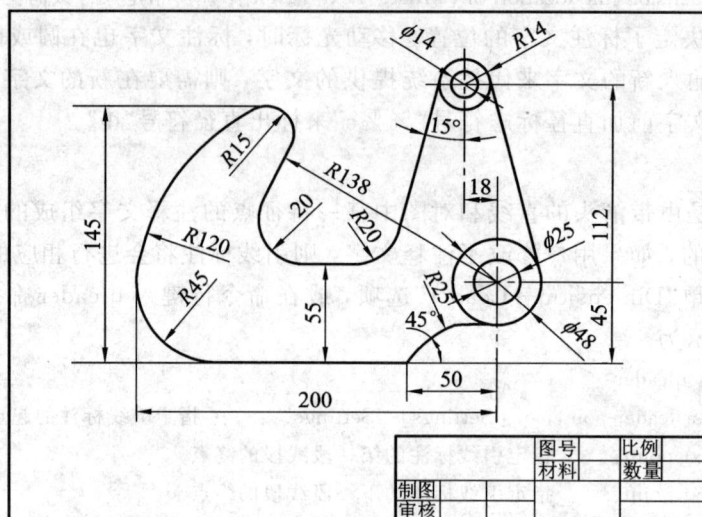

图 9 - 27　平面图形实例

· 粗实线，线型是实线 continuous，线宽为 0.30；
· 点划线，线型是中心线 center2，线宽为 0.15；
· 细实线，线型是实线 continuous，线宽为 0.15。

图 9 - 28　图层的设置

在"图层管理器"对话框中，设置细实线为当前图层，可以绘制外图框。命令行提示为

Command：line

Specify first point：0，0　　外图框左下角

Specify next point or [Undo]：420，0　　外图框右下角

Specify next point or [Undo]：297，420　　外图框右上角

Specify next point or [Close/Undo]：0，297　　外图框左上角

Specify next point or [Close/Undo]：c　　封闭

在"图层管理器"对话框中，设置粗实线为当前图层，可以绘制内图框。命令行提示为

Command：line

Specify first point：25，5　　外图框左下角

Specify next point or [Undo]：@390，0　　外图框右下角

Specify next point or [Undo]：@0，287　　外图框右上角

Specify next point or [Close/Undo]：@-390，0　　外图框左上角

Specify next point or ［Close/Undo］：c　　　封闭

继续区分粗、细实线，在两个图层上绘制标题栏。命令行提示为

Command：_dtext 切换到标题栏文字图层上，输入"制图"、"审核"、"图号"、"材料"、"比例"、"数量"等文字

Current text style："Standard" Text height：8 Annotative：No

Specify start point of text or ［Justify/Style］：　　　指定标题栏文字的基点位置

Specify height＜8＞：　　　字体大小

Specify rotation angle of text＜0＞：　　　字体的旋转角度

至此，形成 A3 号图纸的样板图，如图 9－29 所示。

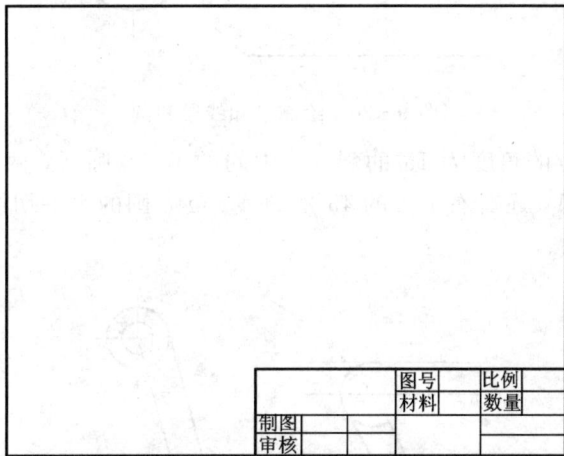

图 9－29　A3 号图框和标题栏

（3）在"图层管理器"对话框中，设置点划线为当前图层，绘制定位线（即圆的中心线，也是尺寸的基准线）。

（4）图形分析，依次作出三类线段或圆（圆弧）。平面图形中的线段和圆（圆弧），有的能够直接画出，有的却要等相邻线段或圆（圆弧）画出后才能够画出来。根据图形中所标注的尺寸和线段、圆（圆弧）间的连接关系，图形中的线段或圆（圆弧）可以分为三类：

① 已知线段或圆（圆弧）：指定形尺寸和定位尺寸齐全，可以直接画出的线段或圆（圆弧）。在图 9－27 中，有右上方的 $\Phi14$ 圆、$R14$ 圆，右下方的 $\Phi25$ 圆、$\Phi48$ 圆，还有最下方的水平线段。绘制出已知线段或圆，如图 9－30 所示。

Command：circle　　　绘制右上方的 R14 圆，其余 3 个圆的画法相同

Specify center point for circle or ［3P/2P/Ttr (tan tan radius)］：　　　Osnap 捕捉圆心

Specify radius of circle or ［Diameter］＜15.0000＞：14

Command：l

LINE Specify first point：　　　Osnap 捕捉圆心作为线段起点

Specify next point or ［Undo］：@－50，－45　　　作了一段辅助线，即图 9－30 的虚线

Specify next point or ［Undo］：@－105，0　　　绘制最下方的水平线段

Specify next point or ［Undo］：　　　回车，结束画线

② 中间线段或圆（圆弧）：指有定形尺寸，但是缺少一个方向的定位尺寸，还需要依靠相邻线段或圆（圆弧）中的一个连接关系才能画出线段或圆（圆弧）。在图 9－27 中，有左上

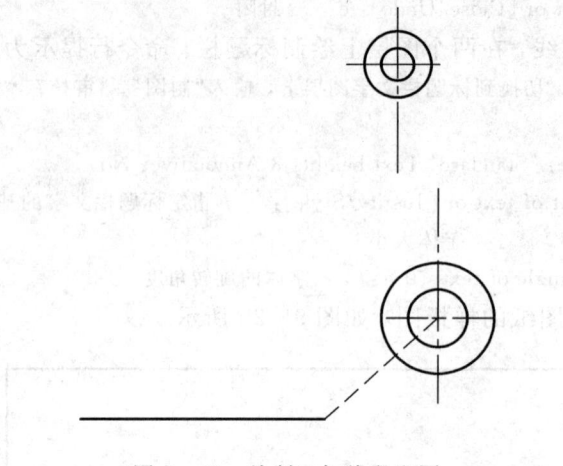

图 9 - 30　绘制已知线段和圆

方的 R15 圆弧，右上方的角度为 15°的斜线，中间的 R138 圆弧，两个 R20 圆弧中间的线段，左下方的 R45 圆弧，还有右下方的 45°的斜线、Φ48 圆的水平切线。绘制出中间线段和圆弧，如图 9 - 31 所示。

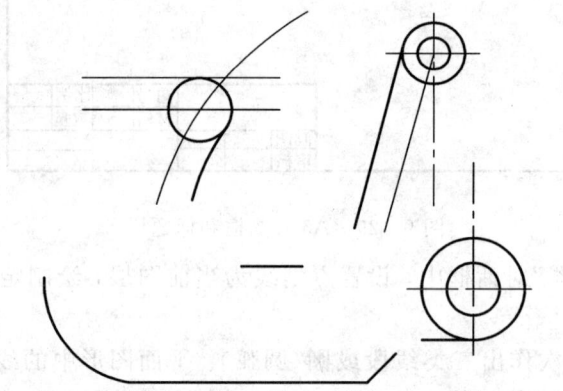

图 9 - 31　绘制中间线段和圆弧

命令行提示为

Command：l

LINE Specify first point：　　　　Osnap 捕捉圆心做线段起点

Specify next point or [Undo]：@150<-105　　　作一辅助的 15°斜线

Specify next point or [Undo]：　　回车，结束画线

Command：_offset　　　利用平行线命令绘出 15°斜线

Current settings：Erase source＝No Layer＝Source OFFSETGAPTYPE＝0

Specify offset distance or [Through/Erase/Layer]<Through>：14　　　间距 R14

Select object to offset or [Exit/Undo]<Exit>：　　　选取基准（即辅助斜线）

Specify point on side to offset or [Exit/Multiple/Undo]<Exit>：　　　点取左侧绘线

Select object to offset or [Exit/Undo]<Exit>：　　回车，结束

　　下面，在图 9 - 31 的左上方，先绘制一段辅助圆弧，再绘制一段水平线，二者求交点，从而求取 R15 弧的圆心。因为 R15 圆弧与 R138 圆弧外切，所以辅助圆弧的半径（即两个相

切圆弧的中心距)是 15＋138＝153，其圆心也是 R138 圆弧的圆心。水平线与左上方间距是 15，采用平行线命令绘制。命令行提示为

  Command：a

  ARC Specify start point of arc or [Center]：c

  Specify center point of arc：

  Specify start point of arc：@153＜120 120°是估值，将会擦除此辅助圆弧

  Specify end point of arc or [Angle/chord Length]：a 输入圆弧角度

  Specify included angle：45 仅绘制 45°圆弧即可

  Command：_offset 利用平行线命令绘出 15°斜线

  Current settings：Erase source＝No Layer＝Source OFFSETGAPTYPE＝0

  Specify offset distance or [Through/Erase/Layer]＜Through＞：15 间距 R15

  Select object to offset or [Exit/Undo]＜Exit＞： 选取基准(即上方水平线)

  Specify point on side to offset or [Exit/Multiple/Undo]＜Exit＞： 点取下侧绘线

  Select object to offset or [Exit/Undo]＜Exit＞： 回车，结束

  Command：circle 绘制左上方的 R15 圆，将来再修剪成圆弧

  Specify center point for circle or [3P/2P/Ttr (tan tan radius)]： Osnap 捕捉圆心

  Specify radius of circle or [Diameter]＜15.0000＞：15

③ 连接线段或圆(圆弧)：指缺少两个方向的定位尺寸，需要相邻线段或圆(圆弧)的两个连接关系才能画出线段或圆(圆弧)。在图 9 - 27 中，有左方的 R120 圆弧，中间的两个 R20 圆弧，右方的连接 Φ14 圆和 Φ48 圆的切线，还有右下方的 R25 圆弧。绘制连接线段和圆弧的操作过程如图 9 - 32 所示。

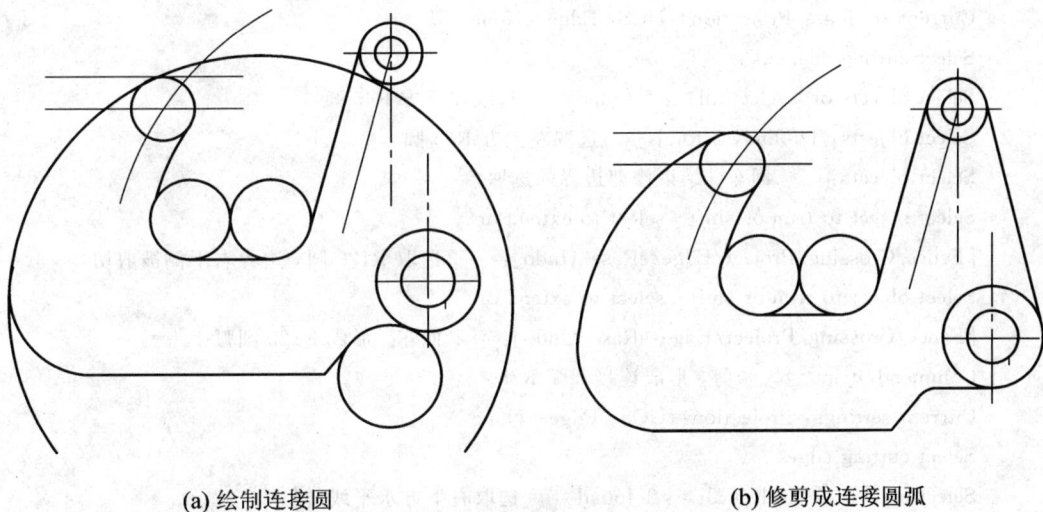

    (a) 绘制连接圆   **(b) 修剪成连接圆弧**

图 9 - 32 绘制连接线段和圆弧的操作过程

采用已知连接圆弧半径并与两边相切的方法，绘制连接圆。

  Command：c 绘制图 9 - 32 的中间右侧 R20 圆

  CIRCLE Specify center point for circle or [3P/2P/Ttr (tan tan radius)]：ttr

  Specify point on object for first tangent of circle： Osnap 捕捉 15°斜线

  Specify point on object for second tangent of circle： Osnap 捕捉水平线

  Specify radius of circle＜14.0000＞：20 半径为 20

Command：c　　　绘制图 9 - 32 中间的左侧 R20 圆

CIRCLE Specify center point for circle or [3P/2P/Ttr (tan tan radius)]：ttr

Specify point on object for first tangent of circle：　　Osnap 捕捉水平线

Specify point on object for second tangent of circle：　　Osnap 捕捉 R138 圆弧

Specify radius of circle＜120.0000＞：20　　半径为 20

Command：c　　　绘制图 9 - 32 右下方的 R25 圆

CIRCLE Specify center point for circle or [3P/2P/Ttr (tan tan radius)]：ttr

Specify point on object for first tangent of circle：　　Osnap 捕捉水平线

Specify point on object for second tangent of circle：　　Osnap 捕捉 45°斜线

Specify radius of circle＜20.0000＞：25　　半径为 25

Command：c　　　绘制图 9 - 32 的左侧 R120 圆

CIRCLE Specify center point for circle or [3P/2P/Ttr (tan tan radius)]：ttr

Specify point on object for first tangent of circle：　　Osnap 捕捉 R15 圆

Specify point on object for second tangent of circle：　　Osnap 捕捉 R45 圆弧

Specify radius of circle＜25.0000＞：120　　　半径为 120

Command：l　　　绘制图 9 - 32 的右侧切线

LINE Specify first point：tan to　　　Osnap 捕捉右上方 R14 圆的切点

Specify next point or [Undo]：tan to　　　Osnap 捕捉右下方 Φ48 圆的切点

Specify next point or [Undo]：　　回车，结束画线

④ 修剪，形成连接圆弧的操作方法如下：

Command：trim　　　修剪，形成连接圆弧 R120

Current settings：Projection＝UCS，Edge＝None

Select cutting edges …

Select objects or＜select all＞：1 found　　　选取左下方 R45 弧

Select objects：1 found，2 total　　　选取左上方 R15 圆

Select objects：　　回车，结束修剪边界的选取

Select object to trim or shift - select to extend or

[Fence/Crossing/Project/Edge/eRase/Undo]：　　　选取 R120 圆，边界右下侧被剪切

Select object to trim or shift - select to extend or

[Fence/Crossing/Project/Edge/eRase/Undo]：　　　回车，形成 R120 圆弧

Command：trim　　　修剪，形成连接圆弧 R25

Current settings：Projection＝UCS，Edge＝None

Select cutting edges …

Select objects or＜select all＞：1 found　　　选取右下方水平线

Select objects：1 found，2 total　　　选取右上方 45°斜线

Select objects：　　回车，结束修剪边界的选取

Select object to trim or shift - select to extend or

[Fence/Crossing/Project/Edge/eRase/Undo]：　　　选取 R25 圆，边界右下侧被剪切

Select object to trim or shift - select to extend or

[Fence/Crossing/Project/Edge/eRase/Undo]：　　　回车，形成 R25 圆弧

⑤ 清理检查，标注尺寸，存盘。

9.5.2　轴套类零件的图样绘制

如图 9-33 所示，长轴是一个典型的轴套类零件。一般，只需要一个主视图表示其主要的结构形状，再配上局部剖视图、断面图和局部放大图等，表示零件的内部和局部的结构形状。下面以该长轴为例，讲解轴套类零件的绘制方法。

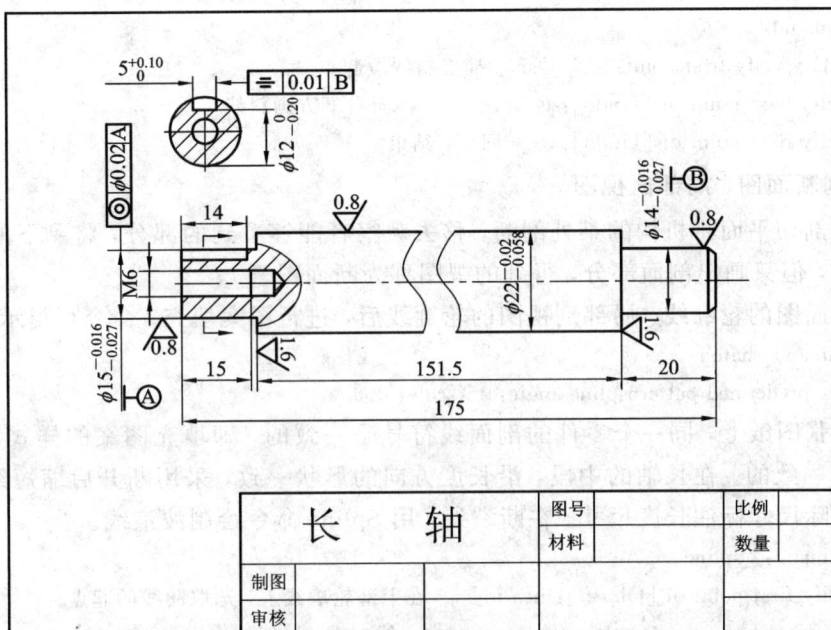

图 9-33　长轴零件图

1. 绘图环境的设置

图框和标题栏的绘制方法如前。采用 A5 号图纸，设置图纸幅面为 210×148。图层创建同上例，再增建两个图层：

① 剖面线，线型是实线 continuous，线宽为 0.15；

② 波浪线，线型是实线 continuous，线宽为 0.15。

2. 绘制主视图

对于对称性结构的轴套类零件，一般先绘制对称中心线，再绘制一半图形，最后通过"镜像"来完成另一半图形。具体的步骤是：中心线的绘制，长轴上部轮廓的绘制，倒角的处理，完成外轮廓的绘制。

倒角的处理如图 9-34 所示，先绘平行线，再绘 45°斜线，最后再适当修剪。

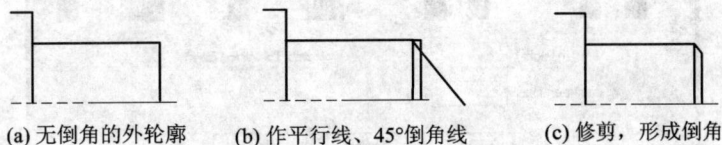

(a) 无倒角的外轮廓　　(b) 作平行线、45°倒角线　　(c) 修剪，形成倒角

图 9-34　倒角的处理

命令行提示为

Command：offset

Current settings：Erase source＝No Layer＝Source OFFSETGAPTYPE＝0

Specify offset distance or [Through/Erase/Layer]＜Through＞：　　1 倒角间隔为 1

Select object to offset or [Exit/Undo]＜Exit＞：　　选取外轮廓线

Specify point on side to offset or [Exit/Multiple/Undo]＜Exit＞：　　点击左侧，绘线

Select object to offset or [Exit/Undo]＜Exit＞：　　回车，结束

Command：l

LINE Specify first point：　　Osnap 捕捉斜线段起点

Specify next point or [Undo]：@5＜-45　　向右下方画斜线

Specify next point or [Undo]：　　回车，结束

3. 绘制断面图、局部剖视图

假想用剖切平面将机构的某处剖断，移去观察者能够看到的部分，将剩下的部分向投影面作投影，但只画出剖面部分，得到的视图称为断面图。

完成断面图的轮廓线、局部剖视图的轮廓线后，进行图案填充。命令行提示为

Command：hatch

type：predefined pattern：line angle：45 scale：0.6

在同一张图纸上，同一个零件的剖面线符号是一致的，即填充图案的样式、角度、比例（间隔）是一致的。在长轴的中段，沿长度方向的形状一致，采用断开后缩短绘制法，但仍需按照实际尺寸标注长度尺寸。在断裂处，用 Spline 命令绘制波浪线。

Command：_spline

Specify first point or [Object]：nea to　　在上部轮廓线上，选取曲线的起点

Specify next point：＜Ortho off＞　　在中心线上方，鼠标拾取中间点

Specify next point or [Close/Fit tolerance]＜start tangent＞：　　取中心线下方的中间点

Specify next point or [Close/Fit tolerance]＜start tangent＞：　　选取曲线的终点

Specify next point or [Close/Fit tolerance]＜start tangent＞：　　回车，结束

Specify start tangent：　　回车，默认曲线起点切线方向

Specify end tangent：　　回车，默认曲线终点切线方向

4. 标注尺寸，清理检查，存盘

选取下拉菜单"Dimension（尺寸）→Tolerance…（公差）"选项，弹出"公差"对话框，如图 9-35 所示。填写好对话框中的公差值，点击"OK"按钮后，即可在相应的位置直接标注公差尺寸。

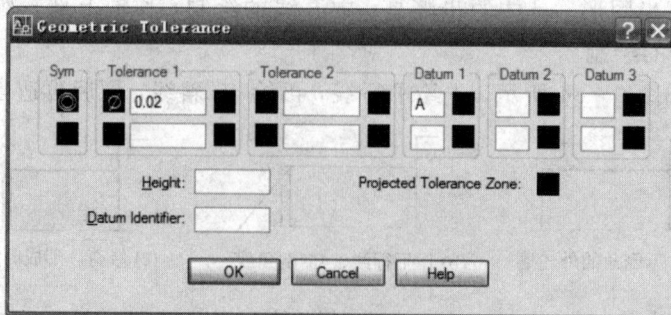

图 9-35 "公差"对话框

9.6　三　维　造　型

9.6.1　用户坐标系(UCS)

AutoCAD 提供了两种坐标系统：一种是固定不变的坐标系，称为世界坐标系(WCS)；另一种是用户定义的坐标系，称为用户坐标系(UCS)。

WCS 是固定的、不可更改的坐标系统，其 X 轴正方向是屏幕向右，Y 轴正方向是屏幕向上，Z 轴正方向是屏幕由里向外，构成右手螺旋系。前面几节中建立的所有图形均是在 WCS 坐标系中创建的。在绘制三维图形时，由于在计算三维坐标点时存在一定的困难，通常需要在 WCS 中重新定义 X、Y、Z 轴的位置和方向，以构成新的用户坐标系。根据作图需要用户可以定义多个 UCS，并可以命名保存，以便需要时在不同 UCS 之间进行切换。但是，多个 UCS 中只有一个坐标系是当前坐标系，输入的坐标都是相对这个坐标系的。

为了定义用户坐标系，可以选取下拉菜单"Tools(工具)→New UCS"选项，也可以在命令行键入 UCS 命令，或者点击 UCS 工具栏中的 UCS 图形工具按钮。命令行提示为

Command：UCS

Current ucs name：＊WORLD＊　当前使用的坐标系

Specify origin of UCS or ［Face/Named/Object/Previous/View/World/X/Y/Z/ ZAxis］＜World＞：　　用户可以指定新的 UCS 坐标原点，也可以移动原点来定义新的坐标系

方括号里其他选项的含义如下：

① Face：允许用户选择某个图形实体的一个面作为新的 UCS 坐标平面。

② Named：管理用户已设置的 UCS，可以选择恢复、保存或删除 UCS。

③ Object：指定一个实体来定义新的坐标系。

④ Previous：上一个 UCS。

⑤ View：允许用户选择一个视图，并以垂直于视图方向(平行于屏幕)的平面(XOY 平面)来建立新的坐标系。原坐标系的原点保持不变。

⑥ World：从 UCS 返回到 WCS。

⑦ X/Y/Z：将当前的 UCS 绕 X、Y、Z 轴中某轴旋转一定的角度，从而形成一个新的 UCS。

⑧ ZAxis：指定坐标原点和 Z 轴的正方向来定义新的用户坐标系。

Specify new origin point or ［Object］＜0，0，0＞：　　指定新坐标系的原点

Specify point on positive portion of Z－axis＜0.0000，0.0000，1.0000＞：　　输入新的 UCS 的 Z 轴正方向上的一点

9.6.2　视点的设置

视点是观察物体的位置。当开始绘制三维图形时，需要改变视点，使设计者能够从不同的角度观察所绘制的图形。

AutoCAD 系统提供了 10 种常用的视点，也就是六个基本视图：Top View(俯视图)、

Bottom View(仰视图)、Left View(左视图)、Right View(右视图)、Front View(正视图，又称主视图)、Back View(后视图)和四个方向的正等轴测图：SW Isometric(西南等轴测视图)、SE Isometric(东南等轴测视图)、NE Isometric(东北等轴测视图)、NW Isometric(西北等轴测视图)。在缺省情况下，系统处于俯视观察状态。切换这些常用视点的方法有：选取下拉菜单"View"中的"3Dviews"选项下的各项；也可以点击"View"工具栏中相应的图形工具按钮，如图 9-36 所示。

图 9-36 "View(视图)"工具栏

如果常用的视点不能满足观察的需要，用户还可以精确地设置视点，具体做法有：

1. 对话框设置视点

选取下拉菜单"View→3Dviews→Viewpoint Presets...(视点预置)"选项，或者在命令行键入"ddvpoint"命令，将弹出图 9-37 所示的"Viewpoint Presets(视点预置)"对话框。

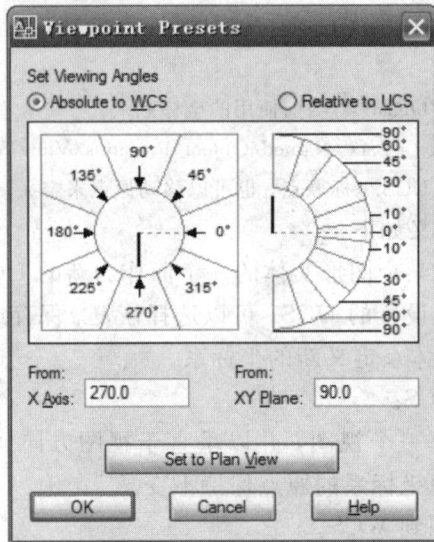

图 9-37 "视点预置"对话框

通过单选框，可以选择视点相当于哪个坐标系，"Absolute to WCS"指相当于世界坐标系，"Relative to UCS"指相当于用户坐标系。为了设置观察角度，需要设置两个角度，即视线在 XOY 平面上的投影与 X 轴正方向的夹角(From X Axis)和视线与 XOY 平面的夹角(From XY plane)。如果单击"Set to Plan View"按钮，则返回到俯视图(Top View)视点状态。

2. 命令行设置视点

命令行设置视点的操作如下：

Command：vpoint

Current view direction：VIEWDIR＝0.0000，0.0000，1.0000   当前视点方向

Specify a view point or [Rotate]<display compass and tripod>：　　指定新视点或[旋转]<显示罗盘和三脚架>

（1）Specify a view point：直接输入新视点在 X、Y、Z 方向上三个绝对坐标值。系统会根据新的 X、Y 和 Z 方向上的坐标值生成新的视点方向。10 个常用视点方向对应的坐标如表 9-3 所示。

表 9-3　常用视点坐标数值

视图名称	视点坐标
俯视图	（0，0，1）
仰视图	（0，0，−1）
左视图	（−1，0，0）
右视图	（1，0，0）
正视图（主视图）	（0，−1，0）
后视图	（0，1，0）
西南等轴测视图	（−1，−1，1）
东南等轴测视图	（1，−1，1）
东北等轴测视图	（1，1，1）
西北等轴测视图	（−1，1，1）

（2）Rotate：将当前视点旋转一个角度之后，形成新的视点。系统提示为

Enter angle in XY plane from X axis<270>：输入新视点在 XOY 平面内的投影与 X 轴正方向之间的夹角

Enter angle from XY plane<90>：输入新视点的方向与 XOY 平面的夹角

确认后，系统启用新视点重新生成图形模型空间。

（3）罗盘确定视点的提示如下：

Specify a view point or [Rotate]<display compass and tripod>：直接回车

系统将出现图 9-38 所示的罗盘和三角坐标，罗盘相当于一个球体的俯视图，十字光标代表视点的位置。点击鼠标左键，可以直接确定视点。

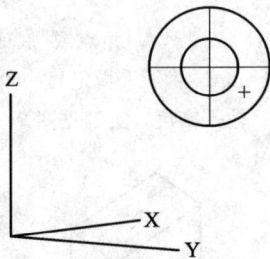

图 9-38　用罗盘确定视点

如果光标位于小圆环内，则视点在 Z 轴的正方向；如果光标位于内外圆环之间，则视点位于 Z 轴的负方向。

9.6.3　实体的创建

AutoCAD 提供了基本三维实体模型，也可以从二维对象拉伸、旋转、扫描、放样生成三维实体。实体建模的工具栏如图 9-39 所示。

图 9-39 "实体建模"工具栏

1. 多段体

命令行提示为

Command：polysolid Height＝80.0000，Width＝10.0000，Justification＝Center

Specify start point or [Object/Height/Width/Justify]<Object>：w　　设置宽度

Specify width<10.0000>：15　　输入宽度值

Height＝80.0000，Width＝15.0000，Justification＝Center

Specify start point or [Object/Height/Width/Justify]<Object>：　　起点

Specify next point or [Arc/Undo]：　　第二点

Specify next point or [Arc/Undo]：　　第三点

Specify next point or [Arc/Close/Undo]：　　第四点

Specify next point or [Arc/Close/Undo]：　　回车结束，实例见图9-40

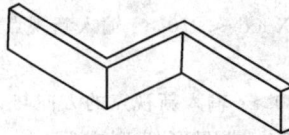

图 9-40 多段体

2. 长方体

命令行提示为

Command：box

Specify first corner or [Center]：　　指定一角点或[底面矩形中心]

Specify other corner or [Cube/Length]：　　指定另一角点或[正方体/长度]

Specify height or [2Point]：　　输入高度，实例见图9-41

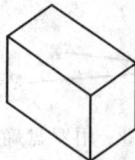

图 9-41 长方体

3. 楔体

命令行提示为

Command：wedge

Specify first corner or [Center]：　　指定一角点或[底面矩形中心]

Specify other corner or [Cube/Length]：　　指定另一角点或[正方体/长度]

Specify height or [2Point]：　　输入高度，实例见图 9 - 42

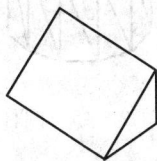

图 9 - 42　楔体

4. 圆锥

命令行提示为

　　Command：cone

　　Specify center point of base or [3P/2P/Ttr/Elliptical]：　　指定锥底中心点或[3 点/2 点/相切相切半径/椭圆锥]，实例见图 9 - 43

　　Specify base radius or [Diameter]：　　指定锥底面的半径或[直径]

　　Specify height or [2Point/Axis endpoint/Top radius]<103.0412>：　　指定高度

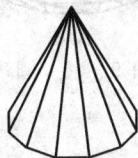

图 9 - 43　圆锥

5. 球

命令行提示为

　　Command：sphere

　　Specify center point or [3P/2P/Ttr]：　　指定球心

　　Specify radius or [Diameter]<104.0065>：　　输入半径或[直径]，实例见图 9 - 44

图 9 - 44　球

6. 圆柱

命令行提示为

　　Command：cylinder

　　Specify center point of base or [3P/2P/Ttr/Elliptical]：　　指定圆柱底面中心点或[3 点/2 点/相切的相切半径/椭圆柱]，实例见图 9 - 45

　　Specify base radius or [Diameter]<128.2764>：　　指定圆柱底面的半径或[直径]

　　Specify height or [2Point/Axis endpoint]<215.3584>：　　指定高度

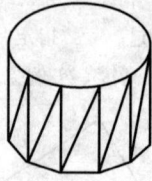

图 9-45 圆柱

7. 圆环

命令行提示为

Command：torus

Specify center point or [3P/2P/Ttr]： 指定圆环圆心，实例见图 9-46

Specify radius or [Diameter]<83.3954>： 指定圆环半径或[直径]

Specify tube radius or [2Point/Diameter]<56.0296>： 指定圆管半径或[直径]

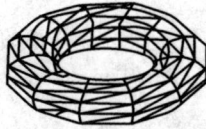

图 9-46 圆环

8. 棱锥体

命令行提示为

Command：pyramid

4 sides Circumscribed

Specify center point of base or [Edge/Sides]： 指定底面矩形中心，见图 9-47

Specify base radius or [Inscribed]<108.3545>： 指定半径

Specify height or [2Point/Axis endpoint/Top radius]<223.1896>： 指定高度

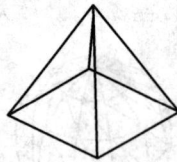

图 9-47 棱锥体

9. 创建拉伸体

命令行提示为

Command：_extrude 实例见图 9-48

Current wire frame density： ISOLINES=16

Select objects to extrude： 选取拉伸对象

Select objects to extrude： 回车，结束选取

Specify height of extrusion or [Direction/Path/Taper angle]<180.1179>： 指定拉伸高度或
[方向/路径/拉伸倾角]

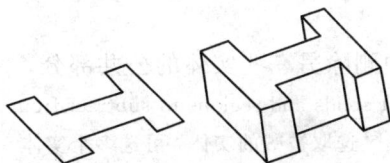

图 9 - 48　拉伸体

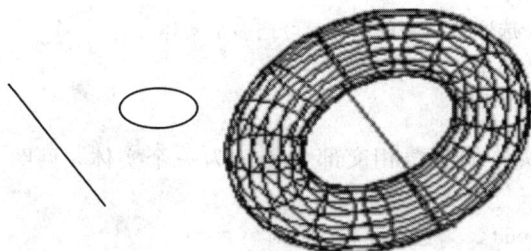

图 9 - 49　旋转体

10. 创建旋转体

命令行提示为

Command：revolve

Current wire frame density：ISOLINES＝16

Select objects to revolve：　　选取旋转对象，实例见图 9 - 49

Select objects to revolve：　　回车，结束选取

Specify axis start point or define axis by [Object/X/Y/Z]<Object>：　　指定旋转轴的一个端点

Specify axis endpoint：　　旋转轴的另一端点

Specify angle of revolution or [STart angle]<360>：　　指定旋转角度

9.6.4　实体的编辑

1. 实体求并运算

求并运算是将多个实体结合为一个实体，见图 9 - 50(a)。命令行提示为

Command：union

Select objects：1 found　　选取要相加的对象

Select objects：1 found, 2 total　　选取对象

Select objects：　　回车结束

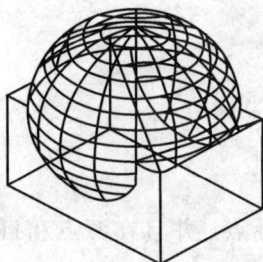
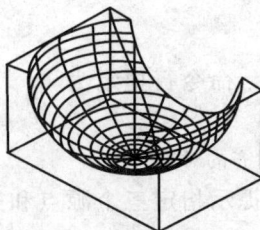
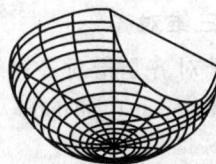

(a) 实体并运算　　　　　　　(b) 实体差运算　　　　　　　(c) 实体交运算

图 9 - 50　实体的布尔运算

2. 实体求差运算

求差运算是从一些实体中删除另一些实体的公共部分，见图 9－50(b)。命令行提示为

Command：subtract Select solids and regions to subtract from …

Select objects：1 found 选取被减的实体，可选多个实体

Select objects： 回车，结束选取

Select solids and regions to subtract …

Select objects： 选取要减去的实体，可选多个实体

Select objects： 回车，结束

3. 实体求交运算

求交运算是将多个实体的重叠相交部分创建为一个实体，见图 9－50(c)。

Command：intersect

Select objects：1 found 选取要相交的对象

Select objects：1 found, 2 total 选取对象

Select objects： 回车结束

4. 三维移动

三维移动是指移动三维实体。命令行提示为

Command：3dmove

Select objects：1 found 选取要移动的对象

Select objects： 回车，结束选取

Specify base point or [Displacement]<Displacement>： 指定基点

Specify second point or<use first point as displacement>： 指定位移

Regenerating model.

5. 三维旋转

三维旋转是指旋转三维实体。命令行提示为

Command：3drotate

Current positive angle in UCS：ANGDIR＝counterclockwise ANGBASE＝0

Select objects：1 found 选取要旋转的对象

Select objects： 回车，结束选取

Specify base point： 指定基点

Pick a rotation axis： 选取旋转轴

Specify angle start point or type an angle：90 指定旋转角

Regenerating model.

6. 三维对齐

三维对齐是指对齐三维实体。命令行提示为

Command：3dalign

Select objects： 选取要对齐的对象

选取要对齐的对象后，系统提示指定三个源点和三个目标点，并且在源点和目标点之间显示临时线。

7. 三维镜像

三维镜像是指镜像复制三维实体。命令行提示为

Command：3dmirror

Select objects：1 found　　　选取要镜像的对象

Select objects：　　回车，结束选取

Specify first point of mirror plane (3 points) or

[Object/Last/Zaxis/View/XY/YZ/ZX/3points]<3points>：xy　　指定镜像平面

Specify point on XY plane<0，0，0>：　　指定点的位置

Delete source objects? [Yes/No]<N>：　　　是否删除源对象

9.6.5　实体造型实例

本小节通过实例讲解三维造型的技术。首先，设置不同的 UCS，创建若干个基本实体，并加以编辑，最后形成如图 9-51 所示的实体造型，具体步骤如下。

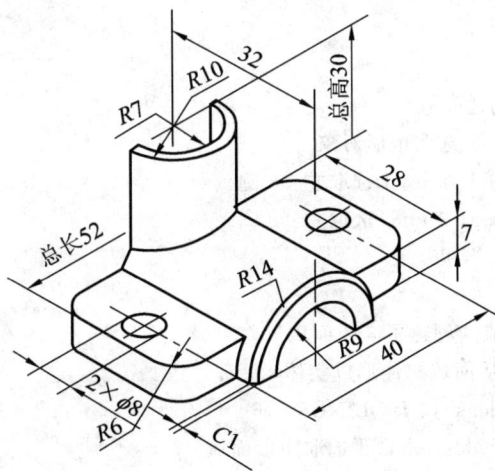

图 9-51　实体造型实例

1. 绘制底板

命令行提示为

Command：rectang 绘制底板矩形，见图 9-52(a)

Specify first corner point or [Chamfer/Elevation/Fillet/Thickness/Width]：f 绘制带圆角的矩形

Specify fillet radius for rectangles<0.0000>：6 输入圆角半径

Specify first corner point or [Chamfer/Elevation/Fillet/Thickness/Width]：起点

Specify other corner point or [Area/Dimensions/Rotation]：@52，28 输入长和宽

Command：ucs 设置用户坐标系 UCS

Current ucs name：* TOP *

Specify origin of UCS or [Face/NAmed/OBject/Previous/View/World/X/Y/Z/Za xis]<World>：

指定新的坐标系原点，见图 9-52(b)，用 Osnap 捕捉矩形的左边中点

Specify point on X-axis or<Accept>：回车确认

Command：c 见图 9-52(c)，绘制底板上的左 Φ8 圆

CIRCLE Specify center point for circle or [3P/2P/Ttr (tan tan radius)]：6，0 圆心

Specify radius of circle or [Diameter]：4 输入半径

Command：mirror 见图 9-52(d)，镜像复制底板上的右 Φ8 圆

Select objects：1 found 选取底板上的左 Φ8 圆

Select objects：回车，结束选取

Specify first point of mirror line：指定对称轴的第一个点，用 Osnap 捕捉中点

Specify second point of mirror line：指定第二个点，用 Osnap 捕捉中点

Erase source objects?〔Yes/No〕<N>：不删除源对象，回车结束

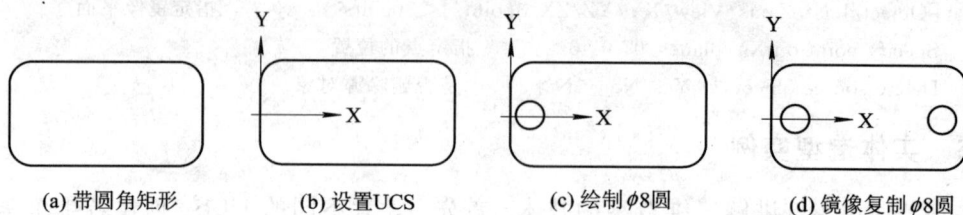

(a) 带圆角矩形　　　　(b) 设置UCS　　　　(c) 绘制φ8圆　　　　(d) 镜像复制φ8圆

图 9 - 52　绘制底板

2. 创建底板

命令行提示为

 Command：region 创建面域

 Select objects：1 found 选取矩形对象

 Select objects：1 found, 2 total 选取左 Φ8 圆

 Select objects：1 found, 3 total 选取右 Φ8 圆

 Select objects：回车，结束

 3 loops extracted.

 3 Regions created. 成功创建了 3 个面域

 Command：extrude 从面域拉伸形成实体

 Current wire frame density：ISOLINES=16

 Select objects to extrude：1 found 选取矩形面域

 Select objects to extrude：1 found, 2 total 选取左 Φ8 圆域

 Select objects to extrude：1 found, 3 total 选取右 Φ8 圆域

 Select objects to extrude：回车，结束选取

 Specify height of extrusion or〔Direction/Path/Taper angle〕<-30.0000>：7 指定拉伸高度

  选取下拉菜单"View(视图)→3D Views→SW Isometric(西南等轴测视图)"选项，观察底板效果，如图 9 - 53 所示。

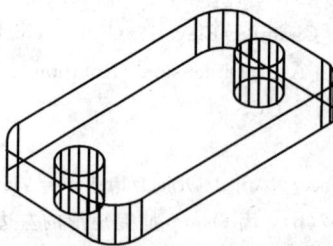

图 9 - 53　创建底板

3. 创建 R14 半圆柱

命令行提示为

 Command：ucs 创建新的 UCS

Current ucs name：＊NO NAME＊

Specify origin of UCS or ［Face/NAmed/OBject/Previous/View/World/X/Y/Z/ ZAxis］＜World＞：
指定新的坐标原点，Osnap 捕捉底板的底边中点，见图 9 - 54

Specify point on X - axis or＜Accept＞：　　回车，结束

Command：ucs　　修改 UCS

Current ucs name：＊NO NAME＊

Specify origin of UCS or ［Face/NAmed/OBject/Previous/View/World/X/Y/Z/ ZAxis］＜World＞：

x　　绕 X 轴旋转

Specify rotation angle about X axis＜90＞：90　　　指定旋转角度，效果见图 9 - 54

Command：cylinder　　创建圆柱

Specify center point of base or ［3P/2P/Ttr/Elliptical］：0，0，1　　　指定圆柱端面圆心

Specify base radius or ［Diameter］＜7.0000＞：14　　　指定圆柱半径

Specify height or ［2Point/Axis endpoint］＜0.0000＞：－30　　　指定圆柱长度

Command：circle　　绘制圆域

Specify center point for circle or ［3P/2P/Ttr (tan tan radius)］：0，0，1　　　输入圆心

Specify radius of circle or ［Diameter］：14　　　输入半径

Command：extrude　　从圆域拉伸出带倾角的圆柱

Current wire frame density：ISOLINES＝16

Select objects to extrude：1 found　　　选取圆域

Select objects to extrude：　　回车，结束选取

Specify height of extrusion or ［Direction/Path/Taper angle］＜－30.0000＞：t 倾角

Specify angle of taper for extrusion＜0＞：45 输入角度

Specify height of extrusion or ［Direction/Path/Taper angle］＜－30.0000＞：1 高度

Command：mirror3d　　　三维镜像命令，复制产生后部的带倾角圆柱

Select objects：1 found　　　选取前部的带倾角圆柱

Select objects：　　回车，结束选取

Specify first point of mirror plane (3 points) or ［Object/Last/Zaxis/View/XY/YZ /ZX/3points］
＜3points＞：3　　　用指定 3 点的方式，确定对称面

Specify first point on mirror plane：　　指定第 1 点，利用 Osnap 捕捉

Specify second point on mirror plane：　　　指定第 2 点，利用 Osnap 捕捉

Specify third point on mirror plane：　　指定第 3 点，利用 Osnap 捕捉

Delete source objects? ［Yes/No］＜N＞：　　　回车，结束，默认为不删除源对象

Command：slice　　实体剖切，效果见图 9 - 54

Select objects to slice：1 found　　　选取圆柱

Select objects to slice：1 found，2 total

Select objects to slice：1 found，3 total

Select objects to slice：　　回车，结束选取

Specify start point of slicing plane or ［planar Object/Surface/Zaxis/View/XY/YZ /ZX/3points］
＜3points＞：zx　　指定剖切断面

Specify a point on the ZX - plane＜0，0，0＞：　　　指定断面上的点

Specify a point on desired side or ［keep Both sides］＜Both＞：　　　保留上半圆柱

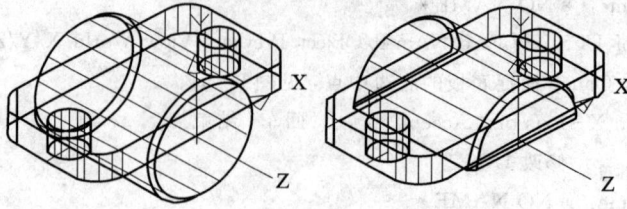

图 9 - 54　创建 R14 半圆柱

4. 创建 R10 半圆柱

命令行提示为

　　Command：ucs　　　创建新的 UCS

　　Current ucs name：＊NO NAME＊

　　Specify origin of UCS or ［Face/NAmed/OBject/Previous/View/World/X/Y/Z /ZAxis］＜World＞：@0，30，-30　　　输入新的坐标系原点

　　Specify point on X - axis or＜Accept＞：　　回车确认

　　Command：ucs　　　修改 UCS

　　Current ucs name：＊NO NAME＊

　　Specify origin of UCS or ［Face/NAmed/OBject/Previous/View/World/X/Y/Z/ ZAxis］＜World＞：x　　　绕 X 轴旋转

　　Specify rotation angle about X axis＜90＞：-90 指定旋转角度，效果见图 9 - 55

　　Command：cylinder　　　创建圆柱

　　Specify center point of base or ［3P/2P/Ttr/Elliptical］：0，0，0　　　指定圆柱端面圆心

　　Specify base radius or ［Diameter］＜14.0000＞：10　　　指定圆柱半径

　　Specify height or ［2Point/Axis endpoint］＜0.0000＞：-30　　　指定圆柱长度

　　Command：slice　　　实体剖切，效果见图 9 - 55

　　Select objects to slice：1 found　　　选取圆柱

　　Select objects to slice：　　　回车，结束选取

　　Specify start point of slicing plane or ［planar Object/Surface/Zaxis/View/XY/YZ /ZX/3points］＜3points＞：zx　　　指定剖切断面

　　Specify a point on the ZX - plane＜0，0，0＞：　　　指定断面上的点

　　Specify a point on desired side or ［keep Both sides］＜Both＞：　　　保留前半圆柱

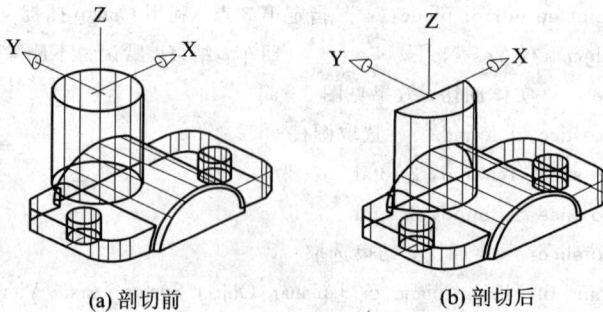

(a) 剖切前　　　　　　　　　(b) 剖切后

图 9 - 55　创建 R10 半圆柱

5. 创建 R9 圆柱和 R7 圆柱，进行布尔运算

命令行提示为

　　　Command：cylinder　　　创建圆柱

　　　Specify center point of base or [3P/2P/Ttr/Elliptical]：0，0，0　　　指定圆柱端面圆心

　　　Specify base radius or [Diameter]<10.0000>：7　　　指定圆柱半径

　　　Specify height or [2Point/Axis endpoint]<-30.0000>：　　　指定圆柱长度

将 UCS 重新设置为底面前部，命令行提示为

　　　Command：cylinder　　　创建圆柱，效果见图 9-56

　　　Specify center point of base or [3P/2P/Ttr/Elliptical]：0，0，0　　　指定圆柱端面圆心

　　　Specify base radius or [Diameter]<7.0000>：9　　　指定圆柱半径

　　　Specify height or [2Point/Axis endpoint]<-30.0000>：-32　　　指定圆柱长度

　　　Command：union　　　实体求并运算

　　　Select objects：　　　选取底板、R10 半圆柱、带倾角的 R14 半圆柱合并为一

　　　Command：subtract　　　实体求差运算

　　　Select solids and regions to subtract from …

　　　Select objects：1 found　　　选取被减的实体，即上述合并体

　　　Select objects：　　　回车，结束选取

　　　Select solids and regions to subtract …

　　　Select objects：　　　选取要减去的实体，即 R7 圆柱、R9 圆柱和底板两个 Φ8 圆柱

　　　Select objects：　　　回车，结束

至此，完成了本实例的建模，如图 9-57 所示。

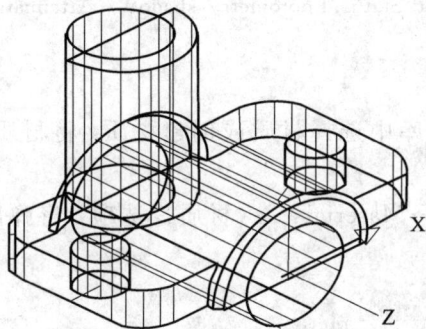

图 9-56　创建 R9 圆柱和 R7 圆柱　　　　　　　图 9-57　布尔运算

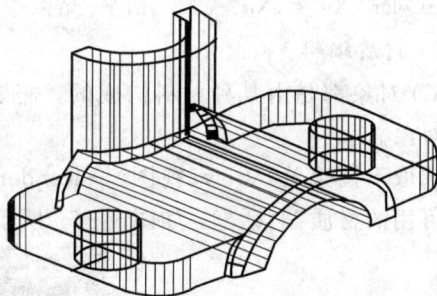

9.6.6　实体的消隐和渲染

1. 消隐

　　消隐是计算机辅助设计过程中常用的一种效果，如图 9-58 所示。它是将实体中被遮挡的部分隐藏起来不予显示，使三维模型的空间关系更清楚、直观，便于进行观察。

　　选取下拉菜单"View(视图)→Hide(消隐)"选项，或者在命令行键入"Hide"命令，或者点击"Render(渲染)"工具栏的"Hide"图形工具按钮，则可以显示消隐图。使用"Regen(重新生成)"命令，即可恢复图形原状。

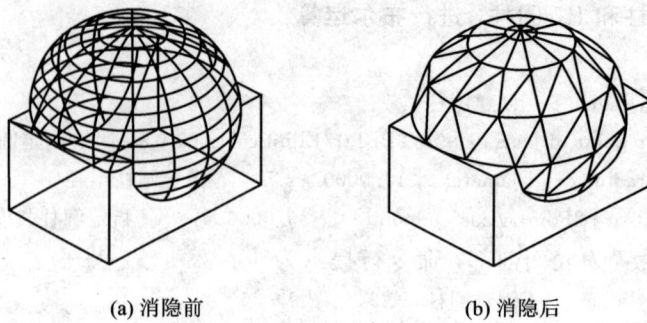

(a) 消隐前　　　　　　　　　　　(b) 消隐后

图 9-58　消隐处理

2. 渲染

渲染是通过设置材质、灯光和场景，获得有真实感的物体图像。渲染的过程比较复杂，因设置参数的不同，图像的效果会有明显的差别，一般渲染的过程和步骤如下所述。

1）灯光设置

选取下拉菜单"View（视图）→Render（渲染）→Light（灯光）"选项，可以新建 Point Light（点光源）、Spotlight（聚光灯）、Distant Light（远光灯）等项。

　　　Command：pointlight

　　　Specify source location<0，0，0>：90，90，90　　　设置光源位置

　　　Enter an option to change ［Name/Intensity factor/Status/Photometry/shadoW/ Attenuation/filterColor/eXit]<eXit>：I　　　键入光强选项

　　　Enter intensity (0.00 - max float)<1>：0.5　　　输入光强

　　　Enter an option to change ［Name/Intensity factor/Status/Photometry/shadoW/ Attenuation/filterColor/eXit]<eXit>：　　　回车，结束

2）材质编辑

3D 对象都是由某种材料构成的，需要从材质库中选择材质或创建材质，将材质赋予模型对象。

选取下拉菜单"View（视图）→Render（渲染）→Materials...（材质）"选项，将弹出"图形中可用的材质"对话框，如图 9-59 所示。

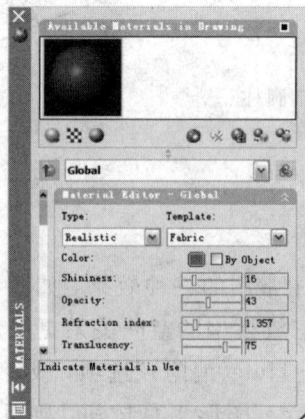

图 9-59　材质管理器

3）渲染处理

选取下拉菜单"View（视图）→Render（渲染）→Render（渲染）"选项，或者点击"Render（渲染）"工具栏上的"Render（渲染）"图形工具按钮，可以进行渲染处理。实体造型的渲染实例如图 9-60 所示。

图 9-60 渲染实例

9.7 习   题

1. 绘制如图 9-61 所示的各图样。

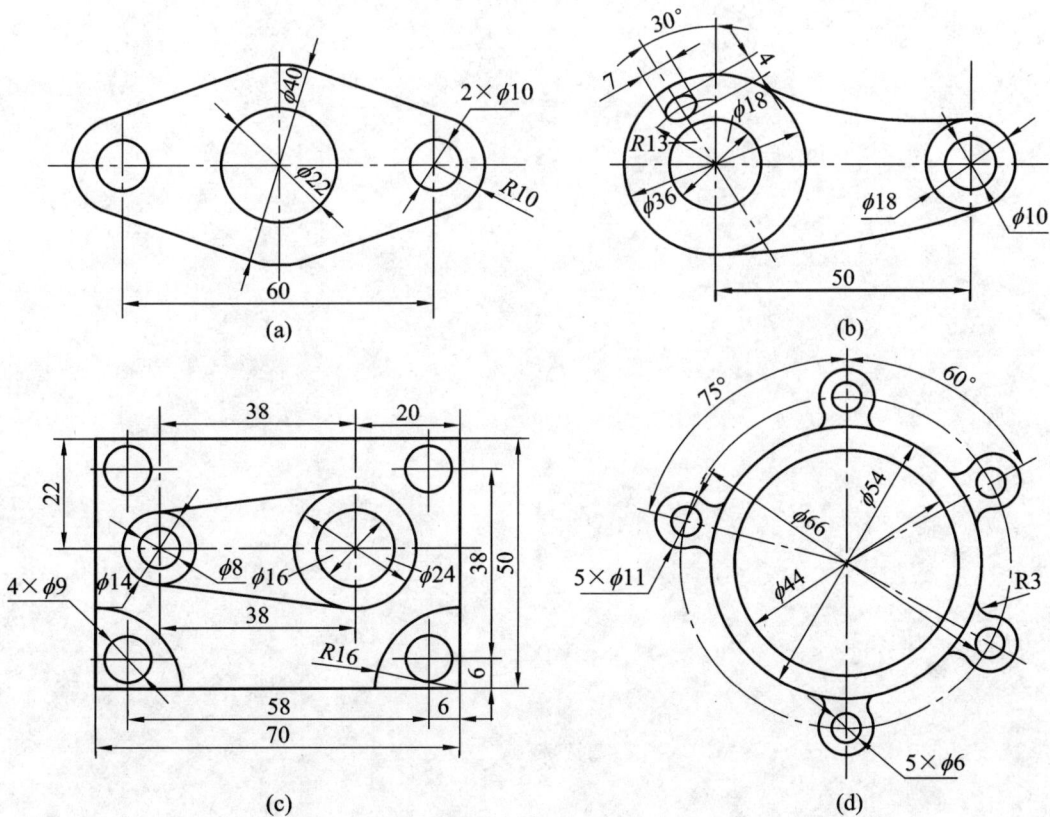

(a)

(b)

(c)

(d)

图 9-61 平面图形

2. 创建如图 9-62 所示的实体造型。

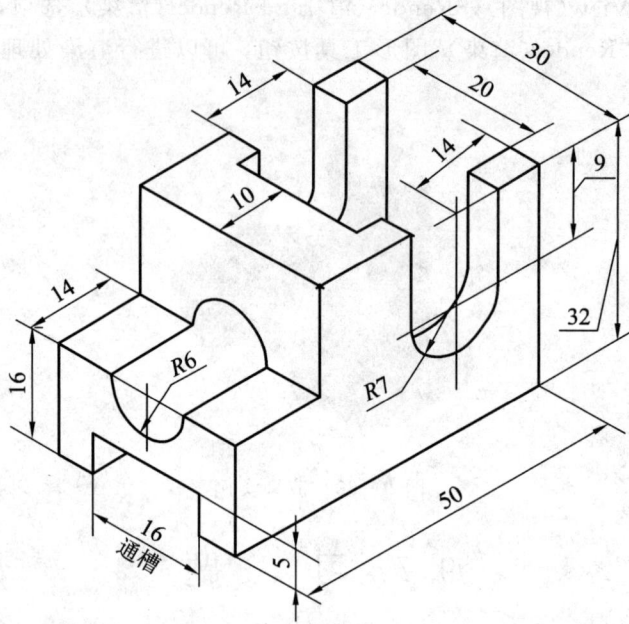

图 9-62 实体造型

第 10 章　AutoCAD 系统的二次开发

本章介绍计算机辅助设计技术的基本知识、AutoCAD 常用开发工具的使用方法以及它们的性能特点和应用举例，使学生对 CAD 技术的基本含义、基础理论和 CAD 的发展趋势有个大致的了解，为今后利用高级编程语言建立 AutoCAD 应用程序打下良好的基础。

10.1　基于 AutoCAD 的计算机辅助设计

AutoCAD 是目前微机上应用最为广泛的通用交互式计算机辅助绘图与设计软件包。它有多种工业标准和开放的体系结构，其通用性使得它在机械、电子、交通、建筑、地质、测绘、印刷、服装等领域得到了极为广泛的应用。但是，为了完成某一个具体的项目设计，各行业、各领域在使用 AutoCAD 的过程中都需要根据自身特点进行定制或开发。

案例一：基于 AutoCAD 平台的换热设备零部件三维造型系统。换热设备广泛应用于石油化工、炼油、化肥、动力、轻工、冶金、核工业等工业部门。在对换热设备及其零部件进行设计时，首先需要创建零部件的三维模型，再对换热设备零部件进行有限元分析和优化设计(特别是对非国标零部件)。据统计，创建模型所耗费的时间占整个分析过程的87%。特别是在优化设计过程中，要根据优化结果不断进行三维模型的修改和优化，这给设计分析人员手工建模带来了很大的、重复的麻烦，大大降低了设计分析效率。基于 AutoCAD 二次开发技术开发出换热设备零部件的三维造型系统后，可以输入必要的设计参数，自动快捷地生成精确的零部件三维模型，实现了换热设备零部件的三维参数化绘图。

案例二：基于 AutoCAD 平台的供电线路设计与工程概预算系统。该系统充分利用现有的计算机技术和数据库技术，把两者有效、完美地结合起来，使供电线路设计与工程概预算的基础数据共享，供电线路设计部分的工作通过由 AutoCAD 二次开发的设计软件来完成，其有关数据存储在 Oracle 数据库中。设计工作一旦完成，系统将根据图纸上所设定的参数以及图纸的材料清单自动给出工程概预算的结果，真正实现供电线路设计与工程概预算的一体化，使供电线路设计与工程概预算工作更加规范化、准确化，工作效率也更高。

10.1.1　AutoCAD 二次开发的主要工作和开发工具

1. AutoCAD 二次开发的主要工作

1) 应用程序用户界面设计

用户能够创建基于 MFC(Microsoft Foundation Class)的用户界面，即设计具有 Windows 风格的对话框，其外观和内建的 AutoCAD 用户界面完全相同。基于 MFC 的应用程序与其他 Windows 应用程序有机地联系在一起，以便充分发挥 Windows 环境下各种应用程序协同工作的能力。

2) 参数化绘图程序设计

实现参数化绘图是 CAD 软件开发过程的核心任务之一。所谓参数化绘图，就是将图形尺寸与一定的设计条件(或约束条件)相关联。当设计条件发生变化时,图形尺寸也随之更新。

3) 图库的开发和利用

图库是工程 CAD 的一种方便快捷的绘图手段,它在 CAD 软件开发过程中占有重要的地位。图库就是一系列基本图形构成的图形库,组成图库的基本图形称为图元。对具体的工程应用领域(如机械 CAD),必须创建较多的基本图元,如螺栓、螺母、垫片等。在设计中按给定的公称尺寸调用图元,会使绘图效率得到提高。

4) 创建应用软件帮助系统

帮助系统对于使用软件非常重要。在设计大型 CAD 应用程序时,建立自己的帮助系统是必不可少的。建立帮助系统主要涉及两个基本问题,一是要有帮助文件,二是要有调用函数。

2. AutoCAD 开发工具

AutoCAD 开发工具又被称为 AutoCAD API(应用程序接口),是将 AutoCAD 环境客户化的基本手段。图 10 - 1 反映了 AutoCAD 二次开发工具的演变过程。

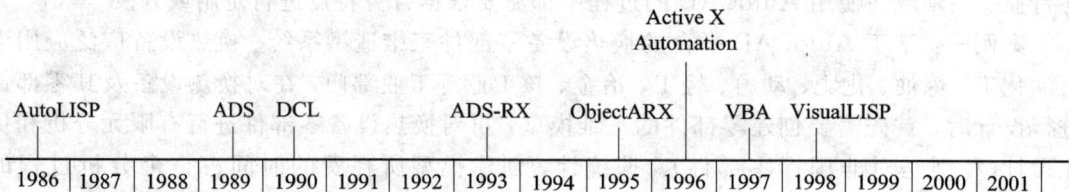

						Active X Automation				

AutoLISP　　　ADS　DCL　　　　ADS-RX　　ObjectARX　　VBA　VisualLISP

1986	1987	1988	1989	1990	1991	1992	1993	1994	1995	1996	1997	1998	1999	2000	2001

图 10 - 1　AutoCAD 二次开发工具的演变过程

在 AutoCAD 中,主要的二次开发工具有以下几种。

1) AutoLISP/Visual LISP

AutoLISP (LIST Processing Language) 出现于 1985 年推出的 AutoCAD R2.18 中,是一种嵌入在 AutoCAD 内部的编程语言,是 AutoCAD 最早的解释型 API,一直是低版本 AutoCAD 的首选编程语言。AutoLISP 是一种表处理语言,是被解释执行的,任何一个语句键入后就能马上执行。AutoLISP 主要用来自动完成重复性任务,进行客户化开发和编制菜单及通过简单的机制增加命令。AutoLISP 虽然容易学会,但因继承了 LISP 语言的编程规则而导致繁多的括号,所以不利于被编辑。AutoLISP 不是面向对象的语言,因此很难用于开发大型应用程序。

Visual LISP 是一种面向对象的开发环境,是 AutoLISP 的扩展和延伸。它是编译型 API,与 AutoLISP 完全兼容,提供 AutoLISP 的全部功能。它提供了完整的、功能强大的编译环境,可以进行包括括号匹配、跟踪调试、源代码及语法检查等工具,方便创建和调试程序。在很大程度上,Visual LISP 克服了 AutoLISP 原来的效率低和保密性差的缺陷。在 Visual LISP 中还新增了一些函数,使开发者可以直接使用 AutoCAD 中的对象和反应器,进行更底层的开发。

2) Active X/VBA

Active X Automation 是微软基于 COM(部件对象模型)体系结构开发的一项技术,是 AutoCAD 的新编程接口。它是一组 API 规范,可将各种二进制应用程序组件集成为一体,用通用高级语言如 Visual Basic 构造一种或多种与应用程序相独立的宏编程。提供 Automation 服务的软件组件通过标准接口能够对外开放它的特定功能，以便于如 Visual Basic 一类的编程工具对其进行访问。由于 AutoCAD 拥有 Active X Automation 接口，因此用户可以容易地用各种 ActiveX 客户编程语言来定制 AutoCAD。AutoCAD 与其他应用程序的关系如图 10-2 所示。

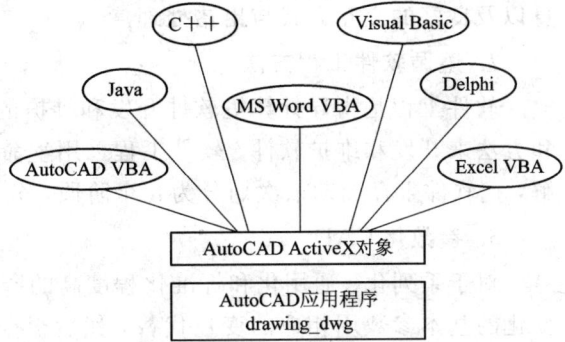

图 10-2　AutoCAD 与其他应用程序的关系

VBA(Visual Basic for Applications)是 VB 的特殊形式，它将 VB 环境植入应用程序 AutoCAD 中，使二者紧密集成在一起。VBA 是一个基于对象的编程环境，能为使用 VB 的用户提供丰富的开发 AutoCAD 的功能，从而提高了开发效率。

3) ADS/ObjectARX

ADS (AutoCAD Development System) 是 AutoCAD 的 C 语言开发系统，本质上是一组可以用 C 语言编写 AutoCAD 应用程序的头文件和目标库。利用用户熟悉的各种流行的 C 语言编译器，将应用程序编译成可执行的文件在 AutoCAD 环境下运行，这种可以在 AutoCAD 环境中直接运行的可执行文件叫做 ADS 应用程序。ADS 由于其速度快，又采用结构化的编程体系，因而很适合于高强度的数据处理，如二次开发的机械设计 CAD、工程分析 CAD、建筑结构 CAD、土木工程 CAD、化学工程 CAD 及电气工程 CAD 等。

ObjectARX 是一种特定的面向对象的 C++编程环境，包括一组动态链接库(DLL)。这些库与 AutoCAD 在同一地址空间运行并能直接利用 AutoCAD 核心数据结构和代码；库中包含一组通用工具，使得二次开发者可以充分利用 AutoCAD 的开放结构，直接访问 AutoCAD 数据库结构、图形系统以及 CAD 几何造型核心，以便能在运行期间实时扩展 AutoCAD 的功能，创建能全面享受 AutoCAD 固有命令的新命令。ObjectARX 能够对 AutoCAD的所有事务进行完整的、先进的、面向对象的设计与开发，并且开发的应用程序速度更快、集成度更高、稳定性更强。ObjectARX 的核心是两组关键的 ARI，即 AcDb (Auto CAD 数据库)和 AcEd(Auto CAD 编译器)，另外还有其他的一些重要库组件，如 AcRX(Auto CAD 实时扩展)、AcGi(Auto CAD 图形接口)、AcGe(Auto CAD 几何库)、ADSRX(Auto CAD 开发系统实时扩展)。

ObjectARX 还可以按需要加载应用程序，一般可与 Windows 系统集成，并与其他 Windows 应用程序实现交互操作。ObjectARX 并没有包含在 AutoCAD 中，可在 AutoDESK公司网站中下载。

10.1.2　AutoCAD 二次开发应遵循的原则

AutoCAD 二次开发应遵循以下五个原则。

1. 用户界面友好

软件开发的目的是为了应用，所以用户是否可以较为容易地掌握软件成为评价该软件的基本标准。一个友好的用户界面应包括：使用方便，界面熟悉，具有灵活的提示帮助信息以及良好的交互方式与出错处理。

2. 遵循软件工程方法

软件工程是指导计算机软件开发和维护的工程科学，即采用工程的概念、原理、技术和方法来开发和维护软件。软件工程采用生命周期法从时间上对软件的开发和维护进行分解，把软件生存周期依次划分为几个阶段，分阶段进行开发。

3. 参数化 CAD

对于系列化、通用化和标准化程度高的产品，要将已知条件及其他的随着产品规格而变化的基本参数用相应的变量代替，然后根据这些已知条件和基本参数，由计算机自动查询图形数据库，或由相应的软件计算出绘图所需的全部数据，由专门的绘图生成软件在屏幕上自动地设计出图形来。

4. 成组 CAD

许多企业的部分产品结构比较相似，我们可以根据产品结构和工艺性的相似性，利用成组技术将零件划分成有限数目的零件库。根据同一零件族中各零件的结构特点编制相应的 CAD 通用软件，用于该族所有零件的设计，这就是成组 CAD。

5. 智能化 CAD

工程设计中有一部分工作是非计算性的，需要推理和判断，其中包括设计过程中内容的过程决策和具体设计的技术决策。因此，设计效率和质量在较大程度上取决于设计师的实践经验、创造性思维和工作的责任心。采用专家系统可以指导设计师下一步该做什么，当前存在问题，建议问题的解决途径和推荐解决方案；或者模拟人的智慧，根据出现的问题提出合理的解决方案。采用专家系统可以提高设计质量和效率。智能化 CAD 就是将专家系统与 CAD 技术融为一体而建立起来的系统。

10.2　AutoLISP 语言

LISP(LIST Processing Language)语言是一种计算机表处理语言，被广泛用于人工智能领域，是由美国麻省理工学院的 J. MC Carthy 于 1960 年提出的。它的特点是程序和数据都采用符号表达式的形式，即一个 LISP 程序可以将另一个程序作为其数据处理，这使得程序设计十分灵活。

AutoCAD 内部有一个 LISP 解释器，AutoLISP 语言是嵌入到 AutoCAD 内部的 LISP 编程语言。用户可以通过 AutoLISP 编程，开发自己的应用程序系统，也可以创建新的 AutoCAD 命令。

基本的 AutoLISP 语法与通用的 LISP 相同，允许用户在命令行直接输入 AutoLISP 代码，或从外部的 ASCLL 格式文本文件中加载 AutoLISP 代码，其扩展名为 .lsp。

10.2.1　AutoLISP 的基本语法

1. AutoLISP 程序由表达式构成

表达式的基本格式是：

```
(function arguments)
```

每个表达式从左括号"("开始,由函数名和可选参数组成,到右括号")"结束。

例如,(＋ 2 5)表示进行加法运算,值为 7。

2. AutoLISP 程序从 defun 函数开始

defun 函数用于在 AutoLISP 程序中定义一个函数,其语法如下:

　　(defun name [argument])

其中,name 是函数名,argument 是参数表。

例如,

　　(defun aa())

定义一个没有参数和位置标记的函数 aa。该函数使用的所有变量都是全局变量。在该程序运行结束后,全局变量不会失去其数值。

例如,

　　(defun bb(a b c))

定义一个有三个参数 a、b 和 c 的 bb 函数。变量 a、b 和 c 可调用该程序以外的值。

例如,

　　(defun cc(/a b))

定义一个有两个局部变量 a 和 b 的 cc 函数。局部变量指变量值仅在本程序执行过程中保持其值,且只能在该程序中使用的变量。

例如,

　　(defun C:dd())

在函数名称前的"C:"指该函数可以通过在 AutoCAD 的 Command:提示下输入函数名称来调用。输入时应将函数名用括号括起来。

3. AutoLISP 的数据类型

(1)整数:32 位带符号的整数。取值范围为－2 147 483 648～＋2 147 483 647。

(2)实数:双精度浮点格式的实数,至少有 14 位有效数字,小数点前必须加 0。科学计数法是实数的有效表示方法。

(3)字符串:是一组用双引号括起来的字符序列。用反斜杠"\"可以引入控制符。例如,"\n Enter first point"表示换行显示"Enter first point"字符串。

(4)表:是一组用空格分隔的包括在括号内的一组有序的元素,元素可以是数值、符号、字符串或表。表是 AutoLISP 主要的数据存储结构。例如,(123.0 30.0 0.0)可以表示三维点的坐标。

(5)选择集:是一个或多个实体的集合。AutoLISP 可以把实体对象添加到选择集中或从选择集中移去。

(6)实体名:是指定给每个对象的一个数字标识。实体名实际上是一个指针,可以用来寻找一个对象的数据库记录。

(7)文件描述符:是由 AutoLISP Open 函数打开文件时所用的参数。Open 函数返回一个字母数字串作为其后文件操作的指针。

(8)符号与变量:AutoLISP 用符号来引用数据。符号由字母数字组成,不区分大小写。不可再拆分的符号称为符号原子。AutoLISP 内部函数与 AutoCAD 系统变量均为保留符号,以下字符不能用作符号名:"("、")"、"."、"'"、"""、":"。

10.2.2 AutoLISP 的基本函数

AutoLISP 提供了大量的预定义函数。这里只介绍一些比较典型的常用函数，更多的信息请查阅 AutoLISP 参考资料。

(1) 加减乘除：（＋num1 num2 num3...）（－num1 num2 num3...）（＊num1 num2 num3...）（/ num1 num2 num3...）

(2) 增量、减量：（1＋nmuber）（1－number）

(3) 绝对值：（abs number）

(4) 平方根：（sqrt number）

(5) 变量赋值：（setq name value[name value...]），如（setq X 8.5 Y 12）

(6) 系统变量赋值：（setvar ″variable－name″ value），如（setvar ″cmdecho″ 0）

(7) 正弦和余弦：（sin angle）计算以弧度表示的角度的正弦函数值。（cos angle）计算以弧度表示的角度的余弦函数值。

(8) 反正切：（atan number）返回以弧度表示的角度值。（atan num1 num2）计算（num1/num2）的反正切值，以弧度表示。

(9) 关系运算：判断两个操作数的关系，条件为真时返回值为 T，条件为假时返回值为 nil。

（＝atom1 atom2）（/＝atom1 atom2）（＜atom1 atom2）

（＜＝atom1 atom2）（＞atom1 atom2）（＞＝atom1 atom2）

(10) 逻辑运算：条件为真时返回值为 T，条件为假时返回值为 nil。

（and expr1 expr2 ...）　　逻辑与

（or expr1 expr2 ...）　　逻辑或

（not expr）　　逻辑非

(11) 条件与循环：

（if condition expr1 expr2）　　条件

（repeat n expressions）　　计次循环

（while condition expressions）　　条件循环

(12) 求值函数：

（distance point1 point2）　　求两点间距离

（angle point1 point2）　　求两点确定的角度

（progn expressions）　　表达式求值，常用于条件函数

（polar point angle distance）　　以一个给定角度和一个与给定点的距离来定义一个新点，point 为给定点，angle 为以弧度表示的给定角度，并以逆时针方向为正，distance 为与给定点的距离。

(13) 表处理：

（list expressions）　　将表达式的值串成一个表

（car list）　　求表的第一个元素

（cadr list）　　求表的第二个元素

（nth n list）　　求表的第 n 个元素

（cdr list）　　　将一个列表的第一项删除后返回该列表

（14）交互输入：

（getpoint ［point］［prompt］）　　　等待输入一个点

（getangle ［point］［prompt］）　　　等待输入一个角度

（getreal ［prompt］）　　　等待输入一个实数

（15）Command 函数：在 AutoLISP 程序中执行标准的 AutoCAD 命令。如：（Command ″line″ pt1 pt2 ″ ″）

（16）princ 函数：　　　打印（或显示）变量的值。

（princ）　　　在屏幕上显示一个空格

（princ a）　　　在屏幕上显示变量 a 的值

（princ ″Welcome″）　　　在屏幕上显示字符串 Welcome

（17）prompt 函数：（prompt message）　　　输出提示信息。

10.2.3　AutoLISP 程序的加载和运行

在运行 AutoLISP 应用程序之前，必须先将程序代码加载到内存中。加载程序的方法有以下两种：

方法一：选取下拉菜单"Tools"中的"Load Application"选项。

方法二：在 AutoCAD 的命令行键入"appload"命令，然后按空格键或回车键。

加载 AutoLISP 应用程序对话框，如图 10-3 所示。

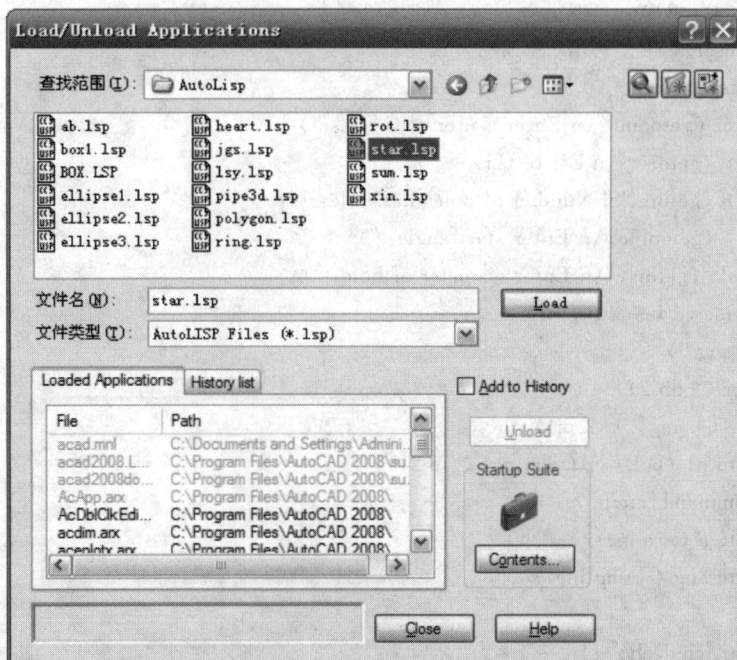

图 10-3　用"Load/Unload Applications"对话框加载 AutoLISP 文件

要运行程序，只要在 AutoCAD 命令提示行键入该函数名，并按 Enter 即可。

如：Command：（Triang1）

10.2.4 程序实例

【例 10-1】 编写一个 AutoLISP 程序，其功能是绘制给定直径的圆周上均匀分布的若干个螺钉孔，如图 10-4 所示。程序提示用户输入特定圆周的圆心、直径，螺钉孔的个数、直径、起始孔心在分布圆周上的角度。

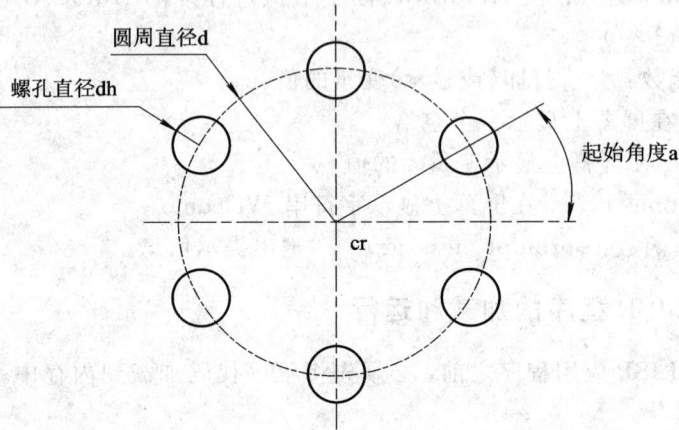

图 10-4 均匀分布的孔示意图

程序代码如下：

```
(defun c: screw()
    (graphscr)
    (setvar "cmdecho" 0)
    (setq cr (getpoint "\n Enter center of Circle："))
    (setq d (getdist "\n Dia of Circle："))
    (setq n (getint "\n Number of holes in Circle："))
    (setq a (getangle "\n Enter start angle："))
    (setq dh (getdist "\n Enter diameter of hole："))
    (setq inc (/ ( * 2 pi) n))
    (setq ang 0)
    (setq r (/ dh 2))
    (while (<ang ( * 2 pi))
      (setq p1 (polar cr (+a inc) (/ d 2)))
      (command "circle" p1 r)
      (setq a (+a inc))
      (setq ang (+ang inc))
    )
    (setvar "cmdecho" 1)
    (princ)
)
```

【例 10-2】 编写一个程序，其功能是绘制两个滑轮加皮带，它们的半径分别为 r1 和 r2，两圆的中心距为 d，连接两圆圆心的直线与 x 轴的夹角为 ang，如图 10-5 所示。

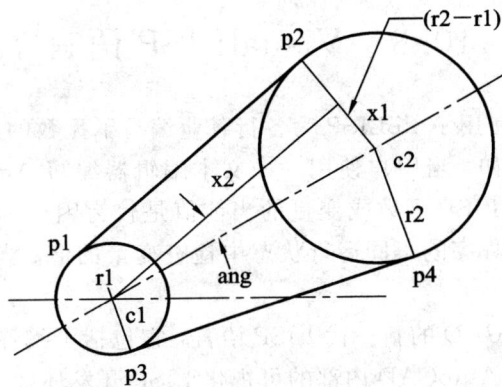

图 10－5　滑轮加皮带

程序代码如下：

```
(defun dtr (a)
    ( * a (/ pi 180.0))
) ; This function changes degree into radian
(defun c: belt (/ r1 r2 d a c1 x1 x2 c2 p1 p2 p3 p4)
    (setvar "cmdecho" 0)
    (graphscr)
    (setq r1 (getdist "\n Enter radius of small pulley: "))
    (setq r2 (getdist "\n Enter radius of large pulley: "))
    (setq d (getdist "\n Enter distance between pulleys: "))
    (setq a (getangle "\n Enter angle of pulleys: "))
    (setq c1 (getpoint "\n Enter center of small pulley: "))
    (setq x1 (−r2 r1))
    (setq x2 (sqrt (−( * d d) ( * (−r2 r1) (−r2 r1)))))
    (setq ang (atan (/ x1 x2)))
    (setq c2 (polar c1 a d))
    (setq p1 (polar c1 (＋ang a (dtr 90)) r1))
    (setq p3 (polar c1 (−(＋a (dtr 270)) ang) r1))
    (setq p2 (polar c2 (＋ang a (dtr 90)) r2))
    (setq p4 (polar c2 (−(＋a (dtr 270)) ang) r2))
    (command "circle" c1 p3)
    (command "circle" c2 p2)
    (command "line" p1 p2 " ")
    (command "line" p3 p4 " ")
    (setvar "cmdecho" 1)
    (princ)
)
```

10.3 VisualLISP 语言

AutoCAD 用户已经使用 AutoLISP 为各行各业编写了无数的应用程序，但 AutoLISP 仍然具有某些局限性。例如，当用户使用一个文本编辑器编写 AutoLISP 程序时，想要检查圆括号是否匹配、AutoLISP 函数或变量的当前值是较为困难的。通常程序员会在程序中增加一些语句，以便在程序的不同运行状态中检查变量的值。当程序最终完成后，再删除这些附加的语句。

Visual LISP 是 AutoCAD 的新一代 LISP 语言，它包括了编译器、调试器和其他开发工具，是一个完全集成在 AutoCAD 内部的可视化 LISP 开发环境。它提供了以下功能。

(1) 语法检查器：可识别 AutoLISP 语法错误和调用内置函数时的参数错误。

(2) 文件编译器：改善了程序的执行速度，并提供了安全高效的程序发布平台。

(3) 专为 AutoLISP 设计的源代码调试器：利用它可以在窗口中单步调试 AutoLISP 源代码，同时还在 AutoCAD 图形窗口显示代码运行结果。

(4) 文字编辑器：可采用 AutoLISP 和 DCL 语法着色，并提供其他 AutoLISP 语法支持功能。

(5) AutoLISP 格式编排程序：用于调整程序格式，改善其可读性。

(6) 全面的检验和监视功能：用户可以方便地访问变量和表达式的值，以便浏览和修改数据结构这些功能，还可用来浏览 AutoLISP 数据和 AutoCAD 图形的图元。

(7) 上下文相关帮助：提供 AutoLISP 函数的信息。强大的自动匹配功能方便了符号名查找等操作。

(8) 工程管理系统：使得维护多文件应用程序更加容易。

(9) 打包：可将编译后的 AutoLISP 文件打包成单个模块。

(10) 桌面保存和恢复能力：可保存和重用任意 VLISP 任务的窗口环境。

(11) 智能化控制台窗口：它给 AutoLISP 用户提供了极大的方便，大大提高了用户的工作效率。控制台的基本功能与 AutoCAD 文本屏幕类似，还提供了许多交互功能，例如历史记录功能和完整的行编辑功能等。

10.3.1 启动和退出 Visual LISP

启动 Visual LISP 的方法有两种：一是在 AutoCAD 菜单中选择"Tools→AutoLISP→Visual LISP Editor"命令；二是在命令行输入"VLISP"命令。

首次启动 Visual LISP 后，它将显示如图 10-6 所示的窗口。

用户可选择菜单"File→Exit"选项，或者单击窗口右上角的按钮退出 Visual LISP 环境并返回 AutoCAD 系统窗口。Visual LISP 将保存退出时的状态，并在下次启动 Visual LISP 时自动打开上次退出时打开的文件和窗口。

10.3.2 编写 Visual LISP 程序

编写 Visual LISP 程序的步骤如下：

(1) 从"File"菜单中选择"New File"选项，弹出"Visual LISP Text Editor(Visual LISP

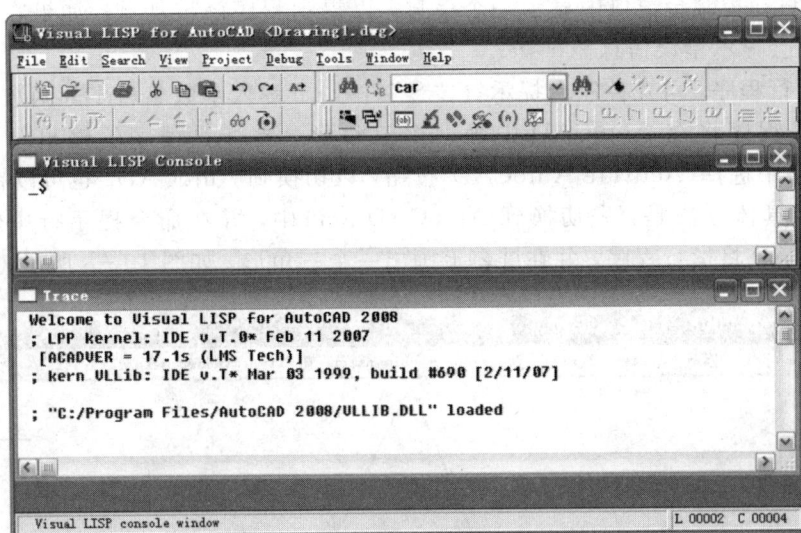

图 10-6　"Visual LISP"窗口

文本编辑器)"窗口，编辑器窗口的顶端显示缺省文件名为 Untitled-0。

（2）点击"Visual LISP Text Editor"窗口中的任意地方，以激活该编辑器。

（3）键入下列程序，并注意 Visual LISP 文本编辑器与使用其他文本编辑器（如 Notepad)编辑 AutoLISP 程序的不同。

```
; ; ; This program will draw a triangle
(defun tr1()
    (setq p1 (list 2.0 2.0))
    (setq p2 (list 6.0 3.0))
    (setq p3 (list 4.0 7.0))
    (command "line" p1 p2 p3 "c")
    (princ)
)
```

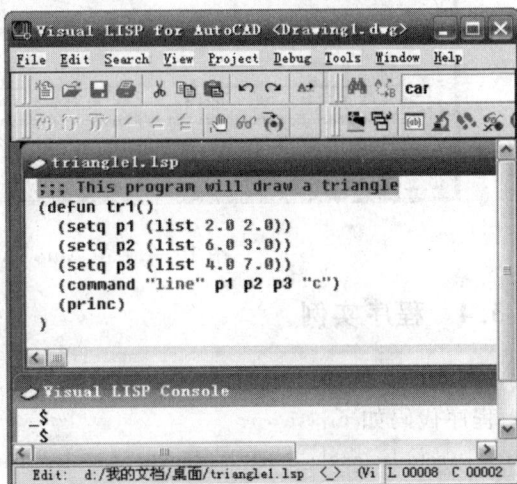

图 10-7　在"Visual LISP Text Editor"窗口中编写程序代码

（4）从"File"菜单中选择"Save"或者"Save As"命令。在"Save As"对话框输入文件名 Triang1. lsp。在完成保存后，该文件名将显示在文本编辑器窗口的顶部，如图 10-7 所示。

10.3.3　加载和运行 Visual LISP 程序

加载和运行 Visual LISP 程序的步骤如下：

（1）确保 Visual LISP Text Editor 窗口已被激活，如果还未激活，则可点击窗口任意一处使其激活。

（2）从"Tools"菜单中选择"Load Text in Editor(加载文本到编辑器)"选项。也可以在"Tools"工具条中选择"Load active edit window(加载活动编辑窗口)"选项来加载程序。

Visual LISP 将在控制台窗口中显示一个信息，以提示程序已被加载。如果在加载过程中出现问题，则会显示错误信息。

（3）要运行程序，可在控制台提示符（"＄"符号）下键入函数名（trl），函数名必须放在圆括号中。该程序将在 AutoCAD 中画一个三角形。要查看程序的输出结果，可以在"View"工具条中选择"Activate AutoCAD"按钮，以切换到 AutoCAD。也可以在 AutoCAD 中运行程序，具体方法是：先切换到 AutoCAD 窗口中，并在命令提示行中输入函数名"tr1"。AutoCAD 将运行程序，并在屏幕上画出一个三角形，如图 10-8 所示。

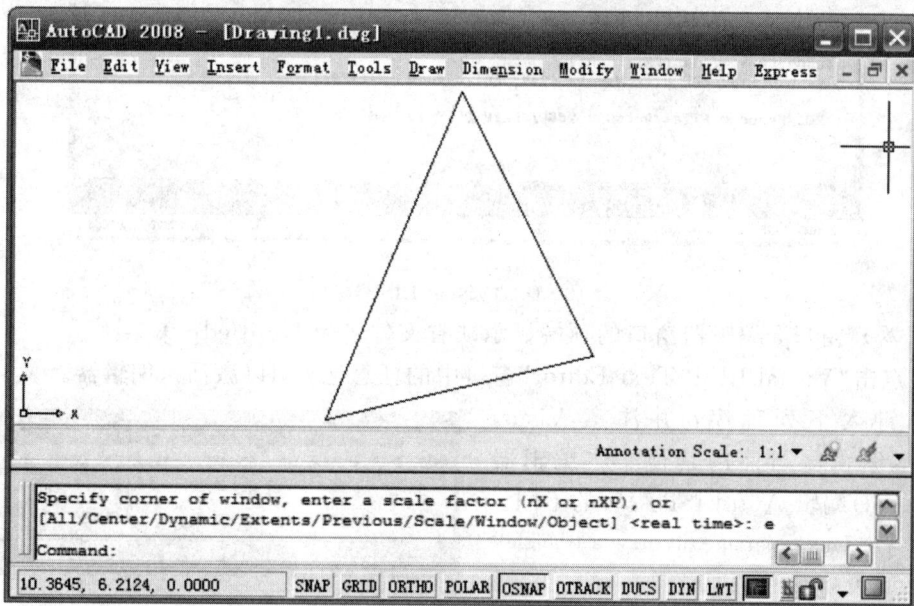

图 10-8 在 AutoCAD 中的程序输出结果

10.3.4 程序实例

【例 10-3】 编写一个程序，其功能是绘制渐开线。

程序代码如下：

```
(setq lastangle_a 360 lastlenght_d 10 lastcenter_p(0 0 0))
(defun c：jkx (/ p p0 p1 alfa r sita len)
    (initget 6)
    (if (setq r (getreal (strcat "\n 基圆半径<" (rtos lastlenght_d 2) ">：")))
    (setq lastlenght_d r) (setq r lastlenght_d))
    (initget 2)
    (if (setq sita (getreal (strcat "\n 展开角度<" (rtos lastangle_a 2) ">：")))
    (setq lastangle_a sita) (setq sita lastangle_a))
    (setq sita (/ ( * sita pi) 180))
    (initget 6)
    (princ "\n 插入点<")(princ lastcenter_p) (princ ">：")
    (setq lastcenter_p (if (setq q0 (getpoint )) q0 lastcenter_p))(princ "\n")
    (setq Osnap_Mode (getvar "osmode")) (setvar "osmode" 0)
```

```
(setq p0 lastcenter_p p (polar p0 0 r))
(command "circle" p0 p)
(setq alfa 0 pi1 ( * pi 0.5))
(command "pline" p "w" 0 0)
(while (<alfa sita)
        (setq len ( * r alfa) p (polar p0 alfa r) p1 (polar p (- alfa pi1) len) alfa (+alfa (/ pi1
90.0)))
(command p1)
)
(command "")
(command "undo" "e")
(princ)
)
```

程序运行结果如图 10 - 9 所示。

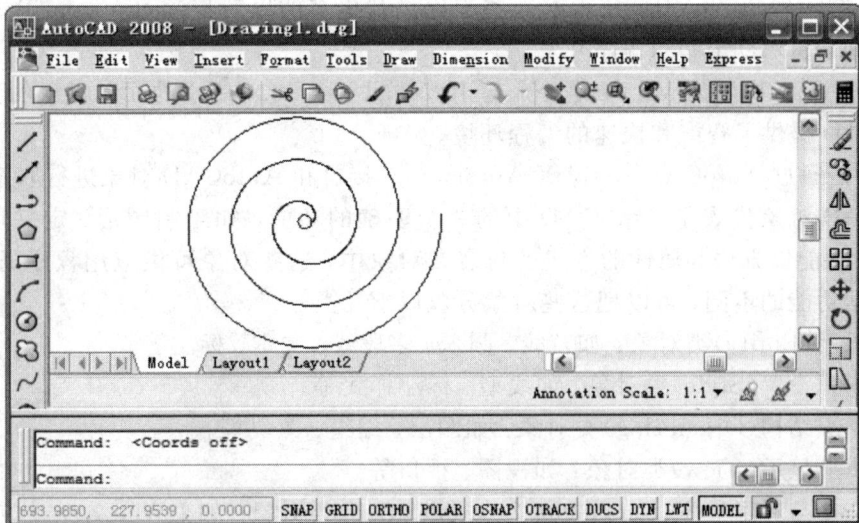

图 10 - 9　在 AutoCAD 中的程序输出结果

10.4　VBA 语言

10.4.1　VBA 概述

VBA 是 Visual Basic for Applications programming environment 的缩写。Microsoft VBA 是一个面向对象的编程环境，它和 Visual Basic(VB)一样有很强的开发能力。VBA 和 VB 两者之间的区别在于 VBA 与 AutoCAD 运行在同一处理空间，为 AutoCAD 提供了智能和快速的编程环境。

VBA 也提供集成了其他可以使用 VBA 的应用程序的应用。也就是说，当 AutoCAD 使用其他应用程序对象库时，AutoCAD 可以看做一个其他应用程序的自动控制器，比如

Microsoft Word 和 Excel。

相对其他的 AutoCAD API 环境，AutoCAD VBA 接口具有以下优点：

(1) 速度快。因为 VBA 是作为 AutoCAD 的一个过程在程序中运行的，ActiveX 应用程序比 AutoLISP 或者 ADS 应用程序都要快得多。

(2) 使用方便。Visual Basic 编程环境易学易用，编程语言和开发环境的使用都很方便，而且可以和 AutoCAD 一起安装。

(3) Windows 交互开发性好。ActiveX 和 VBA 是为和其他的 Windows 应用程序一起使用而设计的，并且提供一条很好的通过应用程序交换信息的途径。对话框结构快速、有效，允许开发者在设计时启动应用程序并且能很快得到反馈。

(4) 能快速成型。VBA 的快速接口开发为应用程序的成型提供了近乎完美的环境，即使这些程序最终将会用另外的编程语言来开发。对象既可以独立出来，也可以嵌入 AutoCAD 图形。这样，为用户发布他们的开发程序提供更多的灵活性。

(5) 便于 VB 程序员学习掌握。在这个世界上有数以百万的 Visual Basic(VB)程序员，AutoCAD、ActiveX 和 VBA 技术对这些程序员及更多的以后将学习 Visual Basic 的程序员开放了 AutoCAD 定制和程序开发。

AutoCAD 中内置的 VBA，是一个基于 Visual Basic 6.0 版本的面向对象的编程环境，为 AutoCAD 提供了智能和快速的编程环境。

VBA 是通过 AutoCAD ActiveX Automation 接口和 AutoCAD 对象进行联系的。每一个 AutoCAD 对象代表了 AutoCAD 中的一个明确的功能，如绘制图形、定义块和属性。AutoCAD 功能以方法和属性的方式被封装在对象中，这些对象可供应用程序通过编程来引用。根据功能的不同，可以把这些对象分成以下几类：

(1) 图元(Entity)类对象：如直线、圆弧、多段线、文本、标注等。

(2) 样式设置(Style)类对象：如线型、标注样式等。

(3) 组织结构(Organizing)类对象：如图层、编组、图块等。

(4) 图形显示(View)类对象：如视图、视口等。

(5) 文档与应用程序(Document & Application)类对象：如 DWG 文件或应用程序本身等。

VBA 编程环境有它自己的一套对象、关键词、常量，并且提供程序流程、控制、调试和执行。微软的 VBA 外部在线帮助包含在 AutoCAD VBA 中，并且可以通过按键盘上的 F1 键对它进行访问。

10.4.2　VBA 的启动和退出

启动 VBA 的方法有两种：一是在 AutoCAD 菜单中选择"Tools→Macor→Visual Basic Editor"命令；二是在命令行输入"VBA IDE"命令。

启动 VBA 后，它将显示如图 10 - 10 所示的窗口。

用户可选择"File→Close and Return to AutoCAD"选项，或者单击窗口右上角的按钮来退出 VBA IDE 环境并返回 AutoCAD 系统窗口。

图 10 - 10　VBA 的窗口

10.4.3　VBA 工程

进入 VBA IDE 后，用户可选择"View"菜单或按 F7 键，打开代码窗口，输入程序代码。可以在窗体添加控件，以及在属性窗口中设置相关的属性。如图 10 - 10，用户选择"File→Save as"菜单选项，将编写或修改后的程序以.dvb(工程)类型存储。

一个 AutoCAD VBA 工程是一个由代码模块、类模块和窗体组成的集合，它们一起执行指定的函数。工程可以是嵌入的工程，存入到一个 AutoCAD 图形文件中，也可以是全局的工程，作为一个单独的文件存储起来。

用户也可选择"Tools→Macro - Load Project"菜单选项，打开如图 10 - 11 所示的"打开 VBA 工程"对话框，加载已有的 VBA 工程。

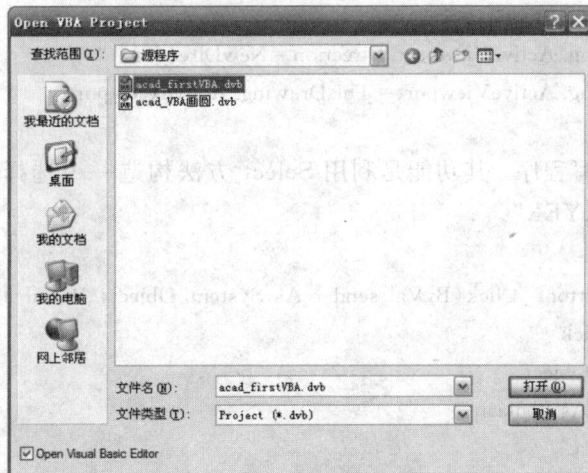

图 10 - 11　"Open VBA Project"对话框

10.4.4　程序实例

【例 10-4】　编写一个程序，其功能是在模型空间创建一个长方体，然后以某一个三点定义的平面对它进行剖切，并返回 3Dsolid。

程序代码如下：

```
Sub Solid3D()
        Dim boxObj As Acad3Dsolid
        Dim length As Double
        Dim width As Double
        Dim height As Double
        Dim center(0 To 2) As Double
        Center(0)=5#：center(1)=5#：center(2)=0
        Length=5#：width=7；# height=10    //在模型空间创建长方体对象 3Dsolid
        Set boxObj=ThisDrawing. ModelSpace. AddBox(center, length, width, height)
        BoxObj. Color=acWhite        //三点定义剖面平面
        Dim slicePt1(0 To 2) As Double
        Dim slicePt2(0 To 2) As Double
        Dim slicePt3(0 To 2) As Double
        slicePt1(0)=1.5：slicePt1(1)=7.5：slicePt1(2)=0
        slicePt2(0)=1.5：slicePt2(1)=7.5：slicePt2(2)=10
        slicePt3(0)=8.5：slicePt3(1)=2.5：slicePt3(2)=1
        //剖切长方体，新实体的颜色定义为红色
        Dim sliceObj As Acad3Dsolid
        Set sliceObj=boxObj. SliceSolid(slicePt1, slicePt2, slicePt3, True)
        sliceObj. Color=acRed            //改变视点
        Dim NewDirection(0)=-1
        Dim NewDirection(1)=-1
        Dim NewDirection(2)=1
        ThisDrawing. ActiveViewport. Direction=NewDirection
        ThisDrawing. ActiveViewport=ThisDrawing. ActiveViewport
End Sub
```

【例 10-5】　编写程序，其功能是利用 Select 方法构造一个选择集，并且将所有的实体线型修改为"BYLAYER"。

程序代码如下：

```
    Private Sub Button2_Click(ByVal sender As System. Object, ByVal e As System. EventArgs)
Handles Button2. Click
        Dim sset As Object
        Dim bFound As Boolean
        bFound=False
        For Each sset In acadDoc. SelectionSets
          If sset. Name="SS1" Then
            bFound=True
```

```
        Exit For
      End If
    Next
    If bFound=False Then
        sset=acadDoc. SelectionSets. Add("SS1")
        sset. SelectOnScreen()
    End If
    Dim ent As Object
    For Each ent In sset
        ent. Linetype="BYLAYER"
        ent. Update()
    Next
    MsgBox(Format(sset. Count))
  End Sub
```

10.5　ObjectARX 应用程序

　　ObjectARX 是 AutoCAD 系统的第三代开发环境和工具之一，用户可以利用 Object-ARX 环境的支持，采用面向对象的 C++语言开发 ARX 应用程序。ObjectARX 应用程序是一个动态链接库(DLL)，它共享 AutoCAD 的地址空间并直接调用 AutoCAD 的函数。用户可以向 ObjectARX 程序环境添加新类，并将其输出以供其他程序使用。在 ObjectARX应用程序中，用户定义的命令与 AutoCAD 内部命令的运行方式相同，用户创建的实体对象与 AutoCAD 内部实体没有区别。用户还可以向既有的 AutoCAD 类添加函数来扩充ObjectARX 协议。

10.5.1　ObjectARX 应用程序的开发环境

　　要使用 ObjectARX 对 AutoCAD 进行二次开发，开发人员需要具备一些基本知识，如：C/C++知识、面向对象编程的概念、Microsoft Visual C++的使用、AutoCAD 的基本知识和使用经验。用户最好是曾经用 AutoLISP 或者 ADS 开发过 AutoCAD。

　　使用 ObjectARX 对 AutoCAD 进行二次开发的软件配置要求有：

　　Microsoft Windows95 或 Windows NT 4.0 以上版本；ObjectARX SDK for AutoCAD 2008；Microsoft Visual C++编译器。CPU 至少为 Inter Pentium 90 MHz 或更高；内存至少为 32 MB；800×600 SVGA 显示适配器或更高。

　　ObjectARX 开发工具包括以下几个目录：

　　(1) ARXLABS：含有 9 个子目录，分别从 9 个方面对 ObjectARX 程序开发进行说明和示范。

　　(2) CLASSMAP：只有一个名为 classmap. dwg 的图形文件，它说明了 ObjectARX 类的层次结构。

　　(3) DOCS：含有 ObjectARX 的联机帮助文件。

　　(4) DOCSAMPS：含有 32 个子目录，分别保存着 ObjectARX Developer's Guide 中所

用到的例程。

(5) INC：含有 ObjectARX 的头文件。

(6) LIB：含有 ObjectARX 的库文件。

(7) REDISTRIB：含有 ObjectARX 应用程序可能用到的 DLL 文件。

(8) SAMPLES：含有 22 个子目录，分别保存着一个完整的、具有代表性的 ObjectARX 例程。

(9) UTILS：包含有 ObjectARX 扩展应用程序使用的文件。

ObjectARX 开发环境包含以下几组类和函数：

(1) AcRx 类库：用于绑定应用程序及运行时类的注册和标识的类。

(2) AcEd 类库：注册本地 AutoCAD 命令和 AutoCAD 事件通知的类。

(3) AcDb 类库：AutoCAD 数据库类。

(4) AcGi 类库：显示 AutoCAD 实体的图形类。

(5) AcGe 类库：公用线性代数学和几何学对象应用类。

(6) AcBr 类库：边界表述类。

10.5.2 ObjectARX 对数据库对象的操作

AutoCAD 数据库是按一定结构组织的各有关数据的集合。AutoCAD 中的图形是 AdDb 对象的集合，存储在数据库中。图 10-12 展示了 AutoCAD 数据库的关键组件。

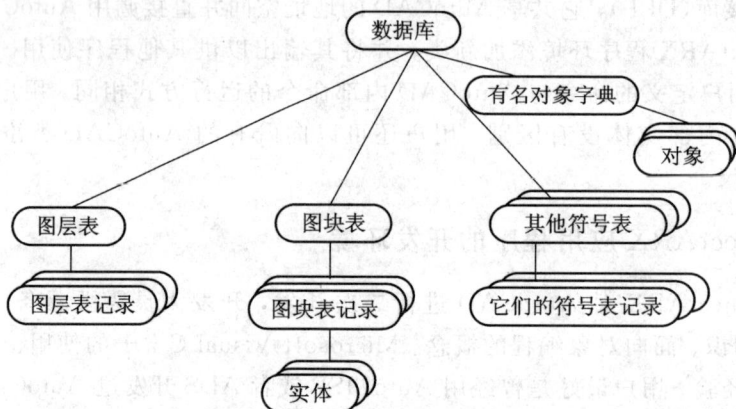

图 10-12 AutoCAD 数据库的关键组件

数据库中的每个实体对象各有一个句柄，句柄在一幅图形(drawing)中是唯一、不重复的，是作为对象在这幅图形中的标识。

可以通过句柄、对象 ID 或 C++指针引用数据库对象。当 AutoCAD 不运行时，图形存储在文件系统中。DWG 文件中包含的对象是通过它们的句柄被识别的。在图形被打开之后，通过 AcDbDatabase 来使用图形的信息。数据库中的每个对象有一个对象 ID，这个 ID 在当前编辑进程中一直存在，从它所在的数据库产生到数据库被删除。Open()函数将对象 ID 作为一个参数并返回指向一个 AcDbDatabase 的指针。这个指针在对象被关闭前都是合法的。

用于打开一个对象的函数是 acdbOpenObject()：

Acad：：ErrorStatus

AcDbDatabase：：acdbOpenObject（AcDbObject＊＆ obj，AcDbObjectId id，

　　　　　　　　AcDb：：OpenMode mode，Adesk：：Boolean

　　　　　　　　OpenEraseObject＝Adesk：：kFalse）

可以用下面的函数将一个对象 ID 映射到一个句柄上：

Acad：：ErrorStatus

getAcDbObjectId（AcDbObjectId＆ retId，Adesk：：Boolean createIfNotFound，

　　　　　const AcDbHandle＆ objHandle，Adesk：：Uint32 xRefId＝0）；

也可以打开一个对象，然后查询它的句柄：

AcDbObject＊ pObject；

AcDbHandle handle；

PObject－>getAcDbHandle（handle）；

10.5.3　ObjectARX 对实体的操作

　　实体是 AutoCAD 内部的基本图形对象，是一个由图形表示的数据库对象，一个点（Point）或一个圆（Circle）都是一个实体。

　　在 AutoCAD 环境中，使用一个长整型数来表示实体，这也是实体的名称。实体名是"暂时性的"，它们只有在当前图形编辑中有效。当关闭当前图形并打开另一幅图形时，实体名失效。

　　为了对一个实体进行操作，ObjectARX 应用程序必须获得它的名称，以便调用数据处理函数进行后续操作。ObjectARX 提供了一系列用于处理实体名称的函数，例如 acdbEntNext（）函数是按实体进入图形数据库中的顺序得到实体的名称。如果该函数的第一个参数是 Null，则返回当前图形数据库中的第一个实体名称；如果第一个参数是一个实体的名称，则返回接在这个实体下面的实体的名称。

　　下面是使用 acdbEntNext（）函数一次一个遍历整个图形数据库的例子。

```
Ads_name ent0，ent1；        // 定义两个用于存放实体名称的变量
Struct resbuf＊ entdata；        // 定义结果缓冲区链表指针
if（acadEntNext（NULL，ent0）！＝RENORM）
{ //获取图形数据库中第一个实体，存入 ent0
    AcdbFail（"Drawing is empty \n"）；
}
do{
    entdata＝acdbEntGet（ent0）；//获得实体 ent0 的定义数据，存入链表 entdata
    if（entdata＝NULL）{
        avdbFail（"Failed to get entity\n"）；
    }
    … //根据需要对实体 ent0 进行操作（这里省略）
    if（acadUsrBrk（）＝＝TRUE）{ // 检测用户是否按下 Esc 键
        （acdbFail（"User break\n"））；
        return BAD；
    }
```

```
        acutRelRb (entdata);    //释放链表
        ads_name_set (ent0, ent1);    //将变量 ent0 中的内容赋给变量 ent1
    } while (acdbEntNext(ent1, ent0)==RTNORM);    //获得 ent1 的下一个实体，存入 ent0
```

10.5.4　建立 ObjectARX 应用程序的基本步骤

由于 ObjectARX 程序是一种可以共享 AutoCAD 地址空间并对 AutoCAD 进行直接调用的动态链接库，因此应该按照下列基本步骤建立 ObjectARX 程序：

（1）创建自定义类来实现新的命令。用户可以从 ObjectARX 类层次关系中的大多数类和符号表类中派生自己的类。

（2）决定 ObjectARX 程序应该响应的 AutoCAD 消息。AutoCAD 通过向 ObjectARX 程序发出一系列的消息指明在它内部发生的特殊事件，ObjectARX 程序必须对其中的某些消息作出反映，并触发相应的操作。

（3）实现应用程序与 AutoCAD 通信的入口。AutoCAD 通过函数 acrxEntryPoint() 来调用 ObjectARX 程序，而不是像普通的 C++ 程序那样使用 main() 函数。函数 acrxEntry-Point() 中可以用 switch 语句处理 AutoCAD 的各种返回信息，根据不同信息执行不同的函数，并返回状态码。如果针对特定的消息返回出错代码，则必须用 case 语句来处理。必须用 AcRx：：kRetOk 作为函数 acrxEntryPoint() 的最终返回值。

（4）完成 ObjectARX 程序的初始化。用户必须在 acrxEntryPoint() 函数的 AcRx：：kInitAppMsg 事件中或者该事件调用的函数（例如：initApp() 函数）中，对程序中自定义的所有类进行初始化，然后调用 acedRegCmds -> addCommand() 函数在 AutoCAD 命令堆栈中注册新命令。

（5）实现卸载（Unload）功能。用户必须在 acrxEntryPoint() 函数的 AcRx：：kUnload-AppMsg 事件中或者该事件调用的函数（例如：unloadApp() 函数）中，调用 acedRegCmds ->removeGroup() 函数将 initApp() 函数中注册的新命令组从 AutoCAD 命令堆栈中清除，调用 deleteAcRxClass() 函数清除程序中自定义的任何类，删除所有由应用程序添加到 AutoCAD 中的对象，并清除所有与 AcDbObject、AcDbDatabase、AcRxDynamicLinker 或 AcEditor 对象相关联的事件反应器。

注意：缺省情况下，ObjectARX 程序处于被锁定状态而不能被卸载，如果要使 ObjectARX 程序可以被卸载，则需保存由 AcRx：：kInitAppMsg 传送的 appId 参数，由 unlockApplication() 函数调用，见 acrxEntryPoint() 函数注释。

10.5.5　AutoCAD 与 ObjectARX 程序之间的消息传递

1. 发送消息分类

AutoCAD 向 ObjectARX 程序发送以下四类消息：

（1）发送给所有 ObjectARX 程序的消息，如 kInitAppMsg、kUnloadAppMsg、kLoad-DwgMsg、kPreQuitMsg。

（2）只发送给通过调用 acedDefun() 函数注册 AutoLISP 函数的 ObjectARX 程序的消息，如 kUnloadDwgMsg、kInvkSubrMsg、kEndMsg、kQuitMsg、kSaveMsgkCfgMsg。

（3）只发送给注册 service 对象的 ObjectARX 程序的消息，如 kDependencyMsg、

kNoDependencyMsg。

（4）只发送给使用 ActiveX 控件对象的 ARX 程序的消息，如 kOleUnloadAppMsg。

2. 普通 ObjectARX 程序仅需的响应消息

普通的 ObjectARX 程序仅需要响应消息 kInitAppMsg 和 kUnloadAppMsg。这两种消息的含义和 ObjectARX 程序对它们的响应方式如下：

1）消息 kInitAppMsg

当 AutoCAD 加载 ObjectARX 应用程序并开始进行与应用程序的通信时发送此消息。对于此消息，ObjectARX 程序应该注册服务对象、类、AcEd 命令和事件反应器，以及 AcRxDynamicLinker 类事件反应器，初始化应用程序的系统资源（如设备、窗口），并执行简单的初始化操作；这时，AcRx、AcEd 和 AcGe 类库都应该被激活；如果需要对应用程序进行解锁或重新加锁操作，则还应该保存 pkt 参数。

但是这里不能进行下列操作：初始化设备驱动程序、激活用户界面资源、按特殊顺序加载应用程序、执行 AutoLISP 程序以及打开任何数据库，否则将导致错误发生或者系统崩溃；AcDb 和 AcGi 类库也不能在这里激活，尽管它们与 AcRx 和其他结构有联系。

2）消息 kUnloadAppMsg

当 ObjectARX 程序被卸载时（由用户卸载或者 AutoCAD 程序终止时），AutoCAD 发送此消息，关闭当前文件并执行清除操作。对于此消息，ObjectARX 程序应该清除所有系统资源，所有对 kInitAppMsg 消息所做的初始化等工作都应该在这里被终止或者析构。AutoCAD 不会自动解除初始化所做的工作。

10.5.6　程序实例

【例 10 - 6】　编写一个程序，其功能是在图形区绘制一个圆心位于（280，150）、半径为 90 的圆，并在提示区显示"Hello，World！"。程序代码如下：

```
//头文件部分
#include<aced.h>
#include<rxregsvc.h>
#include<acedads.h>
#include<adscodes.h>
//函数声明部分
void initApp();
void unloadApp();
void usr_app();
double cal_radius(double *);
//接口函数部分
void initApp()
{
    acedRegCmds->addCommand("Hello_COMMANDS","Hello","Hello",
                ACRX_CMD_TRANSPARENT, usr_app);
}
void unloadApp()
```

```
{
        acedRegCmds ->removeGroup("Hello_COMMANDS");
}
extern "C" AcRx：AppRetCode
acrxEntryPoint(AcRx：AppMsgCode msg，void * pkt)
{
        switch (msg)
        {
                case AcRx：kInitAppMsg：
                        acrxDynamicLinker ->unlockApplication(pkt);
                        acrxRegisterAppMDIAware(pkt);
                        initApp();
                        break;
                case AcRx：kUnloadAppMsg：
                        unloadApp();
                        break;
                default：
                        break;
        }
        return AcRx：kRetOK;
}
//用户程序主体函数部分
void usr_app()
{
        double r1，r2;
        r1＝r2＝30.0;
        acedCommand(RTSTR，"CIRCLE"，RTSTR，"280，150"，RTREAL，r1，0);
        r2＝cal_radius(&r1);
        acedCommand(RTSTR，"CIRCLE"，RTSTR，"280，150"，RTREAL，r1，0);
        acedCommand(RTSTR，"CIRCLE"，RTSTR，"280，150"，RTREAL，r1＋r2，0);
        acutPrintf("\nHello，World!");
}
double cal_radius(double * radius)
{
        double r0;
        * radius＝50.0;
        r0＝* radius * 2.0;
        return r0;
}
//文件结束
```

【例 10－7】 编写一个程序，其功能是调用 acdbEntMake( )函数，向图形数据库中添加实体，并成为图形中的最后(最新)一个实体。

下面的程序在"MYLAYER"层上创建一个圆实体：

```
    int status;
    struct resbuf * entlist;
    ads_point center={5.0, 7.0, 0.0};
    char *  layer="MYLAYER";
    entlist=acutBuildList (RTDXF0, "CIRCLE",      //实体类型
                           8, layer,              //层名
                           10, center,            //圆心点
                           40, 1.0,               //半径
                           0);                    //结尾标记
    if (entlist==NULL {  //链表创建失败
        acdbFail("Unable to create result buffer list \n");
        acutRelRb(entlist);      //释放结果缓冲区
    " if (status==RTERROR) {      //不能在当前图形中生成指定实体
            acbdFail("Unable to make circle entity \n");
            return BAD;
        }
    }
```

　　如果要创建复合实体(如多义线或块)，必须多次调用 acdbEntMake()函数。对每个子实体均要单独调用 acdbEntMake()。

参 考 文 献

[1] 孙家广，等. 计算机图形学. 3 版. 北京：清华大学出版社，1998.

[2] Hearn D, Baker M P. 计算机图形学. 北京：清华大学出版社，1998.

[3] 陈元琰，张晓竞. 计算机图形学实用技术. 北京：科学出版社，2000.

[4] 侯俊杰. 深入浅出 MFC. 2 版. 武汉：华中科技大学出版社，2001.

[5] 刘静华，王永生. 最新 VC++绘图程序设计技巧与实例教程. 北京：科学出版社，2001.

[6] Rogers D F. 计算机图形学的算法基础. 石教英，彭群生，等译. 北京：机械工业出版社，2002.

[7] 张全伙，张剑达. 计算机图形学. 北京：机械工业出版社，2003.

[8] 和平鸽工作室. OpenGL 高级编程与可视化系统开发. 北京：中国水利水电出版社，2003.

[9] Foley J D, 等. 计算机图形学原理及实践——C 语言描述. 2 版. 唐泽圣，等译. 北京：机械工业出版社，2004.

[10] 杨钦，徐永安，翟红英. 计算机图形学. 北京：清华大学出版社，2005.

[11] 张宏军，党留群，赵天巨，等. Visual C++6.0 编程案例精解. 北京：电子工业出版社，2005.

[12] 和青芳. 计算机图形学原理及算法教程. Visual C++版. 北京：清华大学出版社，2006.

[13] 何援军. 计算机图形学. 北京：机械工业出版社，2006.

[14] 巩宁平，邓美荣，陕晋军. 建筑 CAD. 3 版. 北京：机械工业出版社，2008.